“十三五”国家重点出版物出版规划项目

能源化学与材料丛书

总主编　包信和

石油炼化分子管理基础

徐春明　张霖宙　史　权　等　著

科学出版社

北　京

内 容 简 介

本书介绍石油化工分子管理技术的基础知识，包括分子管理的概念和研究内容、石油分子组成分析方法及技术进展、基于分子组成的性质预测及面向分子管理的石油分子组成模型构建技术、计算机辅助反应网络构建及求解方法、基于分子管理的油品组成及调和模型、基于分子管理技术的反应转化过程模型开发、分子管理技术在炼厂实时优化中的应用，最后对独立开发的一套分子管理软件工具集进行介绍。

本书可作为石油化工领域分子管理技术开发科研人员的基础读物，也可作为石化企业管理人员了解分子管理技术的参考读物。

图书在版编目（CIP）数据

石油炼化分子管理基础 / 徐春明等著. —北京：科学出版社，2019.1
（能源化学与材料丛书/包信和 总主编）
“十三五”国家重点出版物出版规划项目
ISBN 978-7-03-060379-1

Ⅰ. ①石… Ⅱ. ①徐 Ⅲ. ①石油炼制 Ⅳ. ①TE62

中国版本图书馆 CIP 数据核字（2019）第 006091 号

丛书策划：杨 震
责任编辑：李明楠 孙静惠 / 责任校对：樊雅琼
责任印制：肖 兴 / 封面设计：蓝正设计

科学出版社出版
北京东黄城根北街 16 号
邮政编码：100717
http：//www.sciencep.com
天津市新科印刷有限公司印刷
科学出版社发行 各地新华书店经销
*
2019 年 1 月第 一 版 开本：720 × 1000 1/16
2019 年 1 月第一次印刷 印张：11 3/4
字数：236 000

定价：88.00 元

（如有印装质量问题，我社负责调换）

丛书编委会

从 书 序

能源是人类赖以生存的物质基础，在全球经济发展中具有特别重要的地位。能源科学技术的每一次重大突破都显著推动了生产力的发展和人类文明的进步。随着能源资源的逐渐枯竭和环境污染等问题日趋严重，人类的生存与发展受到了严重威胁与挑战。中国人口众多，当前正处于快速工业化和城市化的重要发展时期，能源和材料消费增长较快，能源问题也越来越突显。构建稳定、经济、洁净、安全和可持续发展的能源体系已成为我国迫在眉睫的艰巨任务。

能源化学是在世界能源需求日益突出的背景下正处于快速发展阶段的新兴交叉学科。提高能源利用效率和实现能源结构多元化是解决能源问题的关键，这些都离不开化学的理论与方法，以及以化学为核心的多学科交叉和基于化学基础的新型能源材料及能源支撑材料的设计合成和应用。作为能源学科中最主要的研究领域之一，能源化学是在融合物理化学、材料化学和化学工程等学科知识的基础上提升形成，兼具理学、工学相融合大格局的鲜明特色，是促进能源高效利用和新能源开发的关键科学方向。

中国是发展中大国，是世界能源消费大国。进入 21 世纪以来，我国化学和材料科学领域相关科学家厚积薄发，科研队伍整体实力强劲，科技发展处于世界先进水平，已逐步迈进世界能源科学研究大国行列。近年来，在催化化学、电化学、材料化学、光化学、燃烧化学、理论化学、环境化学和化学工程等领域均涌现出一批优秀的科技创新成果，其中不乏颠覆性的、引领世界科技变革的重大科技成就。为了更系统、全面、完整地展示中国科学家的优秀研究成果，彰显我国科学家的整体科研实力，提升我国能源科技领域的国际影响力，并使更多的年轻科学家和研究人员获取系统完整的知识，科学出版社于 2016 年 3 月正式启动了“能源化学与材料丛书”编研项目，得到领域众多优秀科学家的积极响应和鼎力支持。编撰本丛书的初衷是“凝炼精华，打造精品”。一方面要系统展示国内能源化学和材料资深专家的代表性研究成果，以及重要学术思想和学术成就，强调原创性和系统性及基础研究、应用研究与技术研发的完整性；另一方面，希望各分册针对特定的主题深入阐述，避免宽泛和冗余，尽量将篇幅控制在 30 万字内。

本套丛书于 2018 年获“十三五”国家重点出版物出版规划项目支持。希望它的付梓能为我国建设现代能源体系、深入推进能源革命、广泛培养能源科技人才贡献一份力量！同时，衷心希望越来越多的同仁积极参与到丛书的编写中，让本套丛书成为吸纳我国能源化学与新材料创新科技发展成就的思想宝库！

包信和

2018 年 11 月

前　言

进入 21 世纪后，随着分析技术的发展，人们对石油分子组成的认识取得了重大进步，同时期望对石油加工过程实现分子层面的优化与调控，即“分子管理”。近年来，“分子管理”不经意间已经成为石化行业工业界和学术界的一个热词，炼油企业均对分子管理技术表现出巨大的兴趣，然而实际工作中大多数人并不了解“分子管理”的内涵，严重影响相关技术的开发和应用。同时，存在“分子管理”概念被滥用的现象，一些基于经验模型的传统优化技术也以“分子管理”的名义推向市场。作者希望通过本书的出版使行业内对“分子管理”的概念形成一些共识，更重要的是引导更多的科技人员以“分子管理”理念为指导，开发基于分子管理的炼化技术。

本书内容涵盖石油分子组成实验分析和分子管理模型开发的基本环节，第 1 章主要概述分子管理的概念和研究内容；第 2 章介绍石油分子组成及其实验分析方法，反映了目前对石油分子组成的认知现状；第 3 章、第 4 章介绍分子组成模型及反应网络构建方法；第 5 章、第 6 章介绍基于分子管理的油品调和及转化模型开发；第 7 章介绍分子管理技术在炼厂实时优化中的应用；第 8 章介绍与分子管理相关的一些应用软件。

本书由中国石油大学（北京）徐春明、张霖宙、史权等撰写，还邀请杭州辛孚能源科技有限公司何恺源博士共同撰写。何恺源撰写第 7 章。中国石油大学（北京）赵锁奇教授指导多名研究生参与了部分撰写工作，其中何杉参与了第 3 章、第 4 章、第 8 章的撰写；崔晨参与了第 5 章、第 6 章的撰写；张亚和、胡淼参与了第 1 章、第 2 章的撰写；李凯宇、刘哲夫参与了第 3 章的撰写；封松参与了第 5 章的撰写。蔡广庆、陈政宇、封松、马永建参与了图片的绘制及书稿校对。

感谢中国石油大学（北京）及重质油国家重点实验室为此书的出版提供了资助。

作　者

2018 年 12 月

目　录

第1章　分子管理概述

1.1　分子管理的概念

“分子管理”是近年来石油化工领域出现的一个热门术语，其概念在一些学术论文中虽有论述，但没有严格定义[1]。分子管理技术被认为是石油化工行业的重要发展方向。提及“分子管理”，应同时讨论另外两个概念：“石油组学”和“分子炼油”。

“石油组学”在学术界具有相对明确的定义，是指从分子水平全面认识石油的化学组成，以及分子组成与其物理性质和化学反应性能之间的关系。这一概念大概形成于20世纪90年代初期，2000年前后Petrophase会议（International Conference on Petroleum Phase Behavior & Fouling）以“石油组学”的名称提出此概念，此后Marshall和Rodgers分别在2004年[2]和2005年[3]发表的学术论文中明确了这一术语。近年来该术语被广泛引用。

“分子炼油”这一概念最早于2007年由何鸣元院士提出，目前在石化行业十分流行，但很难找到明确的学术定义，在不同环境下存在不同的解释，可以理解为分子水平的炼油技术，但由于缺少明确的技术体现，“分子炼油”长期被认为只是一种理念。

“分子管理”与“分子炼油”是十分近似的一种概念，二者更容易从技术层面进行理解，即基于分子管理的炼油技术。因此可以将“分子管理”理解为“分子炼油”理念在技术层面的具体实施。“分子管理”是“分子炼油”的技术体现，是“石油组学”在炼油化工过程的实践。

分子管理是一个比较宽泛的概念，其本质是从分子水平来认识及优化石油加工过程，但是具体内容随着石油化工产业的发展及生产需要发展而变化，从早期基于优化和计算机模拟的分子水平过程模型开发，延伸到调和及工艺开发等方面。分子管理涉及分析化学、分子模拟、分子转化过程模拟，实施范围越来越广，其最终目标是实现对石油加工过程的全面优化。从应用层面来看，分子管理不单纯是一项技术，而是一个面向石油炼化全过程的整体优化解决方案，是炼油厂向智能化、集成化和高效化发展的必然方向。

本书将分子管理描述为：一种从分子水平实现石油化工整体增效的组合技术方案，主要内容包括：从分子水平认识石油化学组成，揭示分子组成与物理性质的内在关系，掌控分离及调和过程中分子走向与分布，把握化学加工过程的分子转化规律，实现分子组成及转化规律的模型化，将基于分子组成的理论模型应用于炼化过程的决策优化、运营优化及生产优化的各个层面[1]。分子管理与生产优化关系如图 1.1 所示。

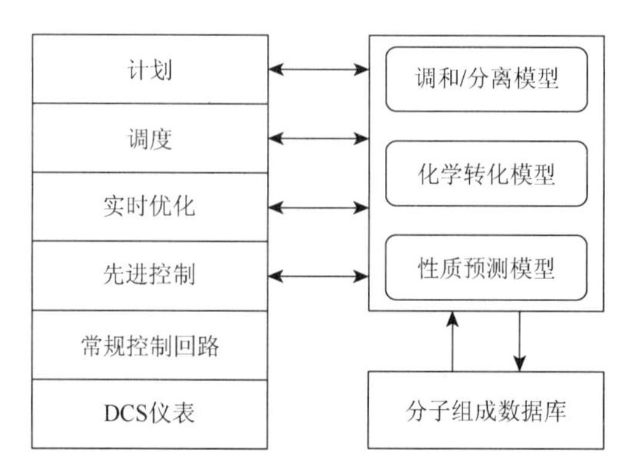

图 1.1　基于分子管理的生产优化示意图

分子管理技术的实质是以分子组成与转化为基础的炼化优化技术，因此从广义上讲分子管理可以指从分子组成与转化层面理解和优化炼化过程的所有活动，如石油分子组成与转化机理，分离、调和过程中不同分子的走向与分布，加工过程的转化规律及基于分子组成理解的工艺开发，基于分子组成的催化剂设计与机理分析，生产过程中与油气化学组成相关的故障诊断等。

1.2　分子管理涉及的研究内容

分子管理技术的主要研究内容包括：①分子组成的分析表征；②分子组成的模型化；③基于分子组成的性质预测；④分子级过程模型开发；⑤计划、调度及过程层面的分子级优化模型；⑥分子管理在过程优化中的实施方法等。

对石油分子组成的深入认识是开发分子管理技术的重要理论基础，对石脑油和汽油组分可以实现单体烃分析，中间馏分油及更重组分通过分子族组成的形式表征其复杂的化学组成，但是目前的分析方法仅限于对烃类的分析，受检测动态范围的限制，馏分油中大部分含量较低的杂原子化合物并没有成熟的分析方法，因此即使对于组成相对简单的馏分油目前也没有完整的分子组成分析方案。近年来高分辨质谱为重质油分子组成研究带来了新希望，但目前尚不能获得准确的定量分析结果。

基于实验分析的石油分子组成信息往往不能直接用于模型开发，分子管理在实施过程中的首要技术问题是分子组成的模型化，即通过有限的实验测试数据，根据油品的宏观性质，建立虚拟分子集，该分子集需要通过合适的计算机表达方式，表示不同分子组成与结构信息，在不损失关键组成和结构信息基础上尽可能压缩分子集的规模以便于性质预测及过程模型开发。分子集构建的一般方法是，依靠现有的石油化学知识，设定一定的构造法则或者计算法则，通过计算的方法反向根据实验测得的宏观性质去推测石油的分子组成，并根据实验分析结果，以及通过一定的集总或者归类的方法将分子的总种类限定在一定的范围之内。分子集构建往往需要准确的基于分子组成的性质预测模型。

反应模型的关键是基于分子组成数据库的反应网络构建，以及反应网络动力学参数的求解。根据选用的反应规则不同，反应网络构建可以分为机理层面和路径层面。由于反应体系异常复杂，实际应用中通常只能获得少量实验数据，因此动力学参数的求解通常需要关联的方法或者量化计算。虽然近年来量化计算的计算精度和效率、计算机的性能都有长足发展，但是直接使用依然无法满足石油体系的需求，因而关联的方法仍然是主要的实现方法，量化计算以及实验数据作为补充。

1.3　分子管理的背景及发展现状

埃克森美孚（ExxonMobil）公司在 20 世纪 80 年代中期开始规划和构架分子管理技术的研究开发，于 1992 年提出了用于原料和产品性质预测的结构导向集总（structural oriented lumping，SOL）模型，并将其用于石油加工过程的模拟。2002 年开始实施石油加工过程的分子管理项目并成立了一个由多领域专家组成的研究小组，以结构导向集总形式表征原油分子组成，建立基于分子组成的反应动力学模型，将这些模型与生产调度系统和在线控制系统相结合，可为准确选择原料、优化加工流程和产品调和方案、优化整个供应链提供指导[4, 5]。

特拉华大学（University of Delaware）的 Michael T. Klein 教授从 20 世纪 90 年代早期即开始了从分子层次进行石油的组成模型和动力学模型的构建的研究，提出了蒙特卡罗法分子构建、线性自由能组织反应网络等重要思想，并在自动分子拓扑识别、计算机辅助反应网络构建等领域做出了重要的贡献。目前他所在研究组致力于自动模型构建程序 KMT 软件包的开发并将模型应用于煤和生物质燃料加工模拟等新领域[6-9]。法国石油研究院（IFP）在 2000 年以后发表了一系列有关石油分子组成和分子管理技术的文章，覆盖汽油、柴油、减压瓦斯油和渣油等主要馏分的催化裂化、重整和加氢等主要过程[10-13]。曼彻斯特大学（University of Manchester）过程集成中心的张楠博士提出了分子类型同系物（molecular type homologous series，MTHS）矩阵的管理框架[14, 15]，MTHS 矩阵及其改进版本被成功应用于汽油和柴油加工过程的分子管理，在此基础上，过程集成中心成功地在工业上实现了分子层面的汽油重整和调和过程的模拟优化。由于分子管理在装置运行和油品调和方面显示出巨大的优越性，大型石油公司与科研单位合作，在生产过程中引入分子管理，如英国石油公司（BP）与 Klein 小组合作构建石油组成模型，日本石油能源中心（JPEC）也在近几年引入 KMT 软件包进行分子层次的模型构建。

中国石化石油化工科学研究院（简称石科院）较早提出和实践“分子炼油”理念，在过去的十几年中开发了一系列针对石油分子组成的分析方法，为分子管理技术开发提供了重要的方法与数据基础[16]。镇江石化、九江石化等一些中国石油化工集团公司的炼化企业积极推进分子管理技术的应用。华东理工大学石油加工研究所在石油分子管理方面进行了多年的研究，开发了分子层面的重油焦化和重油催化裂化等模型，提出了“基于分子管理的炼化技术”（分子炼油）理念。中国石油天然气股份有限公司近年来对分子管理相关工作非常重视，与中国石油大学（北京）合作，在重质油分子组成表征方面开展基础性研究工作，从分子层次深入认识重质油组成，研究杂原子化合物组成与转化规律，开发出了通过原料组成预测重质油热转化产物中杂原子化合物组成的模型软件。中国海洋石油集团有限公司的炼化业务起步较晚，但在分子管理技术开发方面具有很好的基础，目前正在从企业和炼厂层面快速推进相关技术的应用[17]。中国石油大学（北京）徐春明等多次组织国际学术会议，提出“分子组合与转化”（molecular combination & conversion）概念，与特拉华大学合作，重新构建了重质油分子表征模型[9]。

一些流程模拟及优化技术公司也对分子管理技术非常关注，尝试在其过程控制及装置优化的流程模拟软件中引入分子组成信息。传统流程模拟软件对于石油原料的描述基本都采用虚拟组分法及集总方法，这些方法在模拟反应过程及产品性质上存在明显缺陷。为了更好地描述反应过程，Invensys 公司将分子信息集成到过程模拟软件中，与 ExxonMobil 公司合作，构建了基于 SOL 框架的部分石油工艺过程模型。另一个流程模拟软件供应商 Aspen Tech 公司选择将石油原料组成的分子描述方法作为分子管理技术开发的切入点，完成了石油分子基本单元的定义、结构单元分布函数的确定、分子物性方法的估算及基于宏观性质的分子组成反演等系列技术开发，并将其集成到 Aspen Hysys 流程模拟软件中。该软件能够在给定原油基础性质数据的基础上，计算得到原油详细分子组成及大部分关键性质。石化盈科信息技术有限责任公司与英国的工艺集成有限公司合作开发了在分子层次上的油品离线调和软件 PBO，采用了 MTHS 矩阵技术作为底层，达到了更好的油品调和预测精度，对于辛烷值的预测精度控制在 0.3%以内，取得了显著的经济收益。

分子管理的理念须通过具体的技术落实到生产实践中，但是不应将其理解为一项全新技术，实际上石油加工过程都是通过对分子或原子的重组实现企业的经济效益。分子管理的实施应该建立在现有加工过程基础上，从分子水平实现炼化过程的深度优化。达到这一目标需要扎实的理论和方法基础，分阶段、分步骤地推进到整个炼化过程。脱离实验数据、过分依赖理论模拟，以及绕开分子组成的集总模型开发都是在分子管理概念下对技术发展方向的误导，不仅难以形成可靠的技术，还将影响对分子管理技术发展的信心。近年来分析技术快速发展，解决了石油分子组成分析中的许多技术难题，实现了大部分化合物的检测，有望建立面向全组分分析的定量分析方法；计算机技术的发展为大规模计算提供了条件，基于宏观性质的炼化优化的方法理论已经在多个层面得以实施，其提供的方法框架为实施分子管理提供了方便的技术平台。分子管理技术目前进入了一个快速发展时期，大型石油公司应该建立合理的发展战略，有计划地积极推动分子管理理念在整个炼化过程的实施。

参考文献

[1] 史权，张霖宙，赵锁奇，等. 炼化分子管理技术：概念与理论基础. 石油科学通报，2016，1（2）：270-278.

[2] Marshall A G，Rodgers R P. Petroleomics：The next grand challenge for chemical analysis. Accounts of Chemical Research，2004，37（1）：53-59.

[3] Rodgers R P，Schaub T M，Marshall A G. Petroleomics：MS returns to its roots. Analytical Chemistry，2005，77（1）：20 A-27 A.

[4] Quann R J，Jaffe S B. Structure-oriented lumping：Describing the chemistry of complex hydrocarbon mixtures. Industrial & Engineering Chemistry Research，1992，31（11）：2483-2497.

[5] Quann R J，Jaffe S B. Building useful models of complex reaction systems in petroleum refining. Chemical Engineering Science，1996，51（10）：1615-1635.

[6] Neurock M，Libanati C，Nigam A，et al. Monte Carlo simulation of complex reaction systems：Molecular structure and reactivity in modelling heavy oils. Chemical Engineering Science，1990，45（8）：2083-2088.

[7] Trauth D M，Stark S M，Petti T F，et al. Representation of the molecular structure of petroleum resid through characterization and Monte Carlo modeling. Energy & Fuels，1994，8（3）：576-580.

[8] Joshi P V，Freund H，Klein M T. Directed kinetic model building：Seeding as a model reduction tool. Energy & Fuels，1999，13（4）：877-880.

[9] Zhang L，Hou Z，Horton S R，et al. Molecular representation of petroleum vacuum resid. Energy & Fuels，2014，28（3）：1736-1749.

[10] Becker P J，Serrand N，Celse B，et al. Comparing hydrocracking models：Continuous lumping *vs*. single events. Fuel，2016，165：306-315.

[11] de Oliveira L P，Verstraete J J，Kolb M. Molecule-based kinetic modeling by Monte Carlo methods for heavy petroleum conversion. Science China: Chemistry，2013，56（11）：1608-1622.

[12] Dutriez T，Courtiade M，Thiébaut D，et al. Advances in quantitative analysis of heavy petroleum fractions by liquid chromatography-high-temperature comprehensive two-dimensional gas chromatography：Breakthrough for conversion processes. Energy & Fuels，2010，24（8）：4430-4438.

[13] de Oliveira L P，Vazquez A T，Verstraete J J，et al. Molecular reconstruction of petroleum fractions：Application to vacuum residues from different origins. Energy & Fuels，2013，27（7）：3622-3641.

[14] Mi M S A，Zhang N. A novel methodology in transforming bulk properties of refining streams into molecular information. Chemical Engineering Science，2005，60（23）：6702-6717.

[15] Wu Y，Zhang N. Molecular management of gasoline streams. Chemical Engineering Transactions，2009，18：6.

[16] 田松柏，龙军，刘泽龙. 分子水平重油表征技术开发及应用. 石油学报（石油加工），2015，31（2）：282-292.

[17] Wu Q，Wu J. Molecular engineering & molecular management for heavy petroleum fractions. 9th Symposium on Heavy Petroleum Fractions：Chemistry，Processing and Utilization，Beijing，2016.

第 2 章　石油分子组成及其实验分析方法

2.1　概　　述

组成石油的化学元素主要是碳（83.0wt%[①]～87.0wt%）、氢（10.0wt%～14.0wt%），还有少量的硫（0.05wt%～8.00wt%）、氮（0.02wt%～2.00wt%）、氧（0.05wt%～2.00wt%）等杂原子，以及五十余种微量元素如镍、钒、铁、钠等。烃类是组成石油的主要成分，杂原子化合物一般具有对应的烃类骨架结构，可理解为硫、氮、氧等原子杂化在各种烃类的分子结构中。烃类化合物按结构可分为烷烃、环烷烃、芳香烃等，在石油的二次加工产物中还可能含有烯烃和炔烃等。不同地质来源的石油具有不同的化学组成，甚至存在巨大的组成差异，但也具有一些共性特征和分布的规律性，如对于同一种石油的不同馏分油来说，通常随沸点升高，馏分油中氢碳原子比逐渐下降，硫、氮、氧等杂原子含量逐渐增多。微量金属元素主要集中在减压渣油等重馏分中。

石油化学组成非常复杂，通常使用族组分的表示方法描述石油的化学组成特征，如四组分法根据溶解度和极性差异将石油或石油组分分离为饱和分、芳香分、胶质和沥青质。四种组分不是化学定义，但可以反映石油的化学组成。饱和分以烷烃、环烷烃为主，但常见分离方法中烷基苯类化合物（长侧链单环芳香烃）也被分到饱和分中，一些硫醚和烷基噻吩类含硫化合物也可能在分离中进入饱和分；芳香分中以两环以上芳香族化合物为主，包括芳香烃类和含硫芳香烃、烷基取代程度较高的含氮化合物等；胶质以分子极性较强的杂原子化合物为主，如碱性/非碱性含氮化合物、酸性含氧化合物（酚、酸）、高价硫化物（砜、亚砜）等，须强调的是，胶质中也存在一些分子缩合度高的纯烃类化合物，而分子较大但缩合度较低的带有极性杂原子基团的非烃类化合物往往在分离过程中归入芳香分；沥青质由极性更强或分子更大的化合物组成，与胶质类似，其化合物类型比较复杂，不同样品间的化学组成差异更大。

在组分族组成的基础上，石油烃族组成能够在分子结构上描述其化学组成，即将饱和分和芳香分根据分子结构分成不同的亚类，量化表征不同亚类的含量。饱和烃可以细分为正构烷烃、异构烷烃和不同环数（1～6）的环烷烃；芳香烃分为 1～6 个芳环的芳香烃，噻吩型硫化物因在组分分离时大多数进入芳香分，在芳

---

① wt%表示质量分数。

烃烃族组成分析时一起表征。烃族组成的分析方法在20世纪七八十年代已经得到普遍应用，其基本原理是基于质谱分析时不同结构类型化合物质谱图特征的差异性，是基于混合信息的模型求解。烃族组成实现了复杂石油组分中不同类型化合物的量化表征，为认识石油化学组成及建立石油性质预测和转化模型提供了重要的数据基础，但其反映的组成信息中缺少对分子大小的描述。

在烃族组成的基础上增加分子大小维度上的分子碳数信息，就实现了在分子式层面对石油组成的详细描述，称为分子族组成。这种表达方式可以对石油组分的化学组成进行准确的表征，用于性质或反应模型开发时可以大幅度提高模型的预测精度。分子族组成分析仍然须通过质谱技术实现，一般采用软电离技术分析石油组分，根据分子质量和响应强度确定不同化合物的分子元素组成及相对含量。高分辨质谱技术的发展极大地推动了石油分子族组成分析的应用，不仅实现了烃类化合物的组成分析，大分子杂原子化合物的分子组成也得到了详细的表征。

分子族组成是描述石油化学组成的理想方法，不仅提供了详细的分子组成信息，同时将复杂的石油分子组成信息控制在有限的集总范围内，尤其适合对重质油的分子组成表征。但对于轻质石油组分，如汽油，技术上可以从单体化合物层面实现更为详细的化学组成表征。目前对汽油的组成分析一般采用气相色谱分析单体烃，C_8以下化合物可以实现完全分离，化合物异构体数量随碳原子数增加呈指数式增长，C_{10}以上的烃类化合物几乎无法通过色谱分离的方法实现单体化合物分析。

2.2　分析仪器及方法

波谱类分析技术均能从不同角度提供石油组分的化学组成信息，但针对分子组成分析，最有效的方法是色谱和质谱技术，而色谱技术主要指气相色谱（gas chromatography，GC）。

2.2.1　气相色谱

气相色谱的基本原理是：载气携带要分析的混合物（气相）进入一根色谱柱，色谱柱中的固定相对混合物分子具有不同的保留能力，改变这些化合物分子随载气的流动速度，实现混合物的分离。气相色谱是一种非常高效的分离技术，毛细管气相色谱的理论塔板数可以达到几十万，其分离能力远高于精馏等其他分离技术。气相色谱分析能够气化样品，而大部分石油烃类具有较好的挥发性。气相色谱的工作温度一般控制在300℃以下，常压沸点小于500℃的化合物可以通过气相色谱柱，高温色谱可以升温到420℃以上，常压沸点为750℃的化合物也可以通过气相色谱分析，但高沸点组分组成太复杂，气相色谱的分离能力不足以实现化合物的完全分析，实际上只有沸点不高于 200℃的石油组分才能通过气相色谱实现单体烃分析。

全二维气相色谱是在一维色谱分离的基础上，对分离后的组分在线再进行一次快速色谱分离，两次分离使用不同性质的色谱柱，实现如沸点-极性组合的二维色谱分离。全二维气相色谱具有更高的分离能力，可以实现更宽沸点范围石油组分的单体组成分析。全二维气相色谱除了能够分离更多单体烃，其保留位置（两个维度上的保留时间）包含更多的组成信息，可以对难分离组分进行化合物类型的定性、定量分析。

气相色谱分析通常使用氢火焰离子化检测器（FID），烃类化合物在 FID 上具有相似的响应因子，非常方便进行定量分析。而选择性检测器可以实现硫、氮、氧等的高灵敏度检测。常用的选择性检测器包括对硫（SCD）和氮（NCD）分析的化学发光检测器、分析含硫化合物的脉冲火焰光度检测器（PFPD），而原子发射光谱检测器（AED）具有对多种元素进行选择性检测的能力，可以对碳、硫、氮及镍、钒等微量元素进行高灵敏选择性检测。质谱（MS）也是一种选择性检测器，气相色谱-质谱联用（GC-MS）广泛应用于石油生物标志化合物的组成分析。

2.2.2　质谱

质谱是分析分子和分子碎片质量的仪器方法，但质谱的质量分析器只能分析带电离子而不能直接分析分子，因此质谱分析过程首先是将化合物分子在电离源中转化为带电离子，然后在电场或磁场构成的质量分析器中通过控制和观测离子运动速度和轨迹测定其质量。电离技术有多种类型，常用于石油样品分析的电离技术有电子轰击电离（EI）、场致电离（FI/FD）、真空化学电离（CI）、大气压化学电离（APCI）、大气压光致电离（APPI）、电喷雾电离（ESI）等。

质谱分析分子组成包括两种技术路线，一种是基于电子轰击电离的烃族组成分析方法，另一种是基于软电离和精确质量分析的分子族组成分析方法。

烃族组成分析一般使用低分辨质谱配置电子轰击电离源，根据高度叠加的分子碎片信息，通过求解数学模型，计算每一类化合物的相对含量，美国材料与试验协会（ASTM）推出一系列该类方法用于中间馏分油和重馏分油的烃族组成分析。

分子族组成分析方法主要有基于 FI/FD 和一氧化氮 CI 的烃类分析，基于电喷雾电离和高分辨质谱的杂原子化合物分析。这些方法的重复性和再现性都存在一些问题，因此虽然可以得到详细的分子组成信息，但缺少广泛接受的标准方法。

傅里叶变换离子回旋共振质谱（FT-ICR MS）是目前分辨率最高的质谱仪器，高分辨率实现了不同分子质量的精细识别，高质量精度实现对每一种分子组成的精确鉴定。FT-ICR MS 结合多种软电离技术几乎实现了重质油中各种类型化合物的分子组成分析。

2.2.3　分子组成分析方法

目前的分析技术基本上可以实现石油中各种类型化合物的分子组成分析，但形成标准的方法并不多，主要是对馏分油的分析，渣油及杂原子化合物分析方法近年来得到快速发展，但仍不成熟。表 2.1 列出了基于色谱、质谱技术形成的多种石油组分的分析方法。

表 2.1　石油组分分子组成分析方法

样品	方法	备注
炼厂气/天然气	ASTM D2650	C_1～C_6烃类，CO，CO_2，含 1～2 个碳原子的硫醇类，H_2S，O_2，H_2，N_2，Ar 的组成
	多维气相色谱法	烃类（C_1～C_{6+}）和无机气体（H_2、O_2、N_2、CO_2、CO、H_2S）等组成
汽油及石脑油馏分	ASTM D5134-98，SH/T 0714	单体烃组成
	ASTM D7753，GB/T 30519	族组成
	ASTM D2789	烃类型（6 类）
	ASTM D1658	C_6～C_9芳烃的碳数分布
	ASTM D5769	苯、二甲苯和总芳烃的测定
	ASTM D6729	单体烃组成，100m 色谱柱
	ASTM D6730	单体烃组成，100m 色谱柱（带预柱）
	ASTM D6733	单体烃组成，50m 色谱柱
	ASTM D6293	按照碳数提供 PIONA 组成数据
	ASTM D6839，ISO 22854	提高了烯烃、芳烃的测量上限，并且按照碳数提供 PIONA 组成及含氧化合物的分析结果
	NB/SH/T 0741—2010	测定饱和烃、烯烃、芳烃总量及苯含量
	GC×GC	烷烃、烯烃、环烷烃、芳烃的族组成分离及分析，定量结果准确
煤油及柴油馏分	ASTM D2425，SH/T 0606	烃族组成：链烷烃、1～3 环环烷烃，1～3 环芳烃的含量
	GC×GC	得到烷烃、烯烃、环烷烃、1～4 环芳烃的定性及定量结果
	GC/FI-TOF MS	不同类型化合物的碳数分布
	Me ESI FT-ICR MS*	结合甲基衍生化，将硫化物转化为甲基锍盐后进行分析，得到硫化物的分布

续表

样品	方法	备注
减压瓦斯油	ASTM D2786，SH/T 0659	饱和分族组成：链烷烃，1～6 环环烷烃的含量
	ASTM D3239，SH/T 0659	芳香分族组成：18 种芳烃，3 种芳香噻吩类的含量
	GC/FI-TOF MS	不同类型化合物的碳数分布
	APPI FT-ICR MS	噻吩类硫化物
	ESI FT-ICR MS	碱性氮化物、非碱性氮化物、酸性氧化物
	Me ESI FT-ICR MS	噻吩类硫和硫醚类的分布
渣油/原油	FD TOF MS	链烷烃，1～6 环环烷烃的碳数分布
	RICO/ESI FT-ICR MS**	RICO 反应将饱和烃转化为醇类后进行分析，得到不同类型饱和烃的碳数分布
	ESI FT-ICR MS	碱性氮化物、非碱性氮化物、酸性氧化物等极性化合物的碳数分布
	APPI FT-ICR MS	烃类、硫化物、中性氮化物、碱性氮化物、羧酸、卟啉类化合物等的分布

* Me ESI：甲基衍生化后 ESI 分析；

** RICO：钌离子催化氧化。

2.3 气体分析

气体主要涉及天然气和炼厂气，一般含有小分子烃类（烷烃、烯烃、炔烃等）、永久气体（CO、CO_2、O_2、N_2、Ar 等）、硫化物（含 1～2 个碳原子的硫醇类、H_2S 等）等，且各组分的浓度变化范围较大。对气体分子组成的精确而快速的分析对于优化炼油工艺和控制产品质量十分重要。

气体组成相对简单，适合通过气相色谱进行单体化合物分析，但技术上并不容易实现，主要存在以下问题：①没有一种气相色谱柱可以对所有种类气体分子实现完全分离；②单一检测器无法同时检测烃类和永久气体等；③用作载气的气体需要更换其他气体作载气进行检测。早期分析气体样品时利用多台气相色谱仪，一个样品多次进样，达到全组分分离并检测，方法操作烦琐且准确度差。目前主要采用多维色谱（多柱多阀切换）方法来完成炼厂气的组成分析，从三阀四柱、四阀五柱发展到现在的五阀八柱，同时配备两种（TCD 和 FID）共 3 个检测器进行多通道快速分析。一般借助载气切换系统，以氮气为载气测定氢气，以氢气为载气测定永久气体。与单通道色谱系统相比，多维色谱方法对复杂气体混合物的分离比较容易。

还有一种方法是 ASTM D2650 方法，该方法使用质谱测定气体化学组成，可以得到氢气、碳数低于 6 的烃类、CO、CO_2，还有含 1～2 个碳原子的硫醇类、

H_2S 以及 O_2、N_2、Ar 的组成。该方法适用于测定组分含量高于 0.1mol%①的气体组成。

2.4 轻质馏分油分析

汽油馏分的分子组成数据是汽油产品的重要指标，也是石油炼制和石油加工过程不可缺少的基础数据。近年来，随着环保要求的不断提高，以及汽车工业的快速发展，生产无污染、高品质的新配方清洁燃料的需求越来越紧迫，中国政府 1999 年以后公布的几代油标准中，均对烃类组成做了明确的规定。除硫含量外，将烯烃、芳烃和苯含量等烃组成纳入汽油产品的质量控制指标。随着汽车保有量的迅速增加，汽车排放对大气环境的污染占比日益加重，车用燃料的质量快速升级[1]。分析汽油的分子组成是确定及优化油品加工方案的重要依据。

从 20 世纪五六十年代开始，人们就开始了气相色谱法测定汽油馏分组成的分析研究，并随着气相色谱技术的发展而不断完善，形成了一些标准分析方法。目前，气相色谱法测定汽油烃类组成的应用主要集中在基于一根高分辨毛细管柱的单柱单体烃分析法和基于多根不同类型色谱柱的多维气相色谱分析法[2]，同时也有一些基于这些方法的改进方法。这些方法在全球各炼油企业里每天被重复着，以获得有价值的汽油组成数据。

2.4.1 单体烃分析法

单柱单体烃分析法是目前汽油分析的常用方法之一，简单来说是使用气相色谱，采用一根非极性高分辨毛细管气相色谱柱和氢火焰离子化检测器（FID）对汽油馏分中的烃类单体进行定性定量分析。单体烃分析行业标准方法是 SH/T 0714—2002《石脑油中单体烃组成测定法（毛细管气相色谱法）》，等效于美国材料与试验协会标准 ASTM D5134-98。该方法较适用于烯烃含量低于 20%的油品测定，同时对油品中含氧化合物的测量效果不佳。图 2.1 是某直馏汽油的单体烃分析结果，该方法可以将汽油中的大多数化合物（＞95%）分离并进行定量分析。包括同分异构体在内，通常可在汽油中鉴定出三百余种不同的分子。表 2.2 为 C_6 以下化合物的定性定量分析结果，表 2.3 为分子族组成数据，完整化合物定性定量分析结果见附录。

① mol%表示摩尔分数。

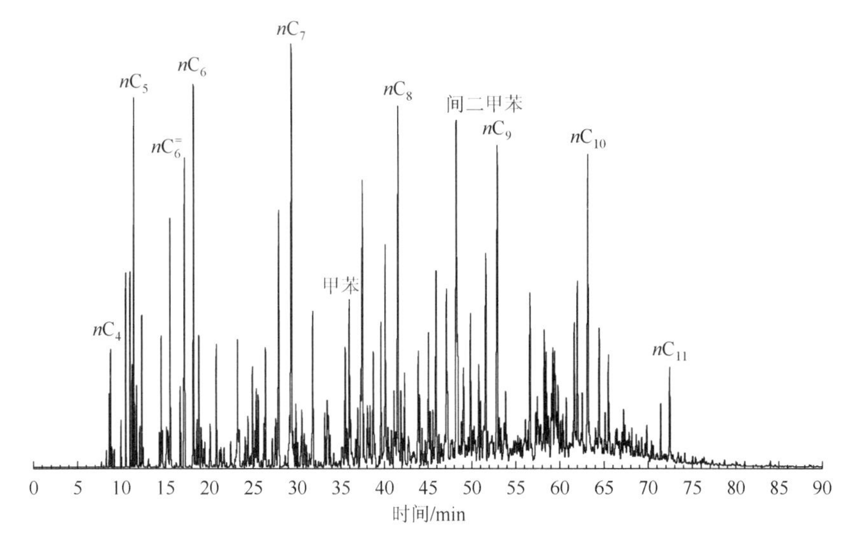

图 2.1　焦化汽油气相色谱图

表 2.2　汽油单体烃分析结果（C_6 以下）

序号	保留时间/min	质量分数/%	保留指数	化合物名称
1	7.78	0.02	300.00	丙烷
2	8.34	0.04	353.82	异丁烷
3	8.66	0.25	385.00	丁烯
4	8.81	0.33	400.00	正丁烷
5	8.98	0.06	406.15	反-2-丁烯
6	9.25	0.05	416.29	顺-2-丁烯
7	10.02	0.15	444.80	3-甲基-1-丁烯
8	10.55	0.68	464.89	异戊烷
9	11.05	0.70	483.27	1-戊烯
10	11.30	0.38	492.81	2-甲基-1-丁烯
11	11.50	1.38	500.00	正戊烷
12	11.70	0.06	503.01	碳五二烯
13	11.81	0.32	504.60	反-2-戊烯
14	12.17	0.16	510.01	顺-2-戊烯
15	12.41	0.62	513.51	2-甲基-2-丁烯
16	12.53	0.08	515.32	1, 3-戊二烯
17	13.17	0.04	524.85	1, 3-环戊二烯
18	13.28	0.01	526.41	2, 2-二甲基丁烷
19	14.39	0.17	542.89	环戊烯

续表

序号	保留时间/min	质量分数/%	保留指数	化合物名称
20	14.58	0.65	545.83	4-甲基-1-戊烯
21	14.70	0.18	547.55	3-甲基-1-戊烯
22	15.18	0.20	554.62	环戊烷
23	15.30	0.29	556.47	2, 3-二甲基丁烷
24	15.41	0.02	558.12	顺-4-甲基-2-戊烯
25	15.57	1.47	560.47	2-甲基戊烷
26	16.23	0.03	570.32	1, 5-己二烯
27	16.71	0.44	577.38	3-甲基戊烷
28	17.20	2.08	584.71	1-己烯
29	17.76	0.01	593.02	1, 4-己二烯
30	18.23	2.19	600.00	正己烷

表 2.3 基于气相色谱单体烃分析结果的汽油分子族组成（质量分数，%）

C 原子数	正构烷烃	异构烷烃	烯烃	环烷烃	芳烃	合计
3	0.02	0	0	0	0	0.02
4	0.33	0.04	0.37	0	0	0.74
5	1.38	0.68	2.69	0.2	0	4.95
6	2.19	2.21	6.01	1.09	0.08	11.58
7	3.6	1.85	7.78	1.88	1.15	16.26
8	3.09	4.06	8.43	3.36	5.14	24.08
9	2.86	5.6	6.61	2.49	4.52	22.08
10	2.56	4.29	5.17	0.73	1.1	13.85
11	0.81	2.94	1.34	0.04	0.24	5.37
12	0.03	0.33	0.04	0	0	0.4
总计	16.87	22	38.44	9.79	12.23	99.33

汽油单体烃分析获得了汽油化学组成的详细信息，基于分子组成预测汽油各种性质的理论和经验模型均已得到成功应用，如根据汽油的色谱组成信息计算辛烷值[2]。

2.4.2 多维色谱法

多维色谱法测定汽油的组成，是采用多根不同性质的色谱柱，结合阀切换技术，将汽油中的组分按照类型［正构烷烃（P）、异构烷烃（I）、烯烃（O）、环烷烃（N）、芳烃（A），即 PIONA］和碳数分离，从而获得包含碳数信息的烃族组分数据。国内标准有 GB/T 30519《轻质石油馏分和产品中烃族组成和苯的测定 多维气相色谱法》。荷兰 AC（Analytical Controls）公司在 PNA 测定系统基础上开发了采用烯烃可逆吸附阱的 PONA 分析系统。其后 AC 公司对系统进行了完善，推出了商品化的分析仪 Reformulyzer，增加了醇醚类含氧化合物吸附阱，使系统可以用于成品汽油组成的全分析。基于此套系统的成品汽油组成分析方法被 ASTM 采纳为标准方法 ASTM D7753。

ASTM D6293 的优点是可按碳数提供 PIONA 的组成数据，即分子族组成。其对链烷烃、支链烷烃和环烷烃较单柱毛细管色谱的方法可以给出更准确的碳数分布数据，这对乙烯裂解原料的质量判断以及了解流化催化裂化（FCC）汽油加氢过程中组分的变化信息非常有益，对成品汽油还可同时提供含氧化合物的信息。两个方法的共同问题是烯烃捕集阱的性能还存在问题，只能测量低烯烃含量的样品。由于成品汽油中烯烃体积分数一般可达 15%～30%，在对烯烃捕集阱性能进行改进和方法进一步优化的基础上，形成 ASTM D6839，该标准中烯烃和芳烃体积分数测量上限分别可达 30%和 50%，该方法实际上是 ASTM D6293 的一个改进方法，同样可按碳数提供 PIONA 的烃组成数据和含氧化合物的分析结果，与该标准对应的 ISO 标准为 ISO 22854。

在多维色谱测定汽油组成方面，石科院做了很多工作，开发了强极性柱、烯烃可逆吸附阱和非极性柱组成的多维色谱系统（SOA 系统），可测定烯烃含量高的样品中的饱和烃（S）、烯烃（O）和芳烃（A）的总量。徐广通等对烯烃可逆吸附阱的制备和性能进行了详细研究，开发了双柱箱多维色谱系统，可测定成品汽油中的饱和烃、烯烃和芳烃总量以及苯含量。该方法被作为石油化工行业标准方法 NB/SH/T 0741。《轻质石油馏分和产品中烃族组成和苯的测定 多维气相色谱法》（GB/T 30519）于 2014 年 6 月实施。对应的 ASTM D7753 是石油及石油产品领域第一个由中国提出并制定的 ASTM 标准。

2.4.3 全二维色谱法

20 世纪 90 年代发展起来的全二维气相色谱（GC×GC）法具有高分辨率、高灵敏度、高峰容量等优势，使气相色谱技术产生了一次新的飞跃，已成为解决复杂体系分离分析的有力工具。近年来 GC×GC 技术展现了极强的分离能力，也被用于汽油样品的分析研究[3]。

GC×GC[4, 5]是多维气相色谱法的一种，但是又不同于普通的二维色谱，是把分离机理不同而又互相独立的两根色谱柱（一般第一根为非极性柱，第二根为极性柱）以调制器串联的方式结合成 GC×GC，通常只连接一种检测器。Blomberg 等[6]于 20 世纪 90 年代开发了石油化工产品的 GC×GC 分析方法，以重汽油和重催化裂解循环油等为研究对象，通过 GC×GC 均得到了很好的分离效果。其中饱和烃、环烷烃、单芳烃、二环芳烃、三环芳烃等被分成非常明显的独立区域，验证了 GC×GC 是详细分析烃类型的最好方法之一。花瑞香等[7]利用 GC×GC 完成了对汽油、柴油等中烷烃、烯烃、环烷烃及 1～4 环芳烃的族组成分离和目标化合物的分析，定量结果准确。

2.5　中间馏分油分析

中间馏分油主要指煤油和柴油馏分。煤油是一种含 C_9～C_{16} 的烃类混合物，其用途广泛，除可作为喷灯和航空涡轮发动机等的燃料外，还可用作机械零部件的洗涤剂、橡胶和制药工业溶剂等。煤油价格便宜、毒性小、无污染、能量较高，符合航天运载火箭对推进剂的选用要求，可作为大推力运载火箭的主体推进剂投入到航天发射中。煤油的组成对其性质和性能有很大影响，尤其是火箭煤油对其组成、组分要求更高。分析煤油的组成对改进生产加工工艺、控制产品质量、研发新产品均有非常重要的意义[8]。

柴油馏分对应沸点范围一般为 200～350℃，主要包括 C_{11}～C_{20} 的正构烷烃和异构烷烃，单环和双环的环烷烃和芳烃。柴油馏分与汽油馏分的烷烃、环烷烃、芳烃的不同之处在于烷烃的碳原子数增多，环烷烃、芳烃的环数增多。煤油馏分及柴油馏分油的单体烃数目众多，而且异构体间的性质十分接近，已经无法在单体烃层面进行分离和鉴定。

2.5.1　标准方法

ASTM D2425 是一种利用质谱测定中间馏分中烃类的标准试验方法，该方法适用于分析馏程范围为 400～650℉（204～343℃）（ASTM D 86 方法 5vol%①～95vol%馏出温度）直馏中间馏分的烃类组成，可分析链烷烃平均碳数在 C_{12}～C_{16} 之间的烃类混合物，提供十一类烃组成，包括链烷烃、一环环烷烃、二环环烷烃、三环环烷烃、烷基苯、茚满或萘满（或两者）、C_nH_{2n-10}（茚类等）、萘类、C_nH_{2n-14}（苊类等）、C_nH_{2n-16}（苊烯类等）和三环芳烃。

ASTM D2425 组成分析须将油品分离为饱和分和芳香分（试验方法 ASTM D2549），分别进行质谱分析，根据特征质量碎片加和确定各类烃的浓度。由质谱

① vol%表示体积分数。

数据估计烃类的平均碳数，根据由各类烃的平均碳数确定的校正数据进行计算。每个组分的结果根据分离得到的质量分数进行归一，结果以质量分数表示。含硫、含氮非烃类化合物不包括在本标准的矩阵计算中。如果这些非烃类化合物含量较高（如硫含量的质量分数大于 0.25%），将干扰用于烃类计算的谱峰。

由于质谱分析建立在族组分分离的基础上，分离效果是影响分析结果的重要因素，实际上中间馏分油的组分分离难度很大，传统基于柱色谱的分离方法难以避免溶剂回收过程的轻组分损失。为了解决这一问题，石科院刘泽龙等开发了基于固相萃取柱的族组分分离方法，该方法在不挥发溶剂的情况下巧妙地通过气相色谱对饱和烃和芳烃组分进行定量分析，保证了定量分析的准确性。以此为基础，石科院建立了《中间馏分烃类组成测定法（质谱法）》（SH/T 0606），该方法具有更宽的样品适用范围。组分分离方法部分形成了《中间馏分中芳烃、非芳烃和脂肪酸甲酯组分的分离和测定固相萃取和气相色谱法》，该标准由美国材料与试验协会正式批准发布（ASTM D8144-18）。在此基础上，计划替代 ASTM D2425 的新方法已于 2018 年 10 月正式立项（WK 64912）。

使用 SH/T 0606 分析方法得到的一个柴油馏分的分子组成数据见表 2.4。

表 2.4　柴油烃族组成

类型	质量分数/%
链烷烃	20.4
一环环烷烃	15.5
二环环烷烃	25.7
三环环烷烃	5.6
总环烷烃	46.8
总饱和烃	67.2
烷基苯	3.3
茚满或四氢萘	6.1
茚类	2.3
总单环芳烃	11.7
萘	2.1
萘类	13.9
苊类	2.2
苊烯类	1.0
总双环芳烃	19.2
三环芳烃	1.9
总芳烃	32.8
总含量	100

2.5.2　全二维气相色谱法

全二维气相色谱可以得到很高的分离度，实现柴油馏分段大多数化合物的完全分离[6, 7]，样品不经族组分分离即可得到非常好的色谱分离效果，实现了一次进样即完成轻质石油馏分的族组成分离以及目标化合物的分离、定性和定量分析的目的。但考虑到检测动态范围限制，预分离可以大幅度提高检测动态范围，实现微量化合物的定量分析。

图 2.2 是一张柴油馏分的全二维气相色谱图，横坐标（第一维）是基于非极性色谱柱的分离，反映分子大小和沸点高低；横坐标（第二维）是基于极性色谱柱的分离，反映分子结构及极性信息，正构烷烃在最下方，然后是异构烷烃和环烷烃，芳烃与烷烃清晰分离，吲哚、咔唑等极性杂原子化合物在最上方。

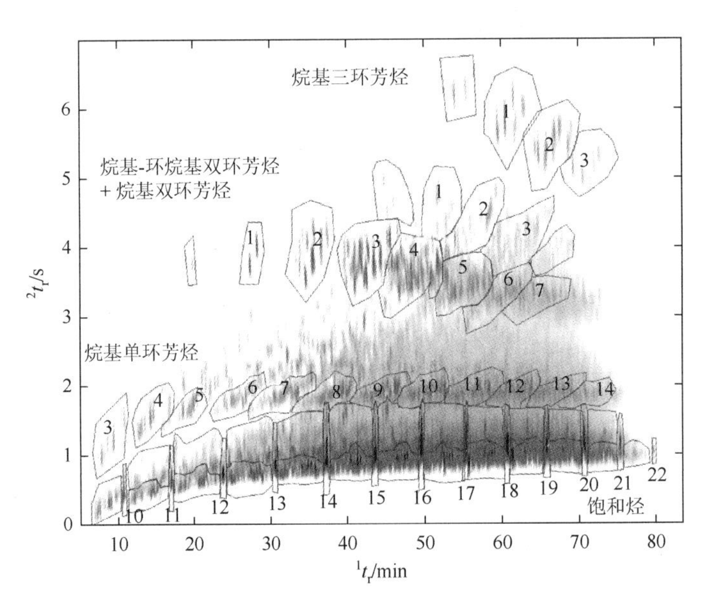

图 2.2　柴油组分的全二维气相色谱图

图中数字代表所含碳数

高碳数区域色谱峰存在较多的共溢出化合物，虽然这些化合物没有被分离为单体，但是根据其在二维色谱图中的保留位置可以对其分子碳原子数和结构类型进行较为可靠的划分。

全二维气相色谱分析方法在中间馏分油分子组成分析上具有非常好的应用前景，但目前尚未形成广泛接受的方法标准。

2.5.3　质谱法

使用质谱技术分析中间馏分油分子组成的方法很多，前文提及的 ASTM D2425 是较早的柴油烃族组成分析方法，一般在低分辨磁质谱上通过进样罐进样实现饱和烃和芳烃组分的组成分析。磁质谱设备昂贵，进样罐设计制造要求很高，实际上目前已经不再使用。20 世纪 90 年代以后，四极杆气相色谱-质谱仪（GC-MS）逐渐替代磁式质谱仪分析石油烃类族组成，降低了质谱法的分析成本。

虽然目前许多实验室都使用 GC-MS 完成 ASTM D2425 的柴油烃族组成分析，但该方法仅仅将气相色谱作为一种进样方式，并没有发挥其分离功能。2000 年以后，一种使用场致电离的 GC-MS 系统应用于柴油等馏分油的分子组成分析，这一系统一般使用飞行时间质谱，气相色谱/场电离-飞行时间质谱（GC/FI-TOF MS）充分利用了色谱的在线分离、FI 的软电离和飞行时间质谱的高分辨性能，得到其碳数分布和化合物类型。FI 软电离技术产生分子离子峰，能够电离馏分油中非极性的饱和烃和芳烃。饱和烃包括链烷烃和环烷烃等，芳烃包括烷基苯、多环芳烃和噻吩类芳烃等。含硫化合物与芳烃具有相近的分子质量，但是可以通过质谱的高分辨能力实现区分。烷烃中的正构烷烃和异构烷烃可以根据色谱保留时间区分。GC/FI-TOF MS 数据结果通常表示为化合物类型（或同系物）和碳数分布。相同的化合物类型是指母核结构相同而烷基取代基团不同的分子，一般表示为 $C_cH_{2c+Z}S_sN_nO_o$，其中 c 为碳数，s、n 和 o 代表分子中杂原子 X（S、N 和 O）的个数，Z 为由分子中的双键、环数和杂原子 X 决定的缺氢数。每增加 1 个双键或 1 个环，Z 值减少 2。Z 值越负，表示分子的缩合度越大。例如，$Z=-6$ 代表烷基苯及其同系物，$Z=-15$N 代表苯并咔唑及其同系物。表 2.5 为一个柴油馏分的分子族组成数据。

表 2.5　某柴油馏分分子族组成

碳原子数	Z 值															
	+2(i)	+2(n)	0	−2	−4	−6	−8	−10	−12	−14	−16	−18	−9N	−15N	−10S	−16S
9		0.01	0.01			0.82							0.06		0.39	
10	0.033	0.067	0.03			2.69	0.90		0.59				0.19		1.13	
11	0.14	0.22	0.20	0.01		3.19	3.44		6.15				0.22		0.89	
12	0.34	0.53	0.33	0.03	0.07	2.70	4.46	1.01	13.51				0.10	0.06	0.46	0.11
13	0.60	0.75	0.55	0.07	0.05	1.85	2.66	0.81	10.09	1.82	0.17		0.05	0.20	0.20	0.21
14	0.59	0.64	0.53	0.10	0.02	1.14	1.13	0.52	4.48	3.02	0.48	0.60	0.01	0.37	0.14	0.24

续表

碳原子数	Z 值															
	+2(*i*)	+2(*n*)	0	−2	−4	−6	−8	−10	−12	−14	−16	−18	−9N	−15N	−10S	−16S
15	0.46	0.60	0.38	0.09	0.01	0.64	0.46	0.21	1.51	2.32	0.60	1.32		0.19	0.08	0.13
16	0.22	0.63	0.20	0.05		0.32	0.16	0.06	0.48	1.16	0.50	1.63		0.05	0.03	0.04
17	0.09	0.70	0.13	0.02		0.16	0.05	0.03	0.15	0.39	0.29	0.55		0.01	0.01	0.01
18	0.07	0.64	0.07	0.01		0.06	0.01	0.02	0.05	0.09	0.09	0.16				
19	0.06	0.38	0.03	0.01		0.04		0.01	0.01	0.02	0.02	0.04				
20	0.08	0.48	0.02			0.02										
21	0.02	0.41	0.01			0.01										
22	0.02	0.40														
23	0.01	0.21														
24		0.13														
合计	2.73	6.80	2.49	0.39	0.15	13.64	13.27	2.67	37.02	8.82	2.15	4.30	0.63	0.88	3.32	0.74

注：+2(*i*)：异构烷烃；+2(*n*)：正构烷烃；−9N：咔唑；−15N：苯并咔唑；−10S：苯并噻吩；−16S：二苯并噻吩。

徐延勤等[9]利用 GC/FI-TOF MS 分析柴油中的烯烃，并采用气质联用和核磁共振等手段考察其分离效果，建立了柴油中烯烃类型和碳数分布的表征方法。祝馨怡等[10]利用 GC/FI-TOF MS 对柴油的详细组成进行分析，得到 C_9～C_{24} 的九类烷烃的碳数分布和化合物类型的信息。与 ASTM D2425 相比，样品无须预分离，可直接进样分析，而且能够提供烃类化合物的环加双键数和碳数分布以及含硫、含氮化合物类型分布的信息。为考察炼油的组成，其提供了一个新的更快速、更详细的分析平台。

尽管 GC/FI-TOF MS 提供的数据信息非常符合柴油分子组成研究的需要，但这种方法的应用效果并不理想，其中最大的困难是难以解决 FI 电离的稳定性问题，受离子源灯丝质量及老化程序的影响，分析结果难以重复。另外，轻重组分及不同结构类型化合物的电离效率差异较大，为定量分析带来很多难题。一种可行方案是使用 ASTM D2425 测定柴油馏分的烃族组成，以族组成数据为基础，对 FI MS 测得的碳数分布数据进行归一化处理，形成一个修正后的分子族组成数据。美国 Waters 公司于 2011 年关停了其 GC/FI-TOF MS 生产线，目前只有日本 JEOL 公司提供该类仪器。

使用一氧化氮化学电离在 GC-MS（GC-NOCI MS，或称 NOISE）上分析馏分油烃组成是另一种可行的方法，该方法与 FI 方法类似，也是一种软电离方法，相对于 FI 技术，NOCI 产生的碎片离子较多，但是 NOCI 对不同分子大小及结构类型化合物的响应因子差异较小。

中间馏分油的烃类分析尽管在分析精度上还存在一些不足，但基本上能够得到详细的表征，而实际生产中微量的杂原子化合物往往对产品质量存在严重的影响，以含硫化合物为例，商品柴油硫含量要求控制在10ppm①以下，以上几种方法远远不能满足如此低含量含硫化合物分析需要，因此分析微量硫、氮、氧杂原子化合物是中间馏分油分子组成分析的另一个技术需求。近年来，电喷雾电离（ESI）与傅里叶变换离子回旋共振质谱的应用为石油中微量杂原子化合物的选择性分析提供了条件，潘娜等[11]采用甲基衍生化方法，将柴油中的含硫化合物转化为锍盐，使用ESI FT-ICR MS分析了柴油中硫化物的组成与分布。

2.6　重馏分油分析

重馏分油指比柴油更重的减压馏分油，该馏分段油品一般作为裂化原料进行二次加工，或脱蜡后作为润滑油基础油使用。重馏分油的分子组成比中间馏分油复杂很多，但使用的分析技术和方法原理与中间馏分油类似。最为常用的烃族组成分析方法包括分别适用于饱和分、芳香分分析的ASTM D2786和ASTM D3239。用于中间馏分油分析的软电离GC-MS方法也可以用于重馏分油的分析。

2.6.1　标准方法

与中间馏分油不同，ASTM对重馏分油烃族组成分析制定了两个独立的方法D2786和D3239，分别用于饱和分和芳香分的组成分析。这两个方法是基于高电压电子轰击质谱分析饱和分和芳香分，根据质谱裂解模型得到族组成的分布，分子大小以平均碳数表示。该方法适用于350～545℃馏分油，可以提供减压瓦斯油（VGO）中的链烷烃、1～6环环烷烃、18种芳烃类及3种芳香噻吩类的含量，表2.6为使用该方法时一个重油馏分油浆的分析结果。分析时首先要通过柱色谱分离出饱和分和芳香分，分析时间较长。ASTM D2786对应的石化行业标准为SH/T 0659《瓦斯油中饱和烃馏分的烃类测定法（质谱法）》。

表2.6　重油馏分油浆烃类组成分析结果

类型	质量分数/%
链烷烃	6.9
一环环烷烃	4.3

① ppm为10^{-6}。

续表

类型	质量分数/%
二环环烷烃	6.8
三环环烷烃	6.0
四环环烷烃	3.7
五环环烷烃	1.8
六环环烷烃	0.4
总环烷烃	23.0
总饱和烃	29.9
烷基苯	3.3
一环烷基苯	3.3
二环烷基苯	4.8
总单环芳烃	11.4
萘类	1.2
苊类＋二苯并呋喃	4.1
芴类	6.0
总双环芳烃	11.0
菲类	3.7
环烷菲类	4.7
总三环芳烃	8.4
芘类	8.7
䓛类	5.8
总四环芳烃	14.5
苝类	4.6
二苯并蒽	0.4
总五环芳烃	5.0
苯并噻吩	1.7
二苯并噻吩	0.9
萘苯并噻吩	2.3
总噻吩	1.1
未鉴定芳烃	6.4
总芳烃	61.9
胶质	8.2
合计	100

2.6.2　GC-MS法

减压瓦斯油沸点较高，但是是可蒸馏组分，可以通过气相色谱分析，基于FI、NOCI等用于中间馏分油的软电离方法同样可以用于减压瓦斯油分析。Qian等[12]利用GC/FI-TOF MS成功对碳数高达44的正构烷烃进行分析，重馏分油存在多种质量相近的化合物，但是经过色谱分离后对质谱分辨率的要求大大降低，分辨率相对较低的飞行时间质谱也能满足不同化合物质量分析的需求。Qian等[13]建立了利用GC/FI-TOF MS对石油样品进行三维数据处理的方法，利用这种多维数据处理方式可以表征石油组成的详细信息。祝馨怡等[14]采用固相萃取技术将重馏分油分离为饱和烃和芳烃组分，并通过GC/FI-TOF MS分别进行分析。

2.6.3　FT-ICR MS法

重馏分油中的非烃类化合物分析曾经是一个非常困难的问题，近年来ESI FT-ICR MS的应用为解决这一难题提供了全新方法。ESI源可以对石油中极性杂原子化合物进行选择性电离，并且通过具有超高分辨率的FT-ICR MS检测分子离子峰，是目前分析重油中硫、氮、氧杂原子化合物最有效的手段。

刘颖荣等[15]在平均质量分辨率为22万，*m*/*z* 150～1200的条件下，采用大气压光致电离（APPI）源的9.4T FT-ICR MS，建立了VGO中噻吩类硫化物的表征方法。在所研究的VGO中，主要包括2种（含1个硫原子S_1和含2个硫原子S_2）共计29类噻吩类硫化物，碳数分布范围为15～50。Liu等[16]将哈萨克斯坦的减压瓦斯油的窄馏分通过选择性氧化结合甲基化把含硫化合物氧化成甲基锍盐，通过正离子ESI FT-ICR MS鉴定，对比氧化前后的S_1和O_1S_1类，确定噻吩类硫和硫醚类的分布。Muller等[17]用FT-ICR MS对减压瓦斯油中的硫化物进行定量分析，并用全二维色谱进行对比，其结果一致，他们指出该方法也可潜在应用于渣油的定量分析。

目前对于重馏分油中氮化物的分析多借助FT-ICR MS分析[18, 19]。在ESI正离子模式下检测碱性氮化物，在负离子模式下检测非碱性氮化物。Shi等[20]利用ESI FT-ICR MS正离子模式分析了六种焦化蜡油中碱性氮化物，得到了N_1、N_2、NO、NS等类型氮化物，并分析了加氢处理前后氮化物分布变化，发现N_1类在加氢过程中最难脱除，显示了FT-ICR MS在重油氮化物分析上的强大能力。

2.7　渣油分子组成分析

渣油中存在大量不能气化的组分，因此不能通过气相色谱柱，GC-MS 方法均不适用于渣油，而液相色谱的分离能力远远不能满足渣油分析的需要，因此一般采用直接进样高分辨质谱分析渣油分子组成。渣油分析在技术上须考虑两个问题：①如何实现不同类型化合物的有效电离；②大量同重分子的高分辨识别。高分辨是对质谱仪器的最基本要求，FT-ICR MS 是实现渣油分子组成分析的最佳选择。

FT-ICR MS 的发明人之一 Alan G. Marshall 教授以美国国家高磁场实验室为平台，推动了 FT-ICR MS 在重质油分析中的应用，自 Qian 等[22]于 2001 年在 *Energy & Fuels* 上发表了使用 ESI FT-ICR MS 分析重油杂原子化合物的代表性论文，重质油分子组成的分析方法和对分子组成的认识进入一个新的时代。

一般能够分析渣油的方法可以应用于原油和馏分油分析，以下以高分辨质谱对不同类型化合物的分析方法为主线介绍重质油分子组成分析方法。

2.7.1　含氧化合物

氧元素是石油中主要杂原子之一，通常含量在千分之几，随石油馏分沸点升高，其含量逐渐加大，大部分氧元素分布在石油的胶质和沥青质组分中。氧元素在石油中以多种不同的基团存在，根据基团结构不同，石油中的含氧化合物具有不同的性质，通常按酸碱性分为两大类：第一类为酸性含氧化合物，主要是强极性的含氧化合物，如羧酸类和酚类等，也就是通常所说的石油酸；第二类是中性含氧化合物，主要是极性较弱的含氧化合物，如醚类、酯类、酮类、醛类和呋喃类等。原油中含氧化合物种类众多，极性相差较大，很难被同一种电离源或者同一种检测方法同时检测，下面按含氧化合物的种类分别介绍近些年其在分析方法上的进展。

1. 酸性含氧化合物

酸性含氧化合物主要是羧酸类和酚类等强极性含氧化合物，可以使用 APCI 源或 ESI 源电离，但使用 APCI 源时会产生碎片离子[21]，增大分析难度，因此分析含氧化合物的最理想电离源为 ESI 源。

无论是羧酸类还是酚类含氧化合物，都可以在原油中被负离子 ESI 源直接电离，无须分离等前处理过程。Qian 等[22]就在南美重质原油里鉴定出多达 3000 种酸性含氧化合物，同时还发现重质原油中含有大量杂原子化合物，如 O_2、O_3、O_4、O_2S、O_3S、O_4S 等。Hughey 等[23-29]则对比分析了分别来自中国、中东和北美的三个不同原油样品，鉴定出多达 14000 种中性和酸性的含 N、O、S 等杂原子及多杂原子化合物，同时发现不同原油中杂原子化合物的分子组成差异很大[30]。近年来对不同原油的分析结果表明，含 N、O、S 等的杂原子及多杂原子化合物几乎在所有原油中都存在，而且分子质量主要分布在 200～800Da。

Barrow 等[31]将纳升电喷雾电离（nano-ESI）源引入原油分析，表明负离子 nano-ESI 结合 FT-ICR MS 非常适合原油中环烷酸组成分析。Smith 等[32, 33]使用负离子 ESI FT-ICR MS 表征了 Athabasca 沥青经热处理前后酸性含氧化合物分子组成的变化情况，发现液体产物中的环烷酸可能随热处理温度的升高而逐渐分解。Shi 等[18, 34, 35]用负离子 ESI FT-ICR MS 分析了原油酸性化合物在四组分及蒸馏组分中的组成与分布。利用 ESI FT-ICR MS 可以监控石油酸在分离过程中的流向与分布，可建立石油酸分离方法[19, 36, 37]。Zhang 等[38]利用 ESI FT-ICR MS 在罐底油泥中检测到多种“鹰爪酸”（ARN），同时鉴定出$[M-2H+Na]^-$，$[M-3H+2Na]^-$和$[M-4H+3Na]^-$等多种含钠加合离子。

2. 中性含氧化合物

中性含氧化合物指酮类、醛类、醚类、酯类和呋喃类等，这些化合物在石油中含量较少，极性也比较微弱，除了酮类，目前没有比较理想的选择性分析方法。

脂肪酮在石油及源岩提取物中含量很少[39]，但在页岩油中是常见的组分[40-44]。酮具有很强的反应活性，经过衍生化后可以在 ESI 源下电离。Andersson 课题组[45, 46]应用吉拉德 T 试剂和 QAO 试剂选择性地衍生化石油和煤焦油中的酮类化合物（图 2.3），转化为分子极性较强的化合物，并使用正离子 ESI 分析其分子组成。

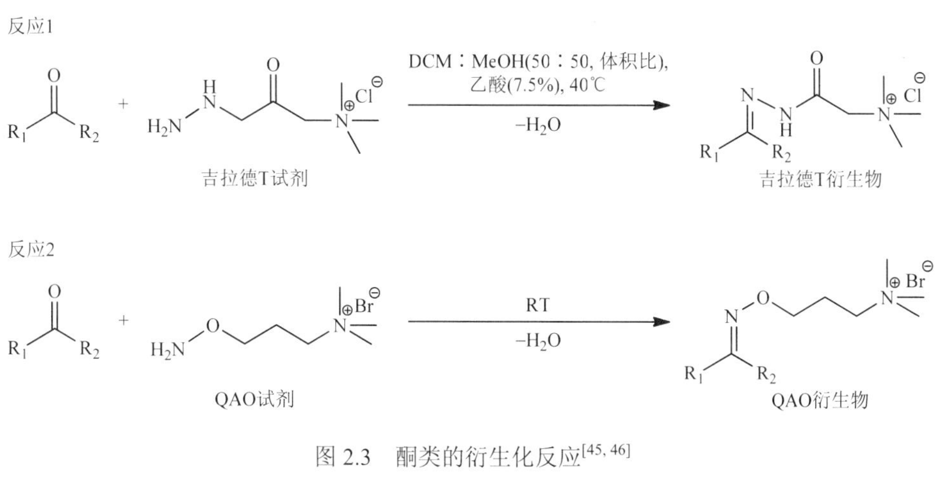

反应1

吉拉德T试剂　DCM：MeOH(50：50, 体积比), 乙酸(7.5%), 40℃　$-H_2O$　吉拉德T衍生物

反应2

QAO试剂　RT　$-H_2O$　QAO衍生物

图 2.3　酮类的衍生化反应[45, 46]

2.7.2 含氮化合物

石油中的氮化物主要为吡咯型中性氮化物，吡啶型碱性氮化物、胺类化合物。卟啉类化合物作为一个特殊类型将在 2.7.6 小节中讨论。石油氮化物可以使用 APCI 源、APPI 源或 ESI 源电离，但使用 APCI 源时会产生碎片离子[21]，APPI 源或 ESI 源都是分析氮化物较为理想的软电离源，正离子 ESI 选择性地电离碱性氮化物，负离子 ESI 选择性地电离中性氮化物。

1. 中性氮化物

2002 年，Hughey 等[30]用模型化合物验证了负离子 ESI 源对中性氮化物的电离效果，确认吡咯、咔唑等中性氮化物及其衍生物可以在负离子 ESI 下得到较好的电离。利用负离子 ESI FT-ICR MS，Shi 等[18, 34, 47]分析了原油及其组分中性氮化物的分布，张娜等[48]研究了委内瑞拉常渣中氮化物在减黏裂化反应前后的组成及分布变换，Zhang 等[49]对比研究了脱沥青油减渣催化加氢前后氮化物组成。

2. 碱性氮化物

2001 年，Qian 等[50]使用正离子模式 ESI 结合 9.4T FT-ICR MS 在南美重质原油里鉴定出 5 类主要的含氮化合物（N_1、N_1O_1、N_1S_1、N_1S_2、$N_1O_1S_1$）。此后，该方法广泛应用于重质油中碱性氮化物的分析。Klein 等[51]研究了重油加氢前后氮化物组成变化，Shi 等[52]分析了不同来源焦化蜡油中的碱性氮化物，Zhu 等[53]进一步分析了焦化蜡油及其分离组分中碱性氮化物组成，鉴定出 N_1、N_2、N_1S_1、N_1O_1、N_1O_2 5 种杂原子类型，随亚组分极性增大，亚组分中含氮化合物的平均分子量逐渐减小，而各种类化合物的等效双键（DBE）值逐渐增加。

2.7.3 含硫化合物

硫在石油中主要以以下几种形式存在：噻吩类化合物、硫醚类化合物、砜类化合物、亚砜类化合物及硫醇类化合物。在石油中，尤其是重油中，一般以噻吩类和硫醚类化合物最为常见[54-56]。

噻吩类硫化物本质上属于芳烃，可以使用的电离源包括大气压光致电离（APPI）源[57, 58]、大气压化学电离（APCI）源、大气压激光电离（APLI）源[59-62]及场电离（FD）源[63]等。Schaub 等[63]使用连续进样的 FD 电离源，在 FT-ICR MS 上成功分析四种不同加工工艺获得的减压瓦斯油产物的芳烃组分，获得了硫化物的分子组成信息。Purcell 等[57, 64]将正离子 APPI 与 FT-ICR MS 联用分析 Athabasca 油砂沥青减压渣油中的含硫化合物，并与甲基衍生化结合正离子 ESI FT-ICR MS 所获得的硫化合物分子组成进行了对比，认为甲基衍生化结合 ESI 的方法对高缩合度的含硫多环芳烃有歧视效应；Hourani 等[62]通过对比 APPI 和 APCI 两种源结合 FT-ICR MS 表征润滑油基础油中的硫化物的分子组成，Schrader 等[59]将减压瓦斯油中的含硫化合物富集起来，利用 APLI 源结合 FT-ICR MS 对富集样品甲基化前后分别进行表征，说明甲基衍生化结合正离子 ESI 方法对石油样品中大部分硫化物没有明显的歧视效应。Lobodin 等[65]使用 Ag^+作为促电离剂，结合正离子 ESI 源成功实现了石油中含硫化合物的电离，在减压渣油中观测到最多含有 3 个硫原子的多杂原子化合物，使用 APPI、FD、APCI 和 MALDI 等时，过高的温度可能会导致石油中含硫化合物发生缩合反应进而引起 DBE 偏高。

硫化物中除了砜类和亚砜类极性较强，能直接被正离子 ESI 源电离外，含量较高的硫醚类和噻吩类硫化物极性较弱，无法直接利用 ESI 分析，Andersson 课题组[66]通过甲基衍生化将减压渣油及其催化加氢脱硫产物中的含硫化合物转化为强极性的甲基锍盐，通过正离子 ESI FT-ICR MS 实现了对含硫化合物的分子组成表征，图 2.4 给出了甲基衍生化方法的原理。该方法目前已经广泛应用于重质油中含硫化合物的分子组成分析，Shi 等[67]分析了加拿大油砂沥青中的含硫化合物，Liu 等[68]分析了委内瑞拉原油四组分中硫化物，分析结果为高硫原油石油沥青质的分子组成研究提供了重要的基础数据。

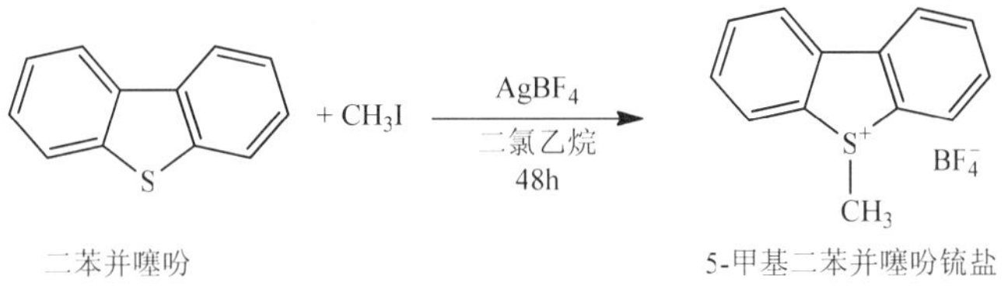

二苨并噻吩 + CH_3I —($AgBF_4$，二氯乙烷，48h)→ 5-甲基二苯并噻吩锍盐（S^+—CH_3，BF_4^-）

图 2.4　硫化物甲基衍生化过程[66]

为了区分硫醚和噻吩类硫化物，Liu 等[69, 70]建立了利用分步化学衍生化选择性表征含硫化合物的方法。该方法首先用四丁基高碘酸铵将石油中的硫醚类化合物选择性地氧化为亚砜，再使用甲基衍生化结合正离子 ESI FT-ICR MS 对氧化前后的样品分别进行检测。由于硫醚氧化后会变成亚砜，而亚砜不能被常用甲基衍生化试剂碘甲烷等甲基化，所以通过对比分析氧化前后样品的甲基衍生化产物分子组成分布能够很容易地区分并获得样品中噻吩类和硫醚化合物的分子组成信息。Wang 等[71]提出了分步化学衍生化法分离富集石油中不同含硫化合物的方法，该方法依次使用脱甲基化试剂 7-氮杂吲哚和 4-二甲氨基吡啶分别还原锍盐中的噻吩类和硫醚类化合物，得到噻吩和硫醚组分。Wang 等[72]还提出了一种分析石油中微量硫醇类化合物的方法，其基本原理是向油中加入苯基乙烯基砜，该试剂与硫醇发生迈克尔加成反应，生成含有砜基的极性分子，实现在正离子 ESI 中的电离。

2.7.4 饱和烃

小分子饱和烃因具有较好的挥发性和热稳定性非常适合通过气相色谱分析，而渣油中饱和烃的分子组成分析却是目前最具挑战性的，根本问题是饱和烃难以有效电离。

APCI 可以应用于饱和烃的电离，Tose 等[73]用氮气作为反应气，成功电离了多种不同石油样品中的饱和烃，生成分子离子和准分子离子，存在一定量碎片离子。Schaub 等[74]成功地将连续液体进样场解吸电离源（LIFDI）与 FT-ICR MS 联用，电离了石油样品中的饱和烃，但异构烷烃仍会产生部分碎片峰，该工作未见后期报道。多个研究机构都尝试将 LIFDI 安装在 FT-ICR MS 上用以分析石油烃类化合物，但效果很差并最终放弃。

激光诱导超声解析（LIAD）电离源中使用氯锰水合正离子[$ClMn(H_2O)^+$]作为促电离剂也可以电离饱和烃，该方法对于不同碳数的正构烷烃电离效率基本相同，而且不产生碎片[75]。Wu 等[76]还将解析电喷雾电离（DESI）源引入饱和烃电离分析中，DESI 源可以通过将饱和烃分子氧化为醇或酮类化合物的方法实现饱和烃电离，从而导入质谱检测。该方法在电离饱和烃时不产生碎片离子，但饱和烃会同时生成缩合度不同的酮类及醇类化合物，这两者在质谱图上难以区分，会干扰化合物的鉴定过程，而且高碳数饱和烃的反应速率慢，电离效率较差。

Zhou 等[77, 78]提出了通过钌离子催化氧化转化饱和烃再结合 ESI 源分析分子组成的方法。该方法可以将饱和烃转化为醇类和酮类，从而可被 ESI 源电离并分析；同时通过钌离子催化氧化可以将芳香烃类化合物转化为羧酸，并可通过碱改性硅胶柱除去，以避免芳香烃类化合物对分析结果的干扰。该方法是一种有效分析大分子饱和烃的方法，具有一定应用前景。

2.7.5 芳香烃

芳香烃软电离较饱和烃容易，早期曾将 EI 安装在 FT-ICR MS 上分析芳香烃化合物组成，低电压 EI 可以得到很强的分子离子峰，但无法完全抑制碎片离子的产生。APPI 是最常用的分析芳香烃的方法[64, 79-81]，不同于 ESI，同一个芳香烃分子会在 APPI 源中产生质子化/去质子化和自由基分子离子等质谱峰，对质谱分辨率提出更高的要求。

Ahmed 等[81]详细研究了芳香烃在 APPI 中的电离机理，使用 APPI 能电离的石油中芳香烃化合物的 DBE 值一般小于 40[82, 83]。APPI 不能对不同环数的芳香烃化合物实现等效电离，不同芳香烃结构或不同溶剂环境，APPI 电离出的分子离子峰和准分子离子峰比例并不相同。

大气压激光电离（APLI）也可以电离芳香烃，但应用效果不理想，电离效率受温度影响较大，稳定性较差，具有电离歧视问题，几乎无法电离低缩合度芳香烃化合物[84]。

芳香烃化合物极性较弱，无法使用 ESI 源直接电离，通过改变促电离剂或溶剂等方式，可使芳香烃化合物能被 ESI 电离。用 Ag^+作促电离剂可以使芳香烃在正离子 ESI 中电离[85-87]，Ag^+可以和芳香烃加合，从而在正离子 ESI 下电离，但 Ag^+会与芳香烃产生多种加合离子如$[M + Ag]^+$和$[2M + Ag]^+$等，谱图十分复杂，分辨率不够的质谱难以满足分析需求。Miyabayashi 等[88]尝试了多种 ESI 源溶剂以及促电离剂调节酸性，可以将两环以上的芳香烃电离出来。Lu 等[89]则使用甲酸铵作为促电离剂，成功实现了催化裂化油浆中芳香烃的有效电离，该方法适合分析杂原子化合物含量很低的芳香烃组分。

2.7.6　卟啉类化合物

卟啉类是石油中结构非常特殊的一类杂原子化合物，由卟吩氮杂环络合镍、钒、铁等金属元素形成[90]。卟啉类化合物在石油加工过程中影响很大，卟啉上络合的金属离子容易沉积在催化剂表面，引起催化剂失活，从分子层次表征石油中的卟啉类化合物对加工利用石油具有非常重要的意义。

Rodgers 等[91]使用正离子 ESI 源结合 9.4T FT-ICR MS 实现对初卟啉镍和初卟啉钒标样的成功检测，并在原油中富集且检测到五种卟啉类化合物，与早期通过分离富集、反应脱金属等复杂分析方法相比，ESI 结合高分辨质谱极大地简化了分析程序，也提供了更直接的分子组成证据。

Qian 等[92]用 APPI 源结合 12 T FT-ICR MS 对某减压渣油沥青质组分中的钒卟啉类化合物进行了分析，发现新型含硫卟啉类化合物。在 APPI 源中，等物质的量浓度下钒卟啉标样的电离效率是镍卟啉标样的 3 倍左右，镍卟啉不易被质谱检测；另外金属镍有 ^{58}Ni 和 ^{60}Ni 两种同位素，质谱峰复杂且与硫化物分子质量仅相差 0.16mDa，对质谱分辨率要求极高[93]。

Zhao 等[94, 95]改进了原油中卟啉类化合物的分离富集方法，利用 ESI 在富集组分中检测到多种新型卟啉类化合物。

2.7.7 FT-ICR MS 定量分析

多种电离技术与 FT-ICR MS 的结合，实现了重质油中各种类型化合物的分子组成表征，近年来取得了许多新认识，但应用层面更需要分子组成的定量分析数据，而定量分析却存在两大难题：不同化合物电离效率的差异性和商业化 FT-ICR MS 仪器上普遍存在质量歧视问题。不同结构的化合物在质谱电离源中电离时，产生的离子数目与化合物间的相互浓度比例不一致，即使是同一种化合物在不同电离条件的电离效率也不尽相同，不同结构化合物之间还存在相互抑制电离的现象，目前可用的多数电离源存在此问题。质量歧视现象，是指离子在 FT-ICR MS 内部传输时由于质谱对不同质荷比离子传输效率不一而造成的现象。这两个问题是由 FT-ICR MS 的结构及原理所产生的，必须解决这二者才能实现定量分析。

Lo 等[96]使用环烷酸标样研究了同系物及混合物在 ESI FT-ICR MS 中响应强度随浓度和仪器条件变化的规律，发现在分析条件固定的情况下（包括样品配制和仪器条件），测量到同系物标样的响应因子基本一致，而且不同系列同系物相互混合后绝对响应因子虽有变换，但单一同系物谱图分布基本不变，说明可以认为极性较强的同系物在 ESI 源中的电离效率基本一致且不同系列之间干扰不大，基本不影响分析结果。Miyabayashi 等[97]利用 PEG600 标样和渣油考察了 ESI FT-ICR MS 的定量可行性，发现 PEG600 样品浓度和质谱图强度在一定范围内存在线性关系，渣油组成虽然复杂，但也存在类似线性区间，说明 ESI FT-ICR MS 具备定量可行性。同时他们还指出，空间电荷效应会影响谱图分布及谱图质量，优化合理的累积时间对定量分析非常重要。

Qian 等[98]利用低分辨质谱结合 ESI 源开发了一种定量分析石油组分中石油酸的方法，该方法假设不同类型羧酸的响应因子相同，用羧酸内标校正 ESI 的响应因子，最后用质谱强度计算样品总酸值（TAN）随沸点的分布，结果与滴定法实际测量结果基本一致。含氧化合物组成与酸值的关联模型也有其他类似的报道[99, 100]。

中国石油大学（北京）重质油国家重点实验室基于 FT-ICR MS 开展了大量重质油分子组成定量分析工作，针对不同类型化合物分别建立了针对性的分析方法，结合元素分析、族组分、烃族组成等数据，整合不同方法得到的分析结果，形成一套完整的分子组成数据。目前虽然形成了分析方案，并测试了数十个重质油样品的分子组成，但方法仍不够成熟，期待利用新型 FT-ICR MS 提高数据分析的准确性。

参 考 文 献

[1] 徐广通，杨玉蕊，陆婉珍. 多维气相色谱快速测定汽油中的烯烃、芳烃和苯含量. 石油炼制与化工，2003，

（3）：61-65.

[2] 李长秀，刘颖荣，杨海鹰，等. 气相色谱法测定汽油烃类组成分析技术的应用现状与发展. 色谱，2004（5）：521-527.

[3] Bruckner C A，Prazen B J，Synovec R E. Comprehensive two-dimensional high-speed gas chromatography with chemometric analysis. Analytical Chemistry，1998，70（14）：2796-2804.

[4] Liu Z，Phillips J B. Comprehensive two-dimensional gas chromatography using an on-column thermal modulator interface. Journal of Chromatographic Science，1991，29（6）：227-231.

[5] Venkatramani C，Xu J，Phillips J B. Separation orthogonality in temperature-programmed comprehensive two-dimensional gas chromatography. Analytical Chemistry，1996，68（9）：1486-1492.

[6] Blomberg J，Schoenmakers P J，Beens J，et al. Compehensive two-dimensional gas chromatography (GC×GC) and its applicability to the characterization of complex（petrochemical）mixtures. Journal of High Resolution Chromatography，1997，20（10）：539-544.

[7] 花瑞香，阮春海，王京华，等. 全二维气相色谱法用于不同石油馏分的族组成分布研究. 化学学报，2002，60（12）：2185-2191.

[8] 盛涛，夏本立，张光友，等. 煤油组成分析方法研究进展. 理化检验（化学分册），2010，（11）：1360-1364.

[9] 徐延勤，祝馨怡，刘泽龙，等. 固相萃取-气相色谱-飞行时间质谱测定柴油中烯烃的碳数分布. 石油学报（石油加工），2010，26（3）：431-436.

[10] 祝馨怡，刘泽龙，徐延勤，等. 气相色谱-场电离高分辨飞行时间质谱在柴油详细组成分析中的应用. 石油学报（石油加工），2010，26（2）：277-282.

[11] 潘娜，史权，徐春明，等. 直馏柴油中硫化物甲基锍盐合成及电喷雾-高分辨质谱分析. 分析化学，2010，（3）：413-416.

[12] Qian K，Dechert G J. Recent advances in petroleum characterization by GC field ionization time-of-flight high-resolution mass spectrometry. Analytical Chemistry，2002，74（16）：3977-3983.

[13] Qian K，Dechert G J，Edwards K E. Deducing molecular compositions of petroleum products using GC-field ionization high resolution time of flight mass spectrometry. International Journal of Mass Spectrometry，2007，265（2-3）：230-236.

[14] 祝馨怡，刘泽龙，田松柏，等. 重馏分油烃类碳数分布的气相色谱-场电离飞行时间质谱测定. 石油学报（石油加工），2012，（3）：426-431.

[15] 刘颖荣，刘泽龙，胡秋玲，等. 傅里叶变换离子回旋共振质谱仪表征 VGO 馏分油中噻吩类含硫化合物. 石油学报（石油加工），2010，（1）：52-59.

[16] Liu P，Xu C，Shi Q，et al. Characterization of sulfide compounds in petroleum：Selective oxidation followed by positive-ion electrospray fourier transform ion cyclotron resonance mass spectrometry. Analytical Chemistry，2010，82（15）：6601-6606.

[17] Muller H，Adam F M，Panda S K，et al. Evaluation of quantitative sulfur speciation in gas oils by fourier transform ion cyclotron resonance mass spectrometry：Validation by comprehensive two-dimensional gas chromatography. Journal of the American Society for Mass Spectrometry，2012，23（5）：806-815.

[18] Shi Q，Zhao S，Xu Z，et al. Distribution of acids and neutral nitrogen compounds in a chinese crude oil and its fractions：Characterized by negative-ion electrospray ionization fourier transform ion cyclotron resonance mass spectrometry. Energy & Fuels，2010，24（7）：4005-4011.

[19] Zhang Y，Xu C，Shi Q，et al. Tracking neutral nitrogen compounds in subfractions of crude oil obtained by liquid chromatography separation using negative-ion electrospray ionization fourier transform ion cyclotron resonance

mass spectrometry. Energy & Fuels，2010，24（12）：6321-6326.

[20] Shi Q，Xu C M，Zhao S Q，et al. Characterization of basic nitrogen species in coker gas oils by positive-ion electrospray ionization fourier transform ion cyclotron resonance mass spectrometry. Energy & Fuels，2010，24：563-569.

[21] Roussis S G，Fedora J W. Quantitative determination of polar and ionic compounds in petroleum fractions by atmospheric pressure chemical ionization and electrospray ionization mass spectrometry. Rapid Communications in Mass Spectrometry，2002，16（13）：1295-1303.

[22] Qian K，Robbins W K，Hughey C A，et al. Resolution and identification of elemental compositions for more than 3000 crude acids in heavy petroleum by negative-ion microelectrospray high-field fourier transform ion cyclotron resonance mass spectrometry. Energy & Fuels，2001，15（6）：1505-1511.

[23] Hughey C A，Rodgers R P，Marshall A G，et al. Acidic and neutral polar nso compounds in smackover oils of different thermal maturity revealed by electrospray high field Fourier transform ion cyclotron resonance mass spectrometry. Organic Geochemistry，2004，35（7）：863-880.

[24] Kim S，Stanford L A，Rodgers R P，et al. Microbial alteration of the acidic and neutral polar nso compounds revealed by Fourier transform ion cyclotron resonance mass spectrometry. Organic Geochemistry，2005，36（8）：1117-1134.

[25] Hemmingsen P V，Kim S，Pettersen H E，et al. Structural characterization and interfacial behavior of acidic compounds extracted from a north sea oil. Energy & Fuels，2006，20（5）：1980-1987.

[26] Klein G C，Kim S，Rodgers R P，et al. Mass spectral analysis of asphaltenes. Ⅱ. Detailed compositional comparison of asphaltenes deposit to its crude oil counterpart for two geographically different crude oils by ESI FT-ICR MS. Energy & Fuels，2006，20（5）：1973-1979.

[27] Mullins O C，Rodgers R P，Weinheber P，et al. Oil reservoir characterization via crude oil analysis by downhole fluid analysis in oil wells with visible-near-infrared spectroscopy and by laboratory analysis with electrospray ionization fourier transform ion cyclotron resonance mass spectrometry. Energy & Fuels，2006，20（6）：2448-2456.

[28] Hughey C A，Galasso S A，Zumberge J E. Detailed compositional comparison of acidic NSO compounds in biodegraded reservoir and surface crude oils by negative ion electrospray Fourier transform ion cyclotron resonance mass spectrometry. Fuel，2007，86（5-6）：758-768.

[29] Teräväinen M J，Pakarinen J M H，Wickström K，et al. Comparison of the composition of russian and north sea crude oils and their eight distillation fractions studied by negative-ion electrospray ionization Fourier transform ion cyclotron resonance mass spectrometry：The effect of suppression. Energy & Fuels，2007，21（1）：266-273.

[30] Hughey C A，Rodgers R P，Marshall AG，et al. Identification of acidic nso compounds in crude oils of different geochemical origins by negative ion electrospray Fourier transform ion cyclotron resonance mass spectrometry. Organic Geochemistry，2002，33（7）：743-759.

[31] Barrow M P，Mcdonnell L A，Feng X，et al. Determination of the nature of naphthenic acids present in crude oils using nanospray Fourier transform ion cyclotron resonance mass spectrometry：The continued battle against corrosion. Analytical Chemistry，2003，75（4）：860-866.

[32] Smith D F，Rodgers R P，Rahimi P，et al. Effect of thermal treatment on acidic organic species from athabasca bitumen heavy vacuum gas oil，analyzed by negative-ion electrospray Fourier transform ion cyclotron resonance（FT-ICR）mass spectrometry. Energy & Fuels，2009，23（1）：314-319.

[33] Smith D F，Rahimi P，Teclemariam A，et al. Characterization of athabasca bitumen heavy vacuum gas oil distillation cuts by negative/positive electrospray ionization and automated liquid injection field desorption ionization Fourier transform ion cyclotron resonance mass spectrometry. Energy & Fuels，2008，22（5）：3118-3125.

[34] Shi Q，Hou D，Chung K H，et al. Characterization of heteroatom compounds in a crude oil and its saturates，aromatics，resins，and asphaltenes（SARA）and non-basic nitrogen fractions analyzed by negative-ion electrospray ionization Fourier transform ion cyclotron resonance mass spectrometry. Energy & Fuels，2010，24（4）：2545-2553.

[35] Shi Q，Pan N，Long H，et al. Characterization of middle-temperature gasification coal tar. Part 3：Molecular composition of acidic compounds. Energy & Fuels，2012，27（1）：108-117.

[36] 黎爱群. 石油酸的分离与分子组成分析. 北京：中国石油大学（北京）硕士论文, 2012.

[37] Zhang Y，Shi Q，Li A，et al. Partitioning of crude oil acidic compounds into subfractions by extrography and identification of isoprenoidyl phenols and tocopherols. Energy & Fuels，2011，25（11）：5083-5089.

[38] Zhang Y，Zhao H，Shi Q，et al. Molecular investigation of crude oil sludge from an electric dehydrator. Energy & Fuels，2011，25（7）：3116-3124.

[39] Tissot B P，Welte D H. Petroleum Formation and Occurrence. Berlin：Springer-Verlag，1984.

[40] Harvey T G，Matheson T W，Pratt K C. Chemical class separation of organics in shale oil by thin-layer chromatography. Analytical Chemistry，1984，56（8）：1277-1281.

[41] Regtop R A，Crisp P T，Ellis J. Chemical characterization of shale oil from rundle，queensland. Fuel，1982，61（2）：185-192.

[42] Klesment I. Application of chromatographic methods in biogeochemical investigations：Determination of the structures of sapropelites by thermal decomposition. Journal of Chromatography A，1974，91：705-713.

[43] Harvey T G，Matheson T W，Pratt K C，et al. Determination of carbonyl compounds in an australian（rundle）shale oil. Journal of Chromatography A，1985，319：230-234.

[44] Latham D，Ferrin C，Ball J. Identification of fluorenones in Wilmington petroleum by gas-liquid chromatography and spectrometry. Analytical Chemistry，1962，34（3）：311-313.

[45] Alhassan A，Andersson J T. Ketones in fossil materials—A mass spectrometric analysis of a crude oil and a coal tar. Energy & Fuels，2013，27（10）：5770-5778.

[46] Alhassan A，Andersson J T. Effect of storage and hydrodesulfurization on the ketones in fossil fuels. Energy & Fuels，2015，29（2）：724-733.

[47] Long H，Shi Q，Pan N，et al. Characterization of middle-temperature gasification coal tar. part 2：Neutral fraction by extrography followed by gas chromatography-mass spectrometry and electrospray ionization coupled with fourier transform ion cyclotron resonance mass spectrometry. Energy & Fuels，2012，26（6）：3424-3431.

[48] 张娜，赵锁奇，史权，等. 高分辨质谱解析委内瑞拉奥里常渣减黏反应杂原子化合物组成变化. 燃料化学学报，2011，39（1）：37-41.

[49] Zhang T，Zhang L，Zhou Y，et al. Transformation of nitrogen compounds in deasphalted oil hydrotreating：Characterized by electrospray ionization fourier transform-ion cyclotron resonance mass spectrometry. Energy & Fuels，2013，27（6）：2952-2959.

[50] Qian K，Rodgers R P，Hendrickson C L，et al. Reading chemical fine print：Resolution and identification of 3000 nitrogen-containing aromatic compounds from a single electrospray ionization fourier transform ion cyclotron

resonance mass spectrum of heavy petroleum crude oil. Energy & Fuels，2001，15（2）：492-498.

[51] Klein G C，Rodgers R P，Marshall A G. Identification of hydrotreatment-resistant heteroatomic species in a crude oil distillation cut by electrospray ionization FT-ICR mass spectrometry. Fuel，2006，85（14-15）：2071-2080.

[52] Shi Q，Xu C，Zhao S，et al. Characterization of basic nitrogen species in coker gas oils by positive-ion electrospray ionization Fourier transform ion cyclotron resonance mass spectrometry. Energy & Fuels，2010，24（1）：563-569.

[53] Zhu X，Shi Q，Zhang Y，et al. Characterization of nitrogen compounds in coker heavy gas oil and its subfractions by liquid chromatographic separation followed by Fourier transform ion cyclotron resonance mass spectrometry. Energy & Fuels，2011，25（1）：281-287.

[54] Willey C，Iwao M，Castle R N，et al. Determination of sulfur heterocycles in coal liquids and shale oils. Analytical Chemistry，1981，53（3）：400-407.

[55] Nishioka M. Aromatic sulfur compounds other than condensed thiophenes in fossil fuels：Enrichment and identification. Energy & Fuels，1988，2（2）：214-219.

[56] Moschopedis S E，Parkash S，Speight J G. Thermal decomposition of asphaltenes. Fuel，1978，57（7）：431-434.

[57] Purcell J M，Juyal P，Kim D G，et al. Sulfur speciation in petroleum：Atmospheric pressure photoionization or chemical derivatization and electrospray ionization Fourier transform ion cyclotron resonance mass spectrometry. Energy & Fuels，2007，21（5）：2869-2874.

[58] Al-Hajji A，Muller H，Koseoglu O. Characterization of nitrogen and sulfur compounds in hydrocracking feedstocks by Fourier transform ion cyclotron mass spectrometry. Oil & Gas Science and Technology，2008，63（1）：115-128.

[59] Schrader W，Panda S K，Brockmann K J，et al. Characterization of non-polar aromatic hydrocarbons in crude oil using atmospheric pressure laser ionization and Fourier transform ion cyclotron resonance mass spectrometry（APLI FT-ICR MS）. Analyst，2008，133（7）：867-869.

[60] Constapel M，Schellenträger M，Schmitz O，et al. Atmospheric-pressure laser ionization：A novel ionization method for liquid chromatography/mass spectrometry. Rapid Communications in Mass Spectrometry，2005，19（3）：326-336.

[61] Schiewek R，Schellenträger M，Mönnikes R，et al. Ultrasensitive determination of polycyclic aromatic compounds with atmospheric-pressure laser ionization as an interface for GC/MS. Analytical Chemistry，2007，79（11）：4135-4140.

[62] Hourani N，Muller H，Adam F M，et al. Structural level characterization of base oils using advanced analytical techniques. Energy & Fuels，2015，29（5）：2962-2970.

[63] Schaub T M，Rodgers R P，Marshall A G，et al. Speciation of aromatic compounds in petroleum refinery streams by continuous flow field desorption ionization FT-ICR mass spectrometry. Energy & Fuels，2005，19（4）：1566-1573.

[64] Purcell J M，Hendrickson C L，Rodgers R P，et al. Atmospheric pressure photoionization fourier transform ion cyclotron resonance mass spectrometry for complex mixture analysis. Analytical Chemistry，2006，78（16）：5906-5912.

[65] Lobodin V V，Juyal P，Mckenna A M，et al. Silver cationization for rapid speciation of sulfur-containing species in crude oils by positive electrospray ionization fourier transform ion cyclotron resonance mass spectrometry. Energy & Fuels，2013，28（1）：447-452.

[66] Müller H, Andersson J T, Schrader W. Characterization of high-molecular-weight sulfur-containing aromatics in vacuum residues using fourier transform ion cyclotron resonance mass spectrometry. Analytical Chemistry, 2005, 77（8）: 2536-2543.

[67] Shi Q, Pan N, Liu P, et al. Characterization of sulfur compounds in oilsands bitumen by methylation followed by positive-ion electrospray ionization and Fourier transform ion cyclotron resonance mass spectrometry. Energy & Fuels, 2010, 24（5）: 3014-3019.

[68] Liu P, Shi Q, Chung K H, et al. Molecular characterization of sulfur compounds in venezuela crude oil and its sara fractions by electrospray ionization Fourier transform ion cyclotron resonance mass spectrometry. Energy & Fuels, 2010, 24（9）: 5089-5096.

[69] Liu P, Xu C, Shi Q, et al. Characterization of sulfide compounds in petroleum: Selective oxidation followed by positive-ion electrospray Fourier transform ion cyclotron resonance mass spectrometry. Analytical Chemistry, 2010, 82（15）: 6601-6606.

[70] Liu P, Shi Q, Pan N, et al. Distribution of sulfides and thiophenic compounds in vgo subfractions: Characterized by positive-ion electrospray Fourier transform ion cyclotron resonance mass spectrometry. Energy & Fuels, 2011, 25（7）: 3014-3020.

[71] Wang M, Zhao S, Chung K H, et al. Approach for selective separation of thiophenic and sulfidic sulfur compounds from petroleum by methylation/demethylation. Analytical Chemistry, 2015, 87（2）: 1083-1088.

[72] Wang M, Zhao S, Liu X, et al. Molecular characterization of thiols in fossil fuels by michael addition reaction derivatization and electrospray ionization Fourier transform ion cyclotron resonance mass spectrometry. Analytical Chemistry, 2016, 88（19）: 9837-9842.

[73] Tose L V, Cardoso F M R, Fleming F P, et al. Analyzes of hydrocarbons by atmosphere pressure chemical ionization FT-ICR mass spectrometry using isooctane as ionizing reagent. Fuel, 2015, 153: 346-354.

[74] Schaub T M, Hendrickson C L, Quinn J P, et al. High-Resolution field desorption/ionization Fourier transform ion cyclotron resonance mass analysis of nonpolar molecules. Analytical Chemistry, 2003, 75（9）: 2172-2176.

[75] Duan P, Qian K, Habicht S C, et al. Analysis of base oil fractions by $ClMn(H_2O)^+$ chemical ionization combined with laser-induced acoustic desorption/Fourier transform ion cyclotron resonance mass spectrometry. Analytical Chemistry, 2008, 80（6）: 1847-1853.

[76] Wu C, Qian K, Nefliu M, et al. Ambient analysis of saturated hydrocarbons using discharge-induced oxidation in desorption electrospray ionization. Journal of American Society Mass Spectrometry, 2009, 21（2）: 261-267.

[77] Zhou X B, Zhang Y H, Zhao S Q, et al. Characterization of saturated hydrocarbons in vacuum petroleum residua: Redox derivatization followed by negative-ion electrospray ionization Fourier transform ion cyclotron resonance mass spectrometry. Energy & Fuels, 2014, 28（1）: 417-422.

[78] Zhou X, Zhao S, Shi Q. Quantitative molecular characterization of petroleum asphaltenes derived ruthenium ion catalyzed oxidation product by ESI FT-ICR MS. Energy & Fuels, 2016, 30（5）: 3758-3767.

[79] Liu L, Song C, Tian S, et al. Structural characterization of sulfur-containing aromatic compounds in heavy oils by FT-ICR mass spectrometry with a narrow isolation window. Fuel, 2019, 240: 40-48.

[80] Purcell J M, Hendrickson C L, Rodgers R P, et al. Atmospheric pressure photoionization proton transfer for complex organic mixtures investigated by Fourier transform ion cyclotron resonance mass spectrometry. Journal of American Society Mass Spectrometry, 2007, 18（9）: 1682-1689.

[81] Ahmed A, Choi C H, Choi M C, et al. Mechanisms behind the generation of protonated ions for polyaromatic hydrocarbons by atmospheric pressure photoionization. Analytical Chemistry, 2012, 84（2）: 1146-1151.

[82] Purcell J M，Merdrignac I，Rodgers R P，et al. Stepwise structural characterization of asphaltenes during deep hydroconversion processes determined by atmospheric pressure photoionization（APPI）Fourier transform ion cyclotron resonance（FT-ICR）mass spectrometry. Energy & Fuels，2010，24：2257-2265.

[83] Qian K，Edwards K E，Mennito A S，et al. Determination of structural building blocks in heavy petroleum systems by collision-induced dissociation Fourier transform ion cyclotron resonance mass spectrometry. Analytical Chemistry，2012，84（10）：4544-4551.

[84] Panda S K，Brockmann K J，Benter T，et al. Atmospheric pressure laser ionization（APLI）coupled with Fourier transform ion cyclotron resonance mass spectrometry applied to petroleum samples analysis：Comparison with electrospray ionization and atmospheric pressure photoionization methods. Rapid Communications in Mass Spectrometry，2011，25（16）：2317-2326.

[85] Roussis S G，Proulx R. Probing the molecular weight distributions of non-boiling petroleum fractions by Ag^+ electrospray ionization mass spectrometry. Rapid Communications in Mass Spectrometry，2004，18（15）：1761-1775.

[86] Maziarz E P，Baker G A，Wood T D. Electrospray ionization Fourier transform mass spectrometry of polycyclic aromatic hydrocarbons using silver（Ⅰ） mediated ionization. Canada Journal of Chemistry，2005，83（11）：1871-1877.

[87] Roussis S G，Proulx R. Molecular weight distributions of heavy aromatic petroleum fractions by Ag^+ electrospray ionization mass spectrometry. Analytical Chemistry，2002，74（6）：1408-1414.

[88] Miyabayashi K，Naito Y，Tsujimoto K，et al. Structure characterization of polyaromatic hydrocarbons in arabian mix vacuum residue by electrospray ionization fourier transform ion cyclotron resonance mass spectrometry. International Journal of Mass Spectrometry，2004，235（1）：49-57.

[89] Lu J，Zhang Y，Shi Q. Ionizing aromatic compounds in petroleum by electrospray with $HCOONH_4$ as ionization promoter. Analytical Chemistry，2016，88（7）：3471-3475.

[90] 李东胜，崔苗苗，刘洁. 石油中卟啉化合物的研究进展. 化学工业与工程，2009，26（4）：366-369.

[91] Rodgers R P，Hendrickson C L，Emmett M R，et al. Molecular characterization of petroporphyrins in crude oil by electrospray ionization Fourier transform ion cyclotron resonance mass spectrometry. Canadian Journal of Chemistry，2001. 79（5-6）：546-551.

[92] Qian K，Mennito A S，Edwards K E，et al. Observation of vanadyl porphyrins and sulfur-containing vanadyl porphyrins in a petroleum asphaltene by atmospheric pressure photonionization Fourier transform ion cyclotron resonance mass spectrometry. Rapid Communications in Mass Spectrometry，2008，22（14）：2153-2160.

[93] Qian K，Edwards K E，Mennito A S，et al. Enrichment，resolution，and identification of nickel porphyrins in petroleum asphaltene by cyclograph separation and atmospheric pressure photoionization fourier transform ion cyclotron resonance mass spectrometry. Analytical Chemistry，2009，82（1）：413-419.

[94] Zhao X，Liu Y，Xu C，et al. Separation and characterization of vanadyl porphyrins in venezuela orinoco heavy crude oil. Energy & Fuels，2013，27（6）：2874-2882.

[95] Zhao X，Shi Q，Gray M R，et al. New vanadium compounds in venezuela heavy crude oil detected by positive-ion electrospray ionization Fourier transform ion cyclotron resonance mass spectrometry. Scientific Reports，2014，4：5273.

[96] Lo C C，Brownlee B G，Bunce N J. . Electrospray-mass spectrometric analysis of reference carboxylic acids and athabasca oil sands naphthenic acids. Analytical Chemistry，2003. 75（23）：6394-6400.

[97] Miyabayashi K，Naito Y，Miyake M，et al. Quantitative capability of electrospray ionization Fourier transform ion

cyclotron resonance mass spectrometry for a complex mixture. European Journal of Mass Spectrometry，2000，6（3）：251-258.

[98] Qian K，Edwards K E，Dechert G J，et al. Measurement of total acid number（TAN）and tan boiling point distribution in petroleum products by electrospray ionization mass spectrometry. Analytical Chemistry，2008，80（3）：849-855.

[99] Vaz B G，Abdelnur P V，Rocha W F，et al. Predictive petroleomics：Measurement of the total acid number by electrospray Fourier transform mass spectrometry and chemometric analysis. Energy & Fuels，2013，27（4）：1873-1880.

[100] Terra L A，Filgueiras P R，Tose L V，et al. Petroleomics by electrospray ionization FT-ICR mass spectrometry coupled to partial least squares with variable selection methods：Prediction of the total acid number of crude oils. Analyst，2014，139（19）：4908-4916.

第 3 章　石油分子组成模型构建技术

3.1　概　　述

在石油加工分子管理过程中，馏分及油品的分子组成信息是所需的基本信息。在过去几十年里，研究者已针对石油不同馏分尽可能地开发了分子组成分析方法，这些方法通常仅能得到石油馏分分子组成的部分信息。目前对于沸点高于汽油的组分，主流的分析方法无法给出所有分子细节上的定性及定量信息，直接根据仪器分析结果构建油品的分子管理模型变得十分困难。为了在缺乏完整实验数据的情况下，仍能得到必要的分子组成信息以作为分子管理模型的入口信息，经过几十年的发展，学界逐渐摸索出了一条称为石油分子组成模型的技术路线。

石油分子组成模型的构建方法本质上是将复杂石油分子组成当作符合某种统计学分布的特征分子的集合，通过对油品进行必要的分析，用所得的数据来回归符合分析结果的近似分子集合。石油分子组成模型的构建过程将原料的实验分析数据转化成分子组成信息，并存储成计算机可处理的形式。石油分子管理模型构建在分子层次的物流信息基础上，构建技术的准确程度对后续计算处理过程有显著影响。如果分子组成模型出现了偏差，那么所有后续的调和、反应及分离模型都是“空中楼阁”。本章将主要介绍石油分子组成模型提出的背景及相关理论基础，展示主流石油分子计算机表示方法及石油分子组成模型构建的基本方法与应用。

3.2　分子组成模型构建技术产生的背景

从分子层次管理石油加工过程，首先要弄清待管理馏分体系的分子组成信息。关于石油分子组成的仪器分析方法在第 2 章已做介绍，本章将着重介绍组成模型。由于石油是一种复杂混合物，难以直接获取其具体组成。为了对复杂的石油体系进行表征，揭示其结构特性，在早期研究者提出了多种简化的表征方法，这些简化方法可以看作早期的石油分子特征化工作内容，有些至今仍被广泛使用。

1933 年，Katz 等[1]利用“虚拟组分”对石油蒸馏过程进行分析计算。虚拟组分将石油复杂体系按照其性质（通常是沸点）切割成为窄馏分，并估算各馏分的性质以进行过程模拟。这种概念后来被广泛接受并产生巨大影响。直至今日，所有石油加工过程的流程模拟软件都使用该方法定义物流并模拟石油加工中的分离过程。可以说，传统石油加工的流程模拟方法学基本上是建立在已超过 80 年历史的“虚拟组分”理论之上。

20 世纪 50 年代末期，核磁共振技术的发展推进了对分子结构信息的研究。对于单体化合物，核磁共振提供了不同化学环境下原子的化学位移。对于复杂混合物，核磁共振则给出了平均化的结构参数。Brown 和 Ladner 较早地将核磁方法应用于烃类复杂化合物体系，提出了著名的 B-L 法[2, 3]。该方法对烃类分子结构中的各种基团进行归类，从而间接得到分子组成的平均信息。之后，Hirsch 等[4]加入了更多结构参数，并对石油分子中碳的类型进行了系统划分，给每一种基团赋予一个贡献值，并且借助计算机辅助求解，获得了分子平均结构（图 3.1 和图 3.2）。Allen[5-7]、Oka[9]、Haley[10]、陆善祥[11]等也在这一方面进行了许多工作，其工作的主要思路是将石油分子组成用几种预定义好的基团表示，通过计算机求解各基团的含量，最后根据计算结果画出近似的平均结构式，其区别在于基团定义种类及拟合方法不同。这些方法由于把平均结构作为最终结果，虽然不能算作分子层次表征，但是构建的策略对后续的分子组成构建技术起了很好的启示作用。

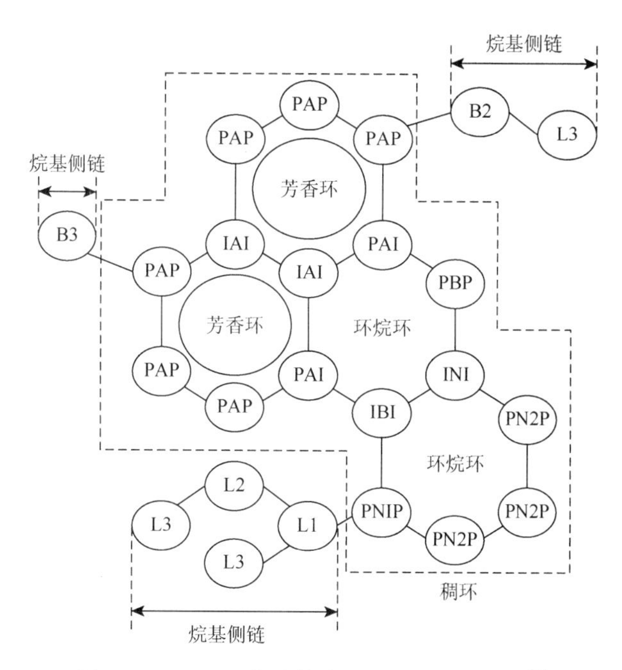

图 3.1　Hirsch 平均结构法定义的杂原子基团[4]

PAP：外围芳香碳；IAI：内部芳香碳；PBP：连接一个芳香环碳及一个环烷碳；INI：内部环烷碳；IBI：连接一个芳香环碳及两个环烷环碳；PNIP：外围环烷碳；PN2P：外围环烷碳；L1～L3：侧链碳分别连接 1～3 个氢原子（非共基）；B2，B3：共基硫分别连接 2, 3 个氢原子；PAI：同时连接一个芳香环和一个环烷环的碳

杂原子基团	对应的烃类基团	分子中的碳氢原子变化数	分子体积改变量/(cm^3/mol)	分子中氢原子类型的变化
Ph—OH	Ph—H	0	+1.0	0
>C=O	>CH_2	+2H	+5.2	+$2HF_e$
—COOH	—CH_3	+2H	+4.2	−$1HF_e$+$3HF_d$
—COOR	—$\overset{H_2}{C}$—R	+2H	+4.2	+$2HF_e$
>S=O	>CH_2	+1C+2H	+4.1	+$2HF_e$
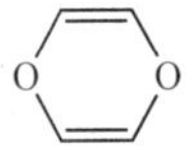 O ⌬ O	 ⌬	+2C+2H	+9.8	+$2HF_a$
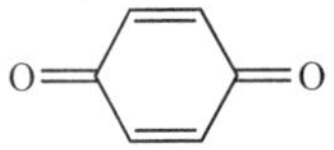 O=⌬=O	 ⌬	+2H	−5.8	+$2HF_a$
其他含氧类	—	0	−3.75	0
 ⬠ S	 ⬠ CH_2	+1C+2H	+3.1	+$2HF_e$
R—S—R	R—$\overset{H_2}{C}$—R	+1C+2H	+3.1	+$2HF_e$
Ph—SH	Ph—H	0	−11.0	0
Ph—S—R	Ph—$\overset{H_2}{C}$—R	+1C+2H	+3.1	+$2HF_b$
其他含硫类	—	0	−14.0	0
 ⬠ NH	 ⬠ CH_2	+1C+1H	+10.0	+$1HF_e$
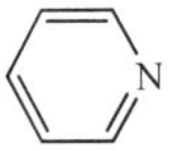 ⌬ N	 ⌬	+1C+1H	+10.0	+$1HF_a$
R—$\overset{H}{N}$—R	R—$\overset{H_2}{C}$—R	+1C+1H	+8.0	+$1HF_e$
其他含氮类	—	0	−1.5	0

图 3.2　Hirsch 平均结构法定义的碳原子类型[4]

a：芳香环上氢；b：共基—CH 及—CH_2 氢；c：苄基—CH_3 氢；d：饱和—CH_3 氢；e：其他氢

石油馏分由复杂的烃类及非烃类化合物组成，其结构存在多样性，单一组分及平均结构的方法都不能描述结构分布特征。近现代石油馏分的分析方法开发主要着眼于石油馏分结构及组成分布研究，以期给予石油馏分详细的分子层次信息。在石油加工研究的历史中，几乎所有当代的先进仪器分析方法都被应用到了石油体系，而每一次实验手段的进步都推进了学界对于石油组成的认识。例如，经典的气相色谱-质谱法（GC-MS）[12]，以及近期发展的全二维气相色谱-质谱法（GC×GC MS）等基于色谱的方法，提供了轻馏分油组成的定量或定性的数据[13, 14]。具有超高分辨率的新型傅里叶变换离子回旋共振质谱（FT-ICR MS）能检测出重馏分油中分子的分子式，为石油组学研究提供了有力手段[15, 16]。学界还应用不同的方法来揭示石油馏分某一种化学特征，如元素测定、X 射线近边吸收光谱、蒸气压渗透法等，提供了关于石油组成的包括数均分子量、基团比率、元素组成信息[17]。

尽管分析技术不断引入，但是石油分子的高度复杂性使得完整解析其组成成为巨大挑战，解析难度随着馏分的变重呈指数级上升。各种分析仪器得到的结果都仅仅是原料分子组成的一个侧面：如气相色谱-质谱联用只能较好地反映可气化的馏分中的烃类组成，而且色谱有限的峰容量无法对复杂样品进行完全分离；傅里叶变换离子回旋共振质谱虽然有较高的分辨率，但是受离子源的制约，仅能对特定的能电离的化合物进行检测，对于结构也仅限于推测；由核磁等获得的平均结构参数的信息则不能表示石油分子的多分散性。在不断开发及应用新方法的过程中，研究者逐渐认识到，对于较为复杂的石油馏分，短期内几乎不可能存在某种分析方法直接对石油，特别是对较高沸点馏分，实现细致而完整的定性和定量的组成分析。

20 世纪 80 年代后期，石油分子组成分析方法开发的速度逐步放缓，过程模拟的研究者们意识到，仅靠某种仪器表征就能得到完整分子组成，并将其作为分子层次模型构建的入口看起来遥遥无期。而从另一个角度来看，不同的分析方法都给出了石油分子组成的某个侧面的信息。每一种方法得到的信息就像石油分子组成的一个碎片，通过对碎片的拼接就可以间接推断出完整的信息。而这种拼接的方法就是石油分子组成模型构建技术。

石油分子组成模型构建一方面是为了从有限的分析数据中推导出组成特征全景，另一方面则是为了对石油分子体系进行必要简化，控制在可计算机处理的规模。由于石油分子的高度复杂性，其存在大量同分异构体，这些异构体不仅对分离分析产生挑战，计算过程也将消耗大量计算资源。如果逐一地处理所有同分异构体而不抓住其关键特征，庞大的分子数量和类型将很快耗尽计算资源，使模拟走进不必要的误区。因此对庞大分子集的归类和再划分以及集总是十分必要的。在复杂反应体系的模拟中，经验显示，几百到数千个分子的规模是比较合适的[18]。而如何用一定数量的特征分子来表示石油馏分，也是石油分子组成模型构建关心的另一个要点。

石油分子组成模型构建是一种综合仪器分析的宏观信息并将其转化为石油分子组成信息的方法，其依靠现有的石油化学的知识，设定一定的构造法则或者计算法则，通过计算的方法反向根据实验测得的宏观性质去推测石油的分子组成，并通过一定的集总或者归类的方法将分子的总种类限定在一定的范围内。由于该分子集的目的是表现出原料的关键化学特性，而并不完全等同于真正原料的详细分子组成，很多通过石油分子组成模型构建得到的分子集合又被称为虚拟分子集或特征分子集。

3.3 分子组成模型构建技术的化学基础

石油分子集构建方法主要是基于当前对于石油复杂体系的化学组成认识得到的。这当中，最关键的一个概念就是石油连续体。石油连续体指石油中分子结构基团并不是孤立存在的，而是连续分布的，这种连续既包括芳香环系的数量，也包括相同芳香环系下侧链的长度分布。目前已在石油中鉴定出数种分子芳香环系核心，显示出芳香环系具有较明显的连续性[19]，如图 3.3 所示。

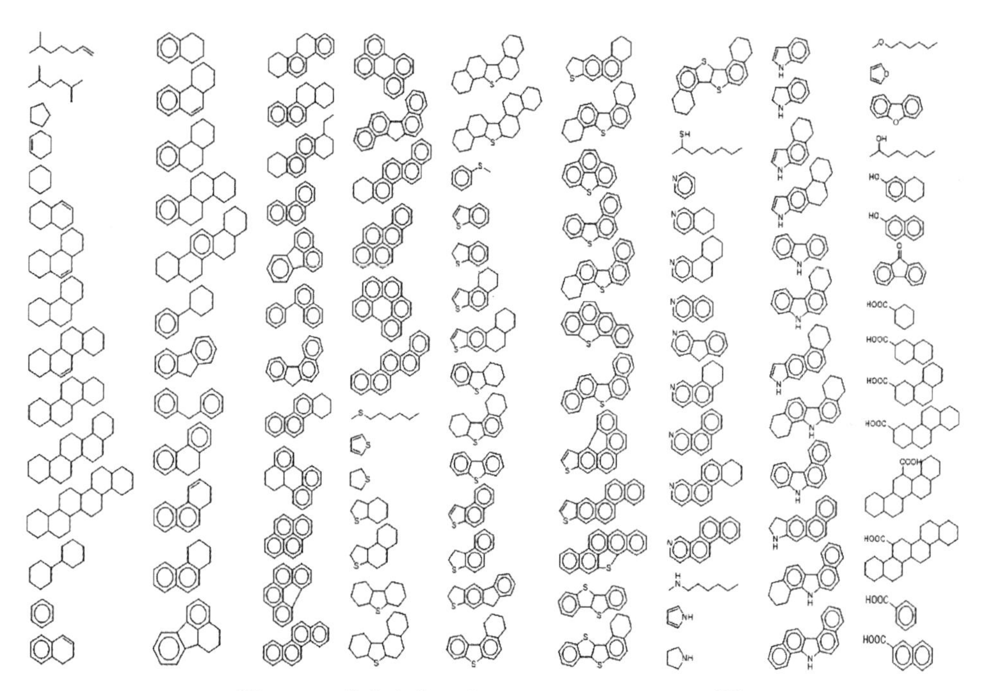

图 3.3 已鉴定出的石油分子芳香环系核心类型[19]

石油连续体的概念一方面使关于轻馏分的分析结果能够外推到难以检测的重馏分中，另一方面也使得许多统计学的概念和算法可以应用到石油分子组成的研究中。这当中，最为重要的发现当属基团分布定律的发现。借助气相色谱-质谱强大的定量和定性分析，研究者对轻馏分中不同族化合物的碳数分布进行了研究，发现对于不同族化合物而言，其碳数分布符合统计学中 gamma 分布（图 3.4）[20]。

对于石油不同馏分的分子量分布，沸点分布的拟合结果显示，其也分别符合gamma分布。

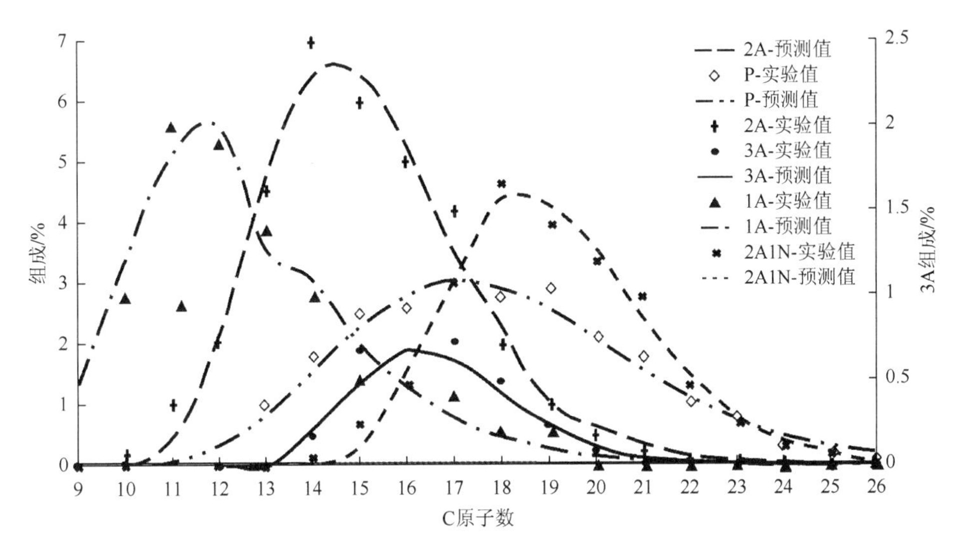

图3.4 一个中间馏分不同族化合物的gamma分布拟合示意图[20]

P：链烷烃；1A：一环芳烃；2A：二环芳烃；3A：三环芳烃；2A1N：含有两个芳香环及一个环烷环的化合物

有研究者对于聚合物在不同条件下的裂解规律进行研究，发现其产物基团和分子量分布也符合gamma分布[21]。在这样的情况下，他们对石油分子呈现gamma分布的原因进行了解释。石油被广泛认为是由其前体——干酪根裂解而来，而干酪根本身就是一种复杂的含重复结构单元的高聚物。这不仅解释了石油分子呈gamma分布的原因，同时也暗示，不仅仅是侧链碳数，石油分子的芳香环系的环数也应当呈现这样的分布。

gamma分布是一种2参数的分布函数（在石油分子集构建中有时还要加入位移参数，变成3参数），通过分布函数配合石油连续体的概念，就能够通过随机抽样或者数值计算的方法，通过较少的参数得到较大规模的分子集，以满足后续模拟的需要。

石油分子集构建需要考虑的两个重要因素是分子集的大小和表达形式。石油组成是高度复杂的，如有学者计算出 C_{43} 烷烃的理论同分异构体的数量是一万亿个[22]。完全从分子角度去处理这么庞大量的分子集合不仅没有必要，而且当前的计算机的计算能力很难实现。石油分子组成模型构建需要有代表性。此处的代表性有两层含义：其一，虚拟分子的结构特征必须接近石油分子的真实状态，从而反映其分离及反应行为；其二，构建过程中需要对相似的分子进行归类和合并，从而减少计算量。

对于石油中间馏分和较重的馏分，石油分子的反应动力学性质和物理性质，主要由其芳香环系数量以及连接其上的侧链长度决定，而环系及侧链的同分异构体对于其性质的影响是较小的，因为当前的仪器分析手段很难将这些同分异构体进行有效分离，而工业的反应器和分离工艺的分离效率相对试验用的分析仪器要低很多，因此，将这些化合物当作同类进行近似处理是可行的。这种近似的处理抓住了石油加工过程中原料的主要化学特性，同时又能够有效降低分子集尺寸并减少模型计算时间。

芳香系结构、杂原子类型和侧链碳数及数量是重油分子集构建的三大要素，对于石油的不同馏分以及不同层面的需要建立了几种数学表示方法。当这些数学表示方法建立起基本的框架后，通过合适的回归方式结合构建法则，就得到所需要的石油虚拟特征分子集。

3.4　基于模型化合物的虚拟分子集

模型化合物在本书中指的是一系列已知结构和性质的化合物，利用模型化合物进行建模可以直接采用实验数据，无须构建新的虚拟分子。Liguras 等[23, 24]基于模型化合物的方法，对催化裂化过程的原料进行了分子集构建。具体方法是，首先对一系列模型化合物的物理性质和反应性质，与碳中心进行关联。碳中心是指同一类化合物的主要官能团，所有化合物都可以用碳中心表示，利用已知模型化合物碳中心信息来关联其他位置同系化合物的性质，类似于基团贡献。之后，根据构建原料的组成特征，构建了一系列基于碳中心组合分布的虚拟分子集，通过调整碳中心分布的参数，使得虚拟分子集的性质与真实石油样品性质相同，然后利用得到的碳中心分布去关联虚拟分子集参与反应的反应速率，所得到的结果与实际结果十分相近。

基于模型化合物构建方法的研究得出以下结论，首先满足相同分析数据的虚拟分子集是多解的，但是只要虚拟分子集的数量超过 100，即使分子集不同，模型预测的结果基本不变（图 3.5）。换言之，虽然构建的虚拟分子集与实际组成存在出入，但只要其计算性质与实际性质一致，可以获得对体系较高精度的模拟。并且构建过程中发现，质谱数据相较于其他分析数据更有价值，因为与其他分析数据相比，质谱数据更能体现系统分子组成的特征。这项工作十分重要，因为它首次在不知道原料分子组成的情况下，依靠大量模型化合物构建出一套与实际原料试验性质相近的组合，进而模拟混合体系的反应，并成功预测了产物分布。缺陷是模型化合物的数据还不够，不能准确模拟超过已知模型化合物范围的反应。之后，Allen 等[25]将新的模型与集总模型进行了对比，得到的结论是，传统集总模型在收率等方面是足够精确的，但是新模型可以提供更多的分子组成信息，分子水平的石油组成模拟是未来的发展趋势。

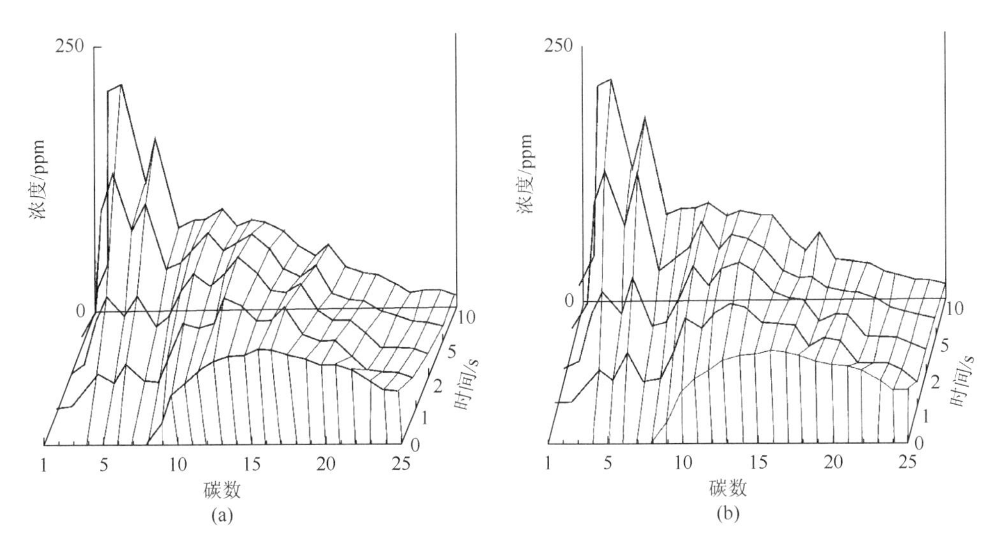

图 3.5　不同初始虚拟组分相同反应条件下产物分布[23]

（a）组成搜索过程设定所有化合物初始值为相同浓度；（b）组成搜索过程设定所有化合物初始值为随机浓度

3.5　石油分子组成的计算机存储方法

石油组成极其复杂，现代石油加工过程分子层次模型建模过程中，不可避免地要处理大量新定义的分子。大部分情况下，这些新定义的分子并无实验性质数据。分子管理模型需要在计算机上运行，对于分子性质的估算及分子层次加工过程的优化，都需要将石油分子转化成计算机可以识别的数据形式。由于石油的重馏分真实分子组成尚无法直接由实验分析获得，研究人员也开发出一系列相配套的组成构建技术。目前在该领域的主要课题组和对应的方法如表 3.1 所示。

表 3.1　分子组成构建领域主要研究组与主要研究成果

研究组	主要方法
Klein 研究组（特拉华大学）	键电矩阵及蒙特卡罗法
法国石油研究院（IFP）	最大信息熵方法
曼彻斯特大学	分子同系物矩阵
ExxonMobil 公司	结构导向集总
中国石油大学（北京）分子管理课题组	结构单元耦合原子拓扑矩阵

在介绍分子构建技术之前，首先对分子存储方式进行简要介绍。因为石油组成极其复杂，现代分子组成构建技术以及分子级反应构建技术，无一例外都采取了计算机辅助构建的办法，因为本部分技术是之后各个构建技术和总体分子管理技术的基础。目前，石油分子在计算机中的存储方式可大致分为两类，一类是计算化学通用的键电矩阵，另一类是依据石油馏分特征进行合理简化的存储方式，两类方法各有优劣。

3.5.1　键电矩阵法

20 世纪 70 年代开始，计算机在化学及化工过程中的应用逐渐兴起，Corey[26]提出可以利用计算机来辅助构造复杂化合物的合成路线。因为有机反应实际上是官能团的反应，而官能团能发生的反应大多是已知的，因此可以利用计算机来寻找合成路线，该方向至今仍是化学信息学研究的重点和热点。另外，快速存储和检索相关化合物信息的需求也逐渐增加。在这一背景下，Ugi 等[27-30]提出了键电矩阵和反应矩阵等重要概念，将化学反应转换成矩阵间的代数运算。至今，键电矩阵法仍然是许多现代化学信息学软件的理论基础。

键电矩阵的本质较为简单，其利用图论的计算机表示方法来定义化合物。每个原子可看作拓扑图中的节点，键则看作节点间的边。通过普通布尔矩阵来表示原子的连接方式，连接为 1，不连接为 0。键电矩阵在此基础上进行改进，单键相连为 1、双键为 2、三键为 3，未成键则为 0，默认情况下不表示氢的连接方式，因为氢原子的自由度为 0，当别的原子连接顺序确定后，氢的位置可以隐式地推出。例如苯的键电矩阵，可以用图 3.6 的方式储存。

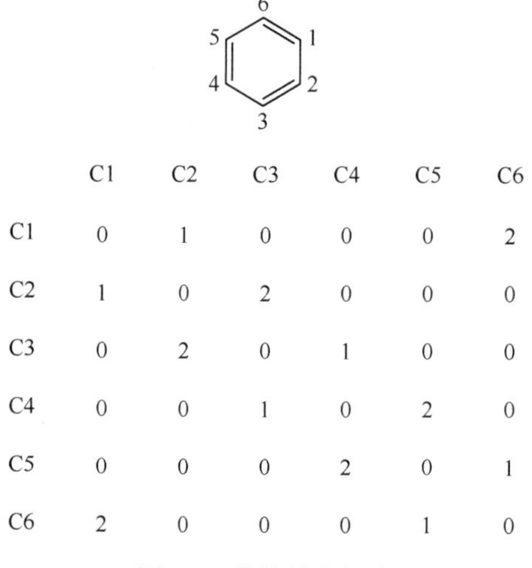

	C1	C2	C3	C4	C5	C6
C1	0	1	0	0	0	2
C2	1	0	2	0	0	0
C3	0	2	0	1	0	0
C4	0	0	1	0	2	0
C5	0	0	0	2	0	1
C6	2	0	0	0	1	0

图 3.6　苯的键电矩阵

Klein 课题组将该方法应用到石油分子的表示中，并定义了转化矩阵表示分子的操作，官能团的拼接由矩阵的加法完成，对于断键操作，只需相应位点置为–1，相应的成键操作置为 + 1。复杂的操作可以反复应用该过程实现（图 3.7）。键电矩阵法可以完整地保留所表示分子的二维拓扑结构，但对于多环化合物，其表示不够直观，这为编写操作分子的矩阵带来许多麻烦。但由于矩阵这种数据结构易于计算机处理，并且通常拥有较快的执行速度，因而现代的化学信息学管理系统底层实现依然采取键电矩阵法，只是分子操作过程不再直接编写操作矩阵，而是通过一些更直观的语言编写，之后转换成矩阵形式。

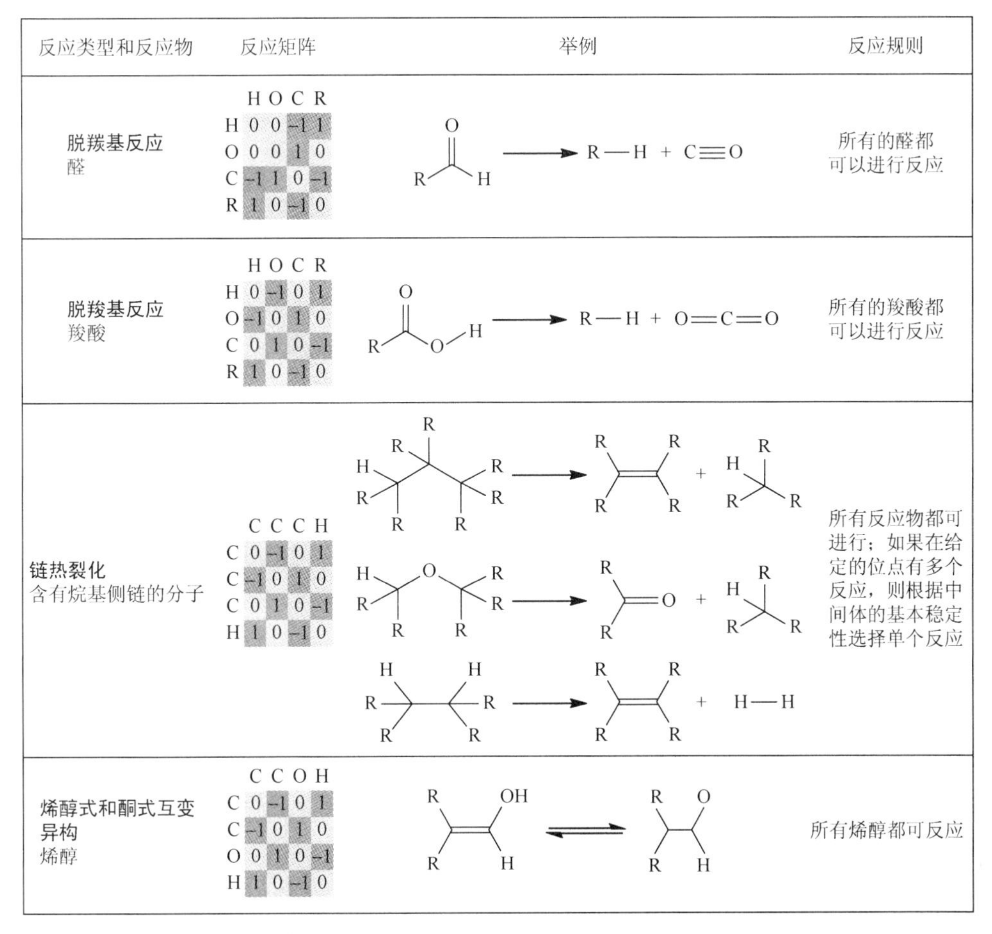

图 3.7　分子操作矩阵[31]

3.5.2　结构导向集总法

1992 年，ExxonMobil 公司的 Quann 和 Jaffe[32]提出了一种结构导向集总（SOL）

的方法以对石油分子的表征以及反应动力学模型构建，为了与新方法区别，他们将传统集总动力学方法称为粗放集总动力学模型（coarsely lumped kinetic model）。最早由Weekman 等提出并在后来不断发展的传统集总方法[33-35]具有很多弊端。第一，传统集总动力学对石油组成的划分常常是按照沸点不同划分，基于这种划分方法得到的动力学模型难以外推到其他原料，因为即便是同一沸点范围，该范围内分子的组成也会有很大不同；第二，集总中的分子组成在整个转化过程中可能有很大变化，这会掩盖真实的反应动力学过程；第三，无法用于解释催化过程中的许多现象；第四，集总包含的分子组成细节太少，无法预测很多产物的性质，这一点是其应用上的最大限制。

结构导向集总的核心概念是结构向量（structure vector），其认为石油中的分子都可以用向量表示（图 3.8），向量中的每一个元素都代表一种石油分子结构，元素的数量代表该种基团在分子中的数量。A6 代表基础的苯环结构，A4 代表渺位连接的苯环结构，A2 代表迫位连接的苯环结构，N6 代表六元环烷环结构，N5 代表五元环烷环结构，N4 代表渺位连接环烷环结构，N3 代表部分连接的五元环烷环结构，N2 代表迫位连接的环烷环结构，N1 代表两个环中间的 C_1 结构，R 代表支链碳数，br 代表支链数量，me 代表甲基数量，AA 代表桥键，NS 代表环系中的硫，RS 代表硫醇硫，AN 至 KO 代表不同类型的氮及氧。这种表示方法建立在 ExxonMobil 公司多年对石油组成分析的系统性工作的基础上，ExxonMobil 公司的学者们发现石油中的分子总是可以分解成几种确定的片段，只要把这些结构片段组合在一起就可以用来表示石油分子。这与之前平均分子结构的研究方法十分类似，只是选取的分子基团片段不一样，最终目的也不同。这种表示分子的方法十分简捷，对于分子结构较为简单的化合物，表示比较直观。但是随着分子尺度变大，这种表示方法不再使分子向量与分子一一对应，而是一种向量对应多种分子结构。面对这样的问题，他们根据石油中分子组成的一些规律，提出一些约定条件，用以限制这种多解的情况。这些限定条件有一些是根据化合物的稳定性提出的，有一些是为了简化构建的复杂性。除此之外，结构向量对于后续的反应网络构建也有很好的支持作用。总体来说，结构向量很好地表示了石油分子的特征结构，对于整个算法的多个部分都能有所照顾，而且本身也具有扩展性，可以根据研究人员的需要做出很多更改，但是从最终反应动力学的角度讲，该方法只能做到反应路径层面，而不能进行反应机理层面的模拟。

由于渣油体系更加复杂，这种结构向量难以适用重油体系。2005 年，Jaffe 在前面的工作基础上提出了一种扩展的形式，并将其应用到了减压渣油中[19]。一部分工作是根据 Sheremata 等[36]研究的沥青质存在构型的表示方法提出的，他依次对原来的方法进行了相应的改进，另外他根据以往的研究以及自己的经验，认为群岛结构更符合石油大分子的特征。因此，他针对群岛结构进行了许多拓展，主要是对原本一行结构向量的内容进行了扩充，使得结构向量中每个元素不仅代表

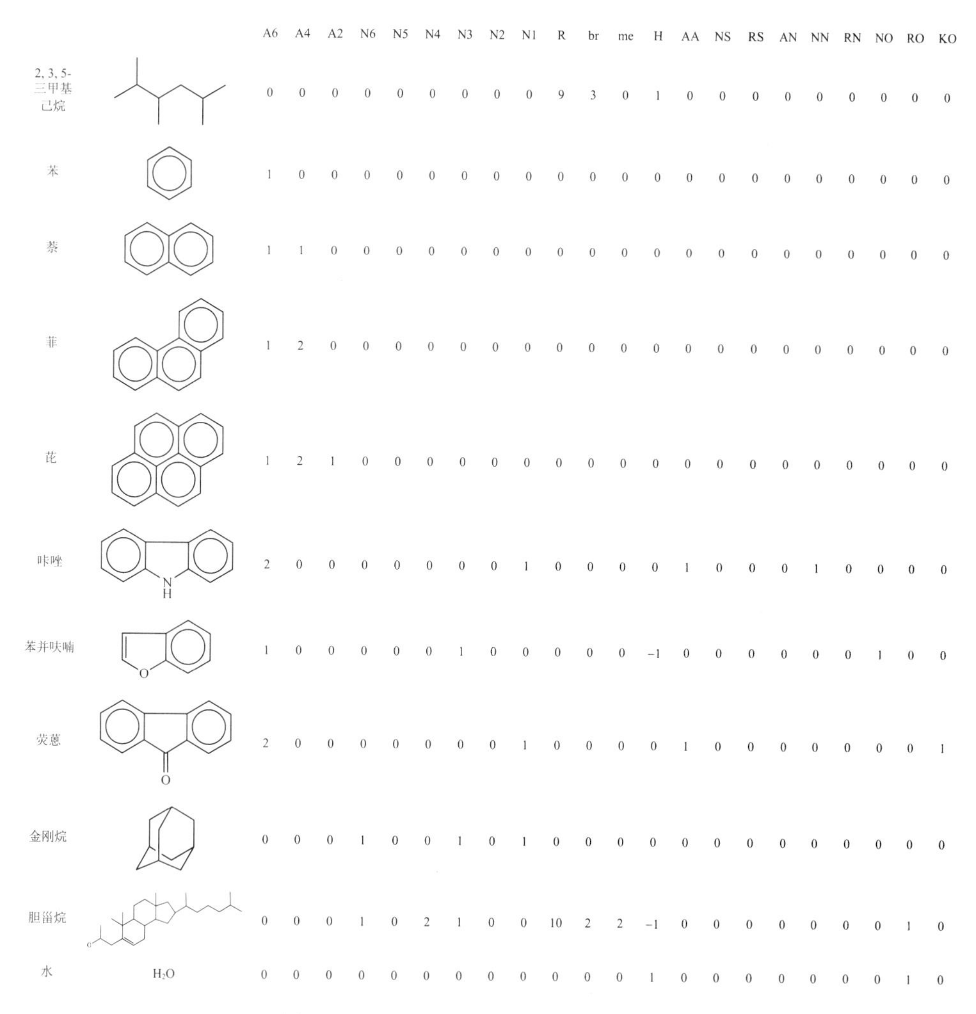

	A6	A4	A2	N6	N5	N4	N3	N2	N1	R	br	me	H	AA	NS	RS	AN	NN	RN	NO	RO	KO
2, 3, 5-三甲基己烷	0	0	0	0	0	0	0	0	0	9	3	0	1	0	0	0	0	0	0	0	0	0
苯	1	0	0	0	0	0	0	0	0	0	0	0	0	0	0	0	0	0	0	0	0	0
萘	1	1	0	0	0	0	0	0	0	0	0	0	0	0	0	0	0	0	0	0	0	0
菲	1	2	0	0	0	0	0	0	0	0	0	0	0	0	0	0	0	0	0	0	0	0
芘	1	2	1	0	0	0	0	0	0	0	0	0	0	0	0	0	0	0	0	0	0	0
咔唑	2	0	0	0	0	0	0	0	1	0	0	0	0	1	0	0	0	1	0	0	0	0
苯并呋喃	1	0	0	0	0	0	1	0	0	0	0	0	−1	0	0	0	0	0	0	1	0	0
荧蒽	2	0	0	0	0	0	0	0	1	0	0	0	0	1	0	0	0	0	0	0	0	1
金刚烷	0	0	0	1	0	0	1	0	1	0	0	0	0	0	0	0	0	0	0	0	0	0
胆甾烷	0	0	0	1	0	2	1	0	0	10	2	2	−1	0	0	0	0	0	0	0	1	0
水 H_2O	0	0	0	0	0	0	0	0	0	0	0	0	1	0	0	0	0	0	0	0	1	0

图 3.8　几种中间馏分分子的结构向量[22]

一个核的基团数，而且可以同时表示将近 10 个核，并且添加了用以表示核间连接情况的元素 AA（图 3.9 和图 3.10）。除此之外，还对杂原子进行了拓展，加入了

A6	A4	A2	N6	N5	N4	N3	N2	N1	R	br
1 1 0 0	0 1 0 0	0 0 0 0	0 0 1 1	0 0 0 0	0 0 2 1	0 0 0 0	0 0 0 0	0 0 0 0	0 0 0 0	0 0 0 0

me	IH	AA				NS	RS	AN
0 0 0 0	0 0 0 0	172803750	97204250	187202750	259201250	0 0 0 0	0 0 0 0	0 0 0 0

NN	RN	ON	RO	KO	Ni	V
0 0 0 0	0 0 0 0	0 0 0 0	0 0 0 0	0 0 0 0	0 0 0 0	0 0 0 0

图 3.9　拓展后的结构向量[19]

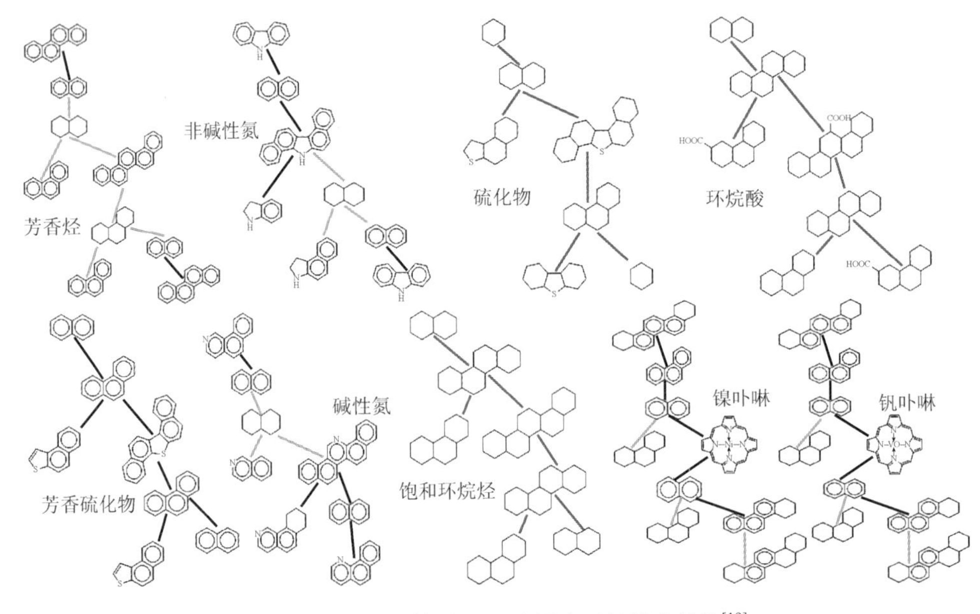

图 3.10　拓展后的以 SOL 向量表示的群岛结构[19]

镍、钒卟啉金属杂环结构。经过改进后的结构向量对于渣油的处理起到了很好的表征作用，但是由于作者观点的限制，他并没有针对孤岛结构进行拓展，由于孤岛、群岛结构在重油中的情况仍无定论[37-39]，所以对于孤岛结构仍有讨论的必要。

3.5.3　分子类型同系物矩阵法

受 SOL 方法启发，1999 年曼彻斯特大学的 Peng 等提出了分子类型同系物（MTHS）矩阵的表示方式[40]。这种表示方式中，列数代表不同的分子类型，如一个环烷环、一个芳香环（1N1A），而行数代表该类型分子的总碳数，矩阵的元素代表该碳数该类型的分子占总分子的百分数，同一种类型的分子其碳数分布符合 gamma 分布，如图 3.11 所示。分子类型同系物矩阵没有对一些异构体进行分析，一方面可以简化矩阵在构建过程中的复杂程度，另一方面许多异构体难以被分析仪器检测出来。分子类型同系物矩阵是一种非常典型的虚拟分子集构建方法，在矩阵构建出来的同时即确定分子的类型。分子类型的数量和矩阵的列数是线性的。在 Peng 等研究的基础上，Zhang 等完善了他们的工作，提出了将原料性质转化成为分子组成的详细方法[41]，Aye 等则考虑了矩阵每个元素代表的分子异构体的影响，并提出隶属于同一个元素的分子间采用热力学平衡的方式来计算矩阵每个元素内分子的分布[42]。Wu 等采用这种方法解决了包括汽油混合等一系列问题[43, 44]。总的来说，该方法表征石油分子非常直观，每一列代表一个同系物系列，行数代表分子碳数的大小，这种方式对于轻油的处理非常成功，针对性很强，但是可能难以进一步拓展到更重的馏分油。

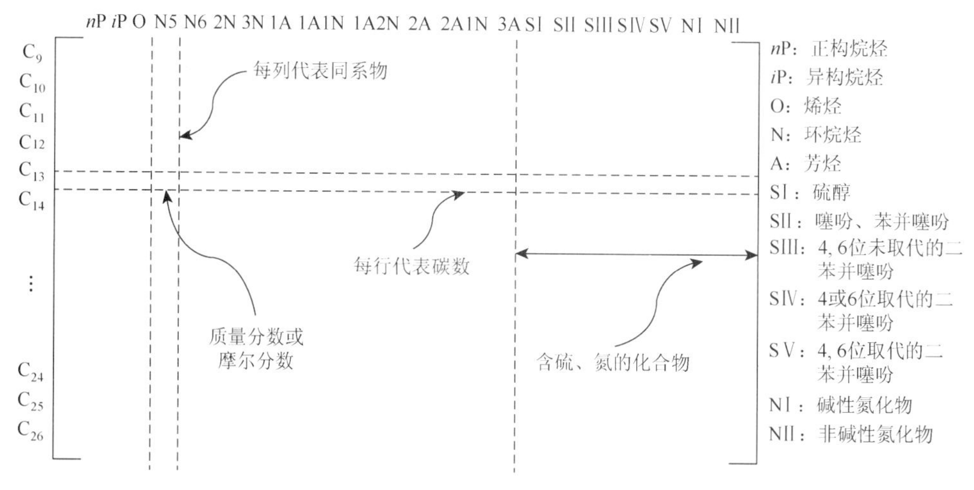

图 3.11　MTHS 矩阵表示方法[41]

3.5.4　伪化合物矩阵法

伪化合物矩阵（pseudo-compounds matrix）法由 IFP 开发，主体思路与分子类型同系物矩阵法基本一致，但是划分的同系物核结构更复杂（表 3.2），矩阵的不同行代表不同的同系物类型，列代表碳数，这一点与 MTHS 矩阵刚好相反（图 3.12），由于核结构数量限制，该方法主要针对轻、中馏分。

表 3.2　预定义同系物核结构[45]

序号	同系物	核心结构（名称）	核心结构（分子图像）
1	链烷烃	甲烷	CH_4
2	一环环烷烃	环己烷	
3	二环环烷烃	十氢化萘	
4	三环环烷烃	十四氢蒽	
5	苯	苯	

续表

序号	同系物	核心结构（名称）	核心结构（分子图像）
6	四氢化萘	1, 2, 3, 4-四氢化萘	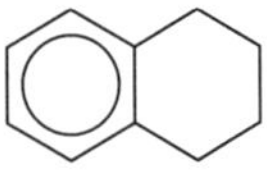
7	二环基苯	1, 2, 3, 4, 5, 6, 7, 8-八氢化蒽	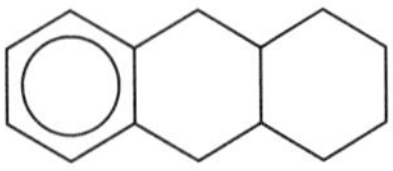
8	萘	萘	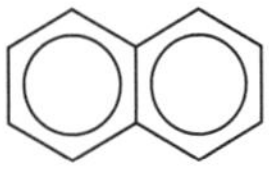
9	四氢化蒽	1, 2, 3, 4-四氢化蒽	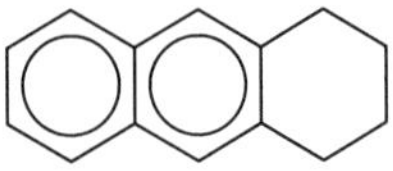
10	二氢化蒽	7, 8-二氢化蒽	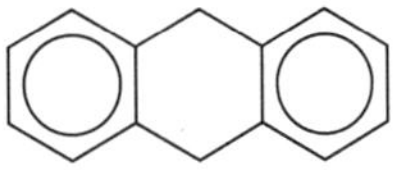
11	蒽	蒽	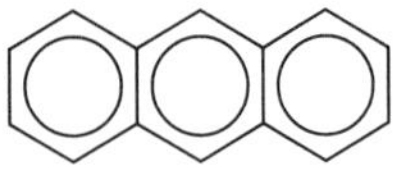
12	芘	芘	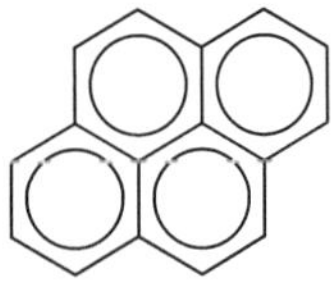
13	联环己烷	联环己烷	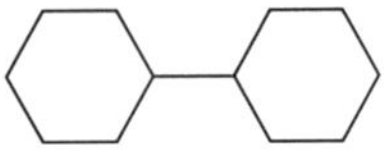
14	环己烷基苯	环己烷基苯	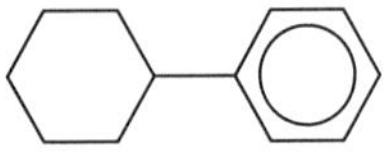
15	联苯	联苯	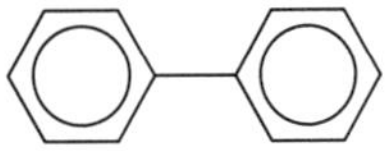
16	硫醇	硫醇	H_3C—SH
17	噻吩	噻吩	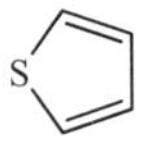 S
18	苯并噻吩	苯并噻吩	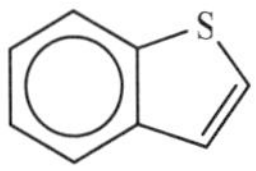 S
19	二苯并噻吩	二苯并噻吩	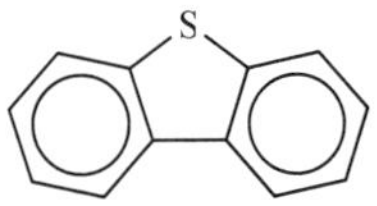 S

续表

序号	同系物	核心结构（名称）	核心结构（分子图像）
20	4-二苯并噻吩	4-甲基二苯并噻吩	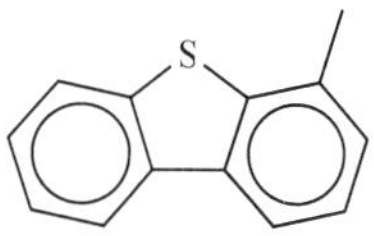
21	4, 6-二苯并噻吩	4, 6-二甲基二苯并噻吩	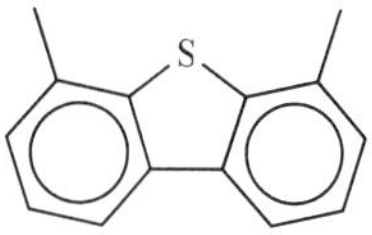
22	苯胺	苯胺	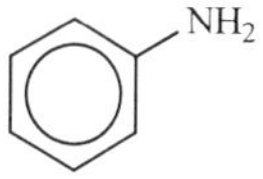
23	吡啶	吡啶	
24	喹啉	喹啉	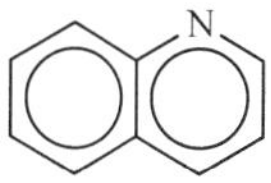
25	吖啶	吖啶	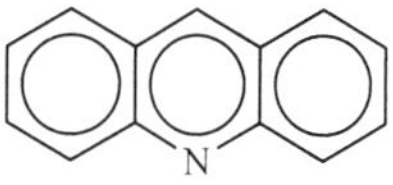
26	吡咯	吡咯	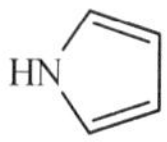
27	吲哚	吲哚	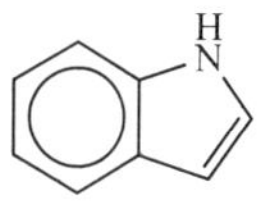
28	咔唑	咔唑	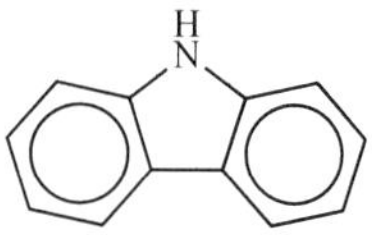

3.5.5　结构单元耦合原子拓扑矩阵

为了方便研究人员进行分子结构的生成，中国石油大学（北京）分子管理课题组在键电矩阵的基础上，在其上层引入结构单元对分子进行表示，实现了一种混合式表示石油分子的方法。在结构单元的选取上该课题组主要借鉴了 ExxonMobil 公司的结构导向集总，并根据课题组近年来在石油化学上的认识进行部分改动，修改了部分基团的表达方式，并增加了一些新基团使之更适用于石油中复杂

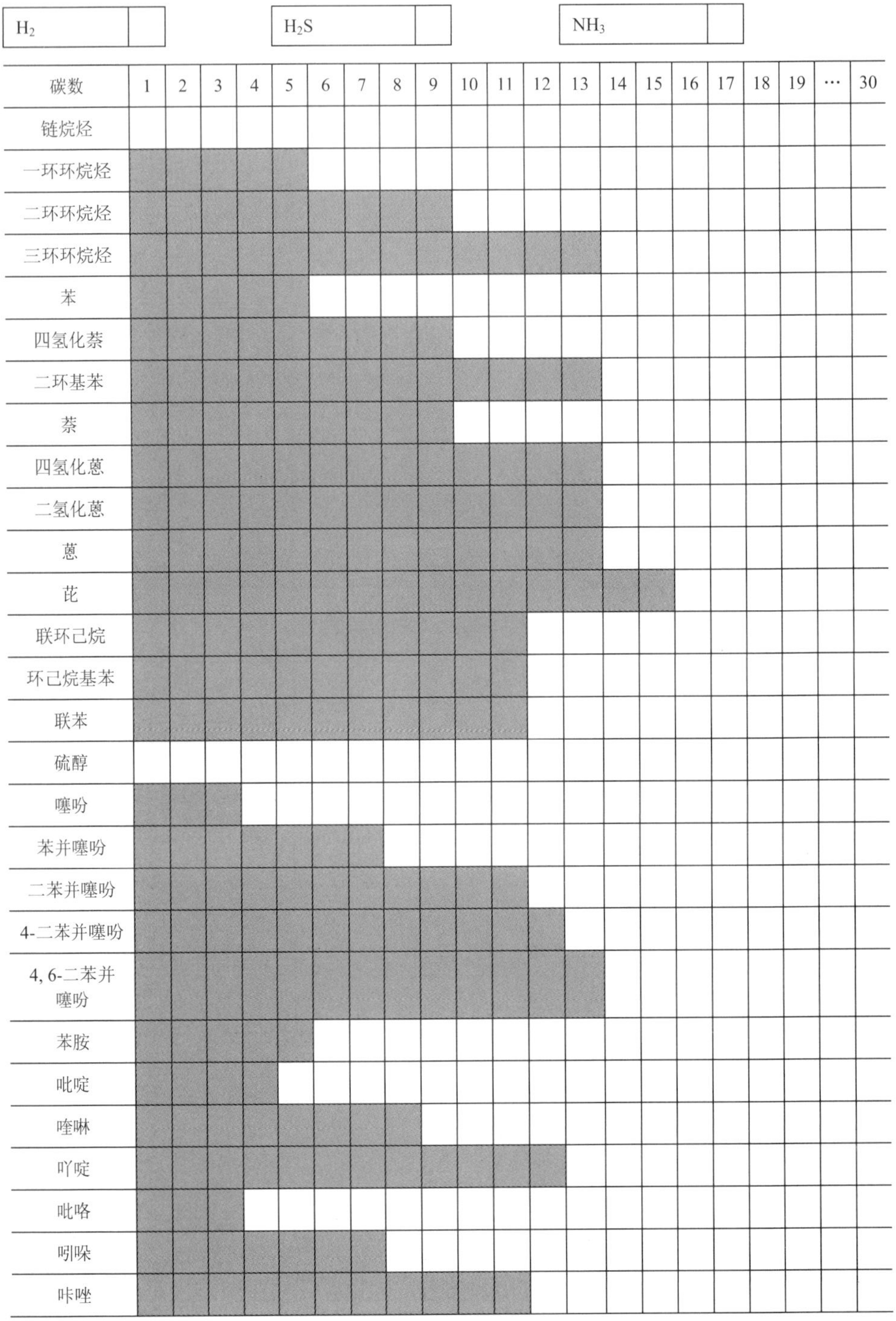

H_2		H_2S		NH_3	

碳数	1	2	3	4	5	6	7	8	9	10	11	12	13	14	15	16	17	18	19	…	30
链烷烃																					
一环环烷烃																					
二环环烷烃																					
三环环烷烃																					
苯																					
四氢化萘																					
二环基苯																					
萘																					
四氢化蒽																					
二氢化蒽																					
蒽																					
芘																					
联环己烷																					
环己烷基苯																					
联苯																					
硫醇																					
噻吩																					
苯并噻吩																					
二苯并噻吩																					
4-二苯并噻吩																					
4, 6-二苯并噻吩																					
苯胺																					
吡啶																					
喹啉																					
吖啶																					
吡咯																					
吲哚																					
咔唑																					

图 3.12　伪化合物矩阵[45]

分子结构特征的表达。该课题组把新定义的结构单元称为 CUP 结构单元，并将其与键电矩阵进行映射，在兼顾用户友好的同时，保持普适性及原子连接信息的准确性。

ExxonMobil 公司的 Quann 和 Jaffe 首次提出结构导向集总概念时共制定了 22 种结构向量。新方法在此基础上做了一些拓展。对于石油中较重的分子，其往往具有复杂的核心和侧链结构，一些杂原子结构向量、双键的位置可能出现在不同的位置，而传统的结构导向集总不能明确表示这些向量的位置。为了建立结构单元与键电矩阵的准确映射，减少分子性质计算及反应位点的识别错误，该方法把结构向量数目扩充到了 31 个。为了确定一些向量的连接位置，把向量定义为 2 类：表示分子核心的核心结构单元和表示侧链的侧链结构单元，如图 3.13 所示。

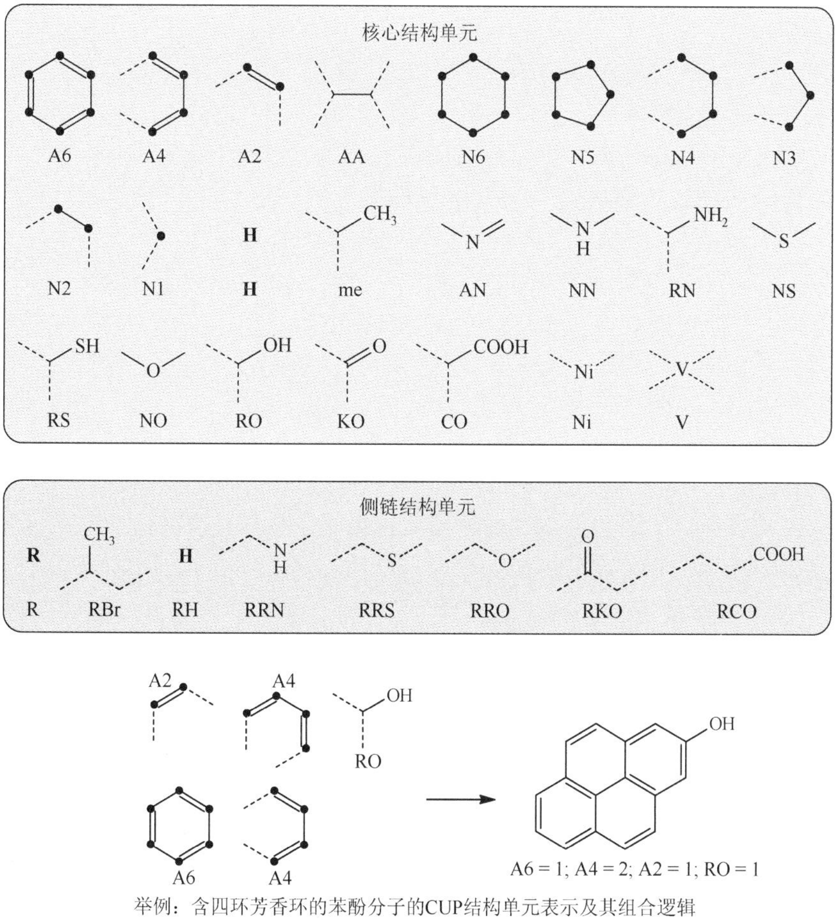

举例：含四环芳香环的苯酚分子的CUP结构单元表示及其组合逻辑

图 3.13　CUP 结构单元划分

拓展后的 CUP 结构单元，共有 23 种表示分子核心的向量，其中 A6、A4、A2 和 N6、N5、N4、N3、N2、N1 分别表示构成核心的芳香碳原子和环烷碳原子结构片段。从 AA 到 V 这 14 种核心结构单元表示核心的成键方式以及直接与核心相连的甲基和杂原子。CUP 结构单元共有 8 种侧链结构向量表示侧链（以“R”开头），其中 R 表示侧链具有的碳原子个数。从 RBr 到 RCO 的 7 个结构单元表示侧链的支链数目和杂原子基团等信息。侧链结构单元和核心结构单元片段存在一定相似性，主要是在分子中的位置存在区别。以“H”和“RH”为例，前者表示环系的缺氢指数，后者表示侧链的缺氢指数。逻辑上，将这些结构单元进行拼接，即可得到指定的分子结构。图 3.13 展示了含有四环芳香环的苯酚分子的 CUP 结构单元表示及其组合逻辑的例子。

该课题组开发的分子管理平台底层建立在键电矩阵的基础上，在设计 CUP 结构单元后，将其与键电矩阵进行映射。首先生成并预先储存了 CUP 结构单元所对应的键电矩阵，并定义了操作函数来连接相对应的键电矩阵。当用户指定了结构单元的数目后，平台将在结构单元库中提取相对应的键电矩阵，并按照结构单元的连接逻辑对键电矩阵进行操作，组合合并得到分子对应的键电矩阵，之后由分子键电矩阵预测分子的性质、生成分子图像和通用化学标记语言格式。本质上，该方法是一种全新的多层级表示分子结构的方法，适用于分子管理不同层次的需求。

图 3.14 以芘为例描述了单分子生成的全过程，其中所展示的矩阵、分子图像和数据均由分子管理软件平台自动生成。首先由用户指定最表层的方便书写的结构单元字符串——“A6 = 1；A4 = 2；A2 = 1；”。通过对字符串进行分析，可以将其转化为结构单元向量。通过查找，在结构单元库中获取 A6、A4 及 A2 的键电矩阵信息，之后平台调用基础分子矩阵操作模块，按照 A6、A4 及 A2 的顺序对各个键电矩阵进行连接位点识别及矩阵合并。通过迭代完成所有结构单元的连接后，即获得了分子所对应的键电矩阵及完整的原子连接拓扑信息。基于分子的键电矩阵的信息，可以对分子结构进行绘图，并获得分子的通用化学标记语言信息（SMILES 码）及通用分子存储格式文件（如.mol 文件）。通过这些信息可以方便地将分子连接到分子模拟或流程模拟软件中。此外也可调用分子物性预测模块预测分子的物理化学性质。中国石油大学（北京）分子管理课题组在该方法的基础上构建了一系列石油馏分的组成模型，并在此基础上进一步构建了过程模型，证明了该方法较强的适用性。

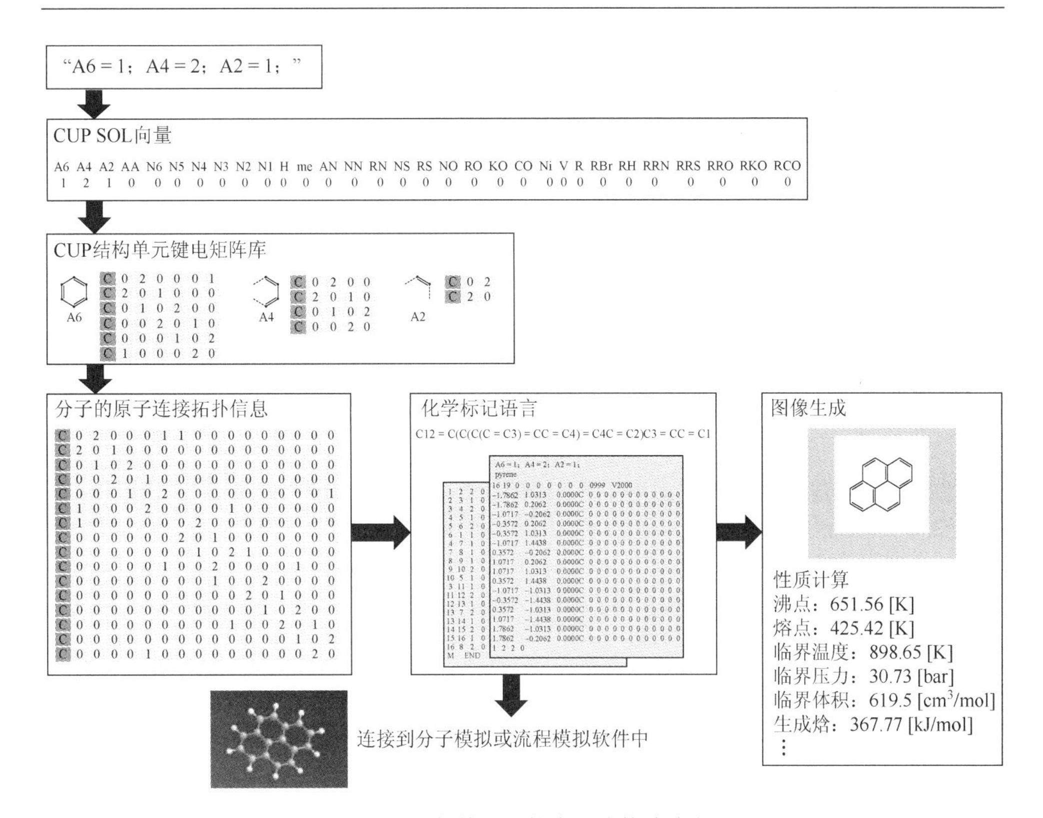

图 3.14　芘单分子的多层次构建流程

1bar = 100000Pa

3.6　分子组成构建方法

3.6.1　随机抽样分子集构建法

1990 年，Neurock 等[46, 47]提出通过对不同分子基团的概率密度函数进行随机抽样，再将基团重构的分子集构建方法。石油组分不仅分子数量庞大，分子的结构也十分复杂，但是组成分子的基团种类并不多，且基团数量满足一定的分布规律。这为蒙特卡罗抽样构建分子集的方法奠定了重要基础。石油中巨大的化合物数量是由于其含有大量的同系物，而同系物之间往往只是某个基团数量上的不同，而对基团分布进行抽样可以大幅减少要抽样分子的复杂性和数量，而且这一思路也在不断扩展，只要弄清各个石油分子组成基团之间确切的分布关系，就可以对确定体系的石油分子组成进行准确的构建。

基于“石油连续体”这一概念，石油组成分子的一些基团具有相应的分布规律。考虑到这些事实，只要能确定这些分子基团的概率密度函数的形式，就可以通过抽样大量虚拟分子来表征实际石油组成。Neurock 等[46]的这种方法需要构建数万到数十万虚拟分子，只有这种数量才能使针对各种性质的概率分布函数的参数保持稳定。但是，过多的虚拟分子集在当时来看对计算机计算能力提出了很大挑战，Petti 等[48]对这一问题进行了详细探讨。针对这样的问题，1994 年 Campbell 等[49]开发了积分算法，基于这一种方法，可以将蒙特卡罗抽样算法生成的数万个分子压缩成几百个，并能保证所得性质与实验值没有太大差异。这一点对于抽样得来的分子应用于反应模型有很大帮助，因为即便近几年来计算机发展很快，但数万个分子直接应用于反应计算，其成本和消耗的时间都是难以接受的。Trauth 等[50]对复杂体系构建进行了细化，在对渣油进行构建的过程中，将渣油又按四组分进行进一步划分，根据不同组分的特性，选取相应的分布函数类型（图 3.15）。之后这套方法被不断完善，形成了一套完整的计算体系，与分子动力学软件 KMT 和 KME 整合到了一起，实现了从原料到产物性质的预测评估[51]。

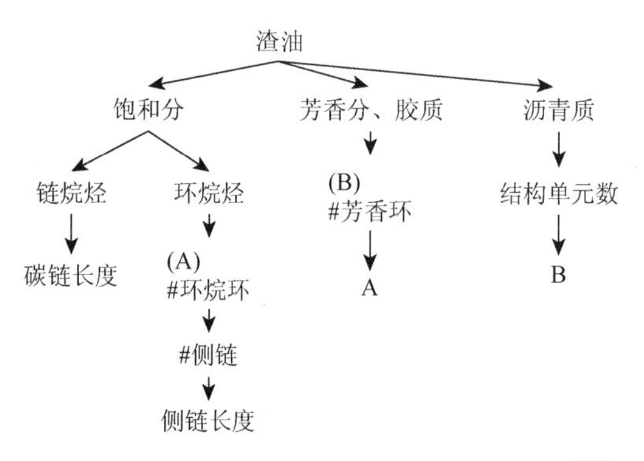

图 3.15　Trauth 随机法构建渣油分子集方法[50]

（A）. 往下为 A 过程；（B）. 往下为 B 过程；A. 引用 A 过程；B. 引用 B 过程；#. 数量

图 3.16 是 Campbell 蒙特卡罗抽样算法的流程，主要输入参数是一些分析数据，如元素组成、分子量、沸点等数据。构建过程中将渣油分成四组分，分别是饱和分、芳香分、胶质、沥青质，饱和分又分为烷烃和环烷烃。由于各个基团之间性质不同，区分开以后每个组分根据需要享有不同的分布函数类型和参数。通过对分布函数抽样可以得到一组虚拟分子集，这时对分子集的性质进行核算，如果和目标分析数据差距满足要求就保留。否则通过全局优化算法继续对分布函数参数进行优化，直至所得参数对应的目标分子集性质达到要求。抽样后若分子数量过大，则根据 Campbell 的积分法，将分子集压缩，得到积分分子集。积分分子集再经过优化，调整其分子的相对含量，最后所得分子集即为最终优化分子集。之后，Campbell 等[52]对于这种方法在渣油中的应用从构建到反应动力学网络的建立做出了更为详尽的论述。

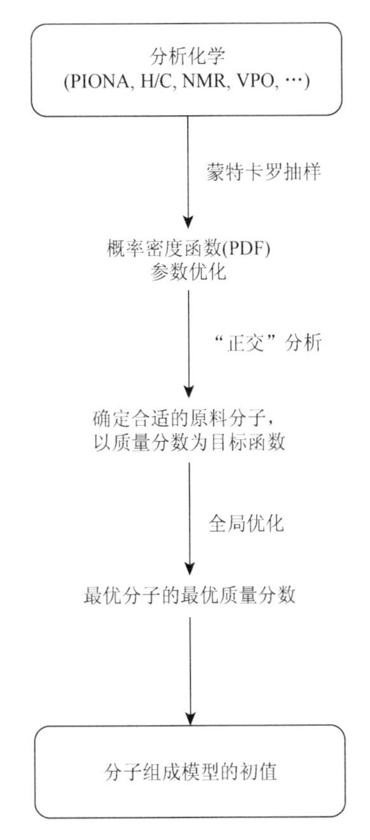

图 3.16　Campbell 等提出的随机法构建重油虚拟分子集方法[49]

如果想得到更精确的虚拟分子集，只需要增加更多的概率密度函数用于描述体系性质。但是这套方法要想完全实现，还有很多细节需要处理，最重要的是如何记录和检索相应的分子，或者说如何用数学的方法表示单一分子。尤其是随着油品变重，分子的表示问题愈发复杂。

3.6.2　最大信息熵法

最大信息熵法，由法国石油研究院（IFP）提出，并被应用到了轻油到重油馏分的组成模型构建中[45, 53-58]。该方法最早是两步法构建虚拟分子集中的第二步[57]，后来作为独立的方法用于构建（图 3.17）。

该方法早期主要是针对轻馏分油[58]，在 2009 年进行了一系列改进后，Hudebine 又对整个方法进行了非常完整的阐述。“随机重构”是 IFP 所采用两步法构建分子集的第一步，整个方法也是基于 Neurock 的思路，将石油分子的结构性质与相应的概率密度函数关联，由于轻馏分油组成比较简单，Hudebine 等只使用了 9 种分

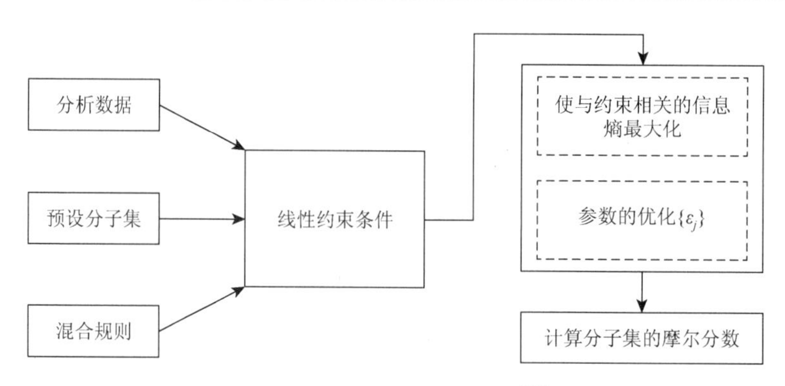

图 3.17　最大信息熵法流程[59]

布函数，杂原子则只考虑了噻吩硫，在目标函数上引入了核磁数据，进一步对分子结构进行限定。整个抽样过程就是对这 9 个分布函数进行运算，所得到的 9 种分子属性组合在一起就可以表征一个分子。根据 Hudebine 等得到的结果，这种构建方法得到的虚拟分子集在元素组成和模拟蒸馏结果上都有不错的效果，但在核磁数据的个别参数上有比较明显的偏差。这种方法构建得到的分子组成都是相对独立的，换句话说，每个分子的摩尔分数都恰巧是总抽样分子数的倒数，这样的分子集被称作均数分子（equimolar）。

接下来是两步法构建分子集的第二步——最大信息熵法，这里的熵指的是信息论中的信息熵[60]，其基本原则是，在不知道确切信息的情况下，尽量保证所处理信息中固有的不确定性，减少信息的损失。最大熵判据用以对之前得到的虚拟分子集进行进一步优化，主要针对分子的摩尔分数。分子的摩尔分数是最大信息熵法处理的变量，这个方法会对不满足要求的分子进行排除，如某个分子的结构不存在，或者某项性质（如沸点）超出了模拟蒸馏数据的范围。之后，构造最大熵判据，把要加入的限定条件调整到最大熵判据的公式中，一般采用拉格朗日乘子的形式，这些条件其实和随机重构中的判据条件是一致的，只是最终公式形式不同。然后求这个最大熵判据的最大值，他们采用共轭梯度法对判据进行优化，所得最大值对应的摩尔分数就是最终结果。经过最大信息熵法处理后的虚拟分子集不再是均数分子，它们的摩尔分数发生了很大变化，有些分子由于与判据限定偏差很大，其摩尔分数可能会变为零，有的由于接近目标数据，摩尔分数会变得很大。由于一部分分子摩尔分数变为零，整个虚拟分子集的尺寸会明显下降，从而间接起到压缩分子数量的作用。根据 Hudebine 等得到的结果，经过最大熵处理后的虚拟分子集，其性质参数与试验参数变得更为接近，尤其是核磁共振数据比没有处理前有很大改观。虽然最大信息熵法处理后的结果很好，但其结果严重依赖于所给定的初值，如果所给初值与实际情况差距很大，那么最终结果将导致优化后的个别分子物质的量变得很大，而大部分分子的摩尔分数都变成零。最大信息熵法需要一套合适的初始分子集信息作为输入，通常由实验分析获得，其优点是计算迅速，缺点是体系复杂，由于不能获得合适的初始分子集，往往不能单独使用。

3.7　分子构建技术的应用

分子构建技术是分子管理技术的基础，无论是分子层次的化学转化模型还是分离模型，都需要获得原料的分子组成。其应用已经覆盖了分子量从石脑油到渣油的馏分。下面对一些应用进行简述。

Anton 等[61]采用二维色谱对石油中间馏分进行了分子组成构建（图 3.18），采用的是 IFP 两步构建法，同时使用蒙特卡罗法和最大信息熵法。

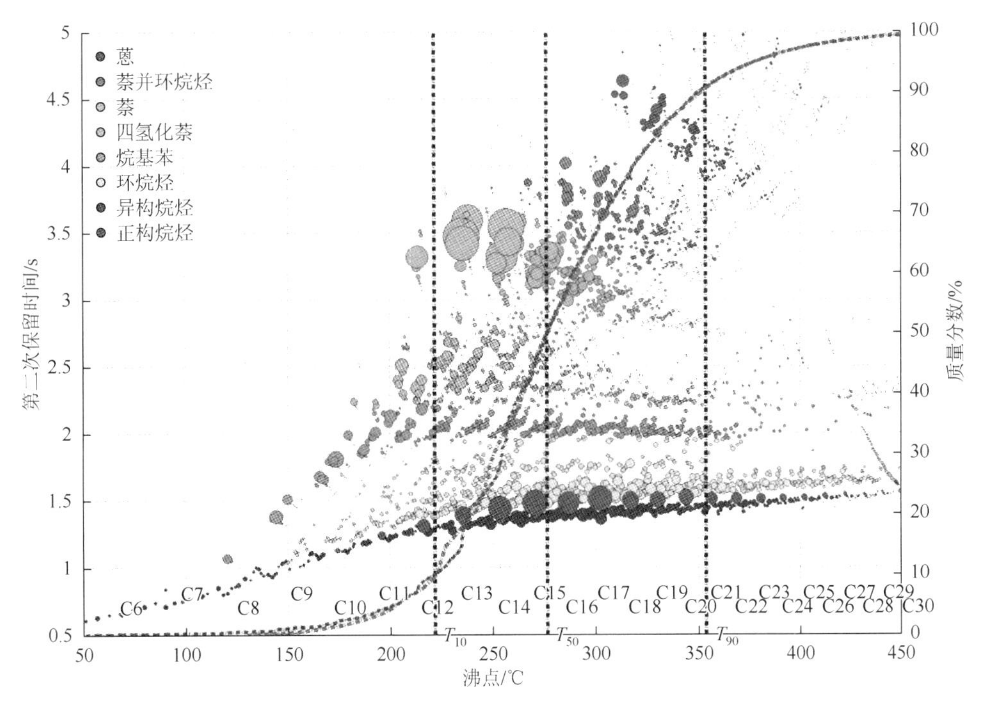

图 3.18　石油中间馏分二维色谱表征结果[61]

T_{10}，T_{50}，T_{90} 分别表示 10%，50%，90%馏出温度

Verstraete 等[54]将两步随机构建法应用于渣油，使用了约 34 个分布函数，用以对渣油四组分进行构建（图 3.19）。值得注意的是，在胶质沥青质构建方面，他们针对孤岛与群岛结构都进行了构建。杂原子的处理也比之前轻馏分油考虑得更加细致。

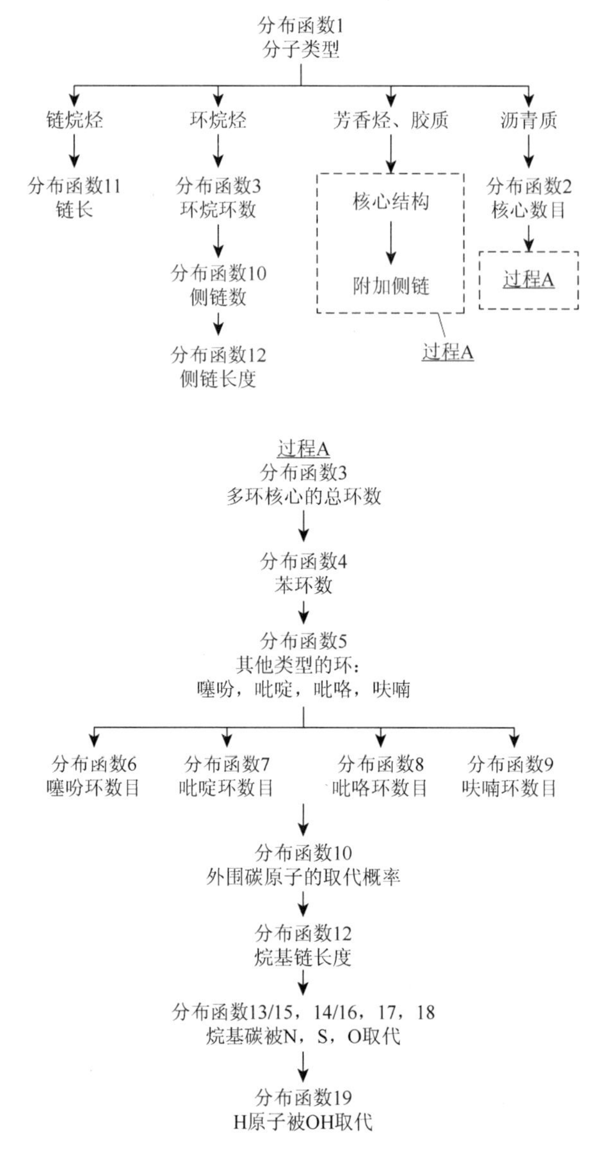

图 3.19　IFP 渣油分子集重构流程[54]

中国石油大学（北京）分子管理课题组[62]首次将 FT-ICR MS 获得的基团分布应用到渣油分子集构建中，并首次构建了 400000 个分子用以代表渣油分子组成。该方法根据质谱分析数据获得石油分子特征基团的分布参数（图 3.20），之后利用改进的抽样方法进行构建。

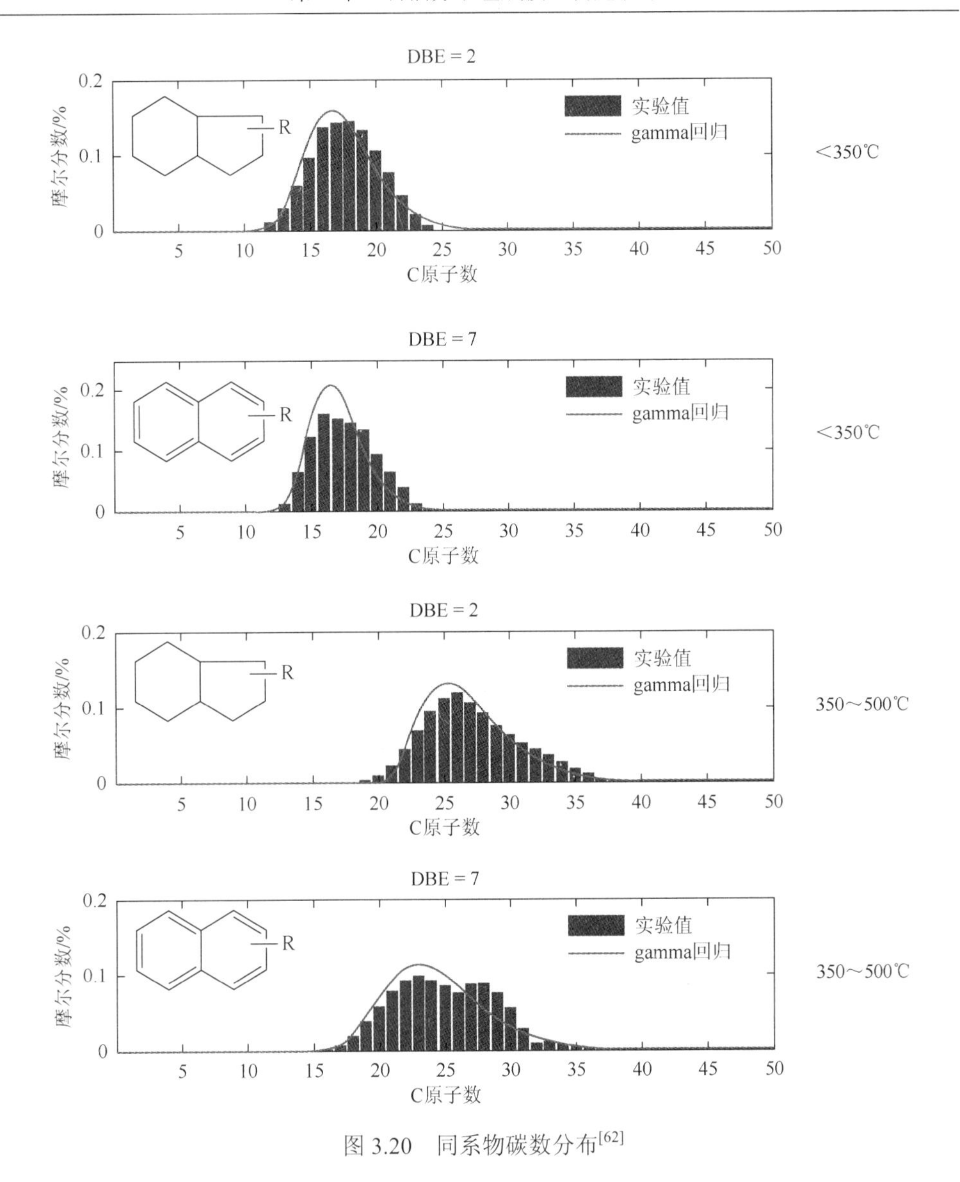

图 3.20　同系物碳数分布[62]

3.8　分子构建的趋势

目前，分子构建方法大致分为两种：随机抽样分子集构建法和最大信息熵法。成型的软件有 Klein 研究组的 CME 等。无论哪种方法，待构建原料的基本实验性质是必需的，如元素分析、模拟蒸馏、质谱数据等，选取数据的数量和精度越高，构建的分子集越接近实际组成。对于随机抽样分子集构建法，只需输入这些实验数据到软件中，即可完成组成构建。如果采用最大信息熵法，除了上述输入外，还需要给出原料中分子的结构，结构可以由构建人员根据原料的分析数据设定，也可以由随机抽样分子集构建法生成。两种方法都可以给出分子组成，但是最大信息熵法速度比随机抽样分子集构建法快很多，实际应用中对于未知体系，选用随机抽样分子集构建法得到一套分子组成，之后可以选用最大信息熵法，代替随机抽样分子集构建法，以提高模型准确性。

分子构建技术是分子管理技术的基础，它把已有的实验分析数据转化成详细的分子组成信息。这项技术并非替代分析技术，而是弥补分析技术的不足，因为每套分析数据都只是石油分子组成的部分信息，这项技术通过引入合理的石油化学知识，结合已有的实验数据，对真实分子组成信息进行估算。目前，分子构建的发展趋势主要分为两方面，一个是引入更多的分析数据，因为更多的实验数据可以提高构建结果的准确性，并且减少假设的引入。换言之，如果通过实验就可以得到分子组成，那么该构建过程就可以省略。另一个是构建效率优化，随机抽样分子集构建法的一个主要问题就是算法执行速度较慢，对于一些轻馏分体系，随机抽样分子集构建算法逐步向最大信息熵法等方法转化，但对于复杂体系如渣油，随机构建法仍然是首选方法。

3.9　小　　结

分子组成构建技术是其他管理技术的基础，也是最早发展的分子管理技术之一，目前已经较为成熟，其基本构建框架已经完善。本章对分子组成构建的主要计算方法进行了较为完整的论述，并且列举了几个最新的应用案例。目前，流行的方法主要是随机抽样分子集构建法和最大信息熵法，这两种方法在实践中经常组合使用，可以应对大部分体系，并且较为灵活，易于将一些新的实验数据引入，从而构建更为准确的分子组成。蒙特卡罗抽样法构建速度较慢，适用于较复杂、没有预置分子库的情况。最大信息熵法较为迅速，适合对原料体系分子组成类型有一定认识的情况。

值得注意的是，分子构建技术是为了解决现有分析技术对石油分子组成表征信息缺失的问题，并非取代分析过程；相反，应当尽可能多地利用精确分析数据，减少估算方法的使用。目前，石油分析技术仍在高速发展，新的分析方法与仪器层出不穷，如何进一步利用这些新仪器的分析数据，是未来分子构建技术的研究重点。

参 考 文 献

[1]　Katz D L，Brown G G. Vapor pressure and vaporization of petroleum fractions. Industrial & Engineering

Chemistry，1933，25（12）：1373-1384.

[2] Brown J，Ladner W. NMR analysis of coal liquid. Fuel，1967，39（87）.

[3] Brown J，Ladner W. A study of the hydrogen distribution in coal-like materials by high-resolution nuclear magnetic resonance spectroscopy Ⅱ—A comparison with infra-red measurement and the conversion to carbon structure. Fuel，1960，39（1）：87-96.

[4] Hirsch E，Altgelt K H. Integrated structural analysis. Method for the determination of average structural parameters of petroleum heavy ends. Analytical Chemistry，1970，42（12）：1330-1339.

[5] Allen D T，Grandy D W，Jeong K M，et al. Heavier fractions of shale oils，heavy crudes，tar sands，and coal liquids：Comparison of structural profiles. Industrial & Engineering Chemistry Process Design and Development，1985，24（3）：737-742.

[6] Allen D T，Petrakis L，Grandy D W，et al. Determination of functional groups of coal-derived liquids by NMR and elemental analysis. Fuel，1984，63（6）：803-809.

[7] Petrakis L，Allen D T，Gavalas G R，et al. Analysis of synthetic fuels for functional group determination. Analytical Chemistry，1983，55（9）：1557-1564.

[8] Kiet H H，Malhotra S L，Blanchard L P. Structure parameter analyses of asphalt fractions by a modified mathematical approach. Analytical Chemistry，1978，50（8）：1212-1218.

[9] Oka M，Hsueh-Chia C，Gavalas G R. Computer-assisted molecular structure construction for coal-derived compounds. Fuel，1977，56（1）：3-8.

[10] Haley G A. Molecular and unit sheet weights of asphalt fractions separated by gel permeation chromatography. Analytical Chemistry，1971，43（3）：371-375.

[11] 陆善祥. 重油和沥青的结构基团分析方法. 石油学报（石油加工），1996，（1）：98-105.

[12] Shi Q，Xu C，Zhao S，et al. Characterization of heteroatoms in residue fluid catalytic cracking（RFCC）diesel by gas chromatography and mass spectrometry. Energy & Fuels，2009，23（12）：6062-6069.

[13] Dutriez T，Courtiade M，Thiébaut D，et al. Improved hydrocarbons analysis of heavy petroleum fractions by high temperature comprehensive two-dimensional gas chromatography. Fuel，2010，89（9）：2338-2345.

[14] Dutriez T，Courtiade M，Thiébaut D，et al. Advances in quantitative analysis of heavy petroleum fractions by liquid chromatography-high-temperature comprehensive two-dimensional gas chromatography：Breakthrough for conversion processes. Energy & Fuels，2010，24（8）：4430-4438.

[15] Marshall A G，Hendrickson C L，Jackson G S. Fourier transform ion cyclotron resonance mass spectrometry：A primer. Mass Spectrometry Reviews，1998，17（1）：1-35.

[16] Marshall A G，Rodgers R P. Petroleomics：The next grand challenge for chemical analysis. Accounts of Chemical Research，2003，37（1）：53-59.

[17] Mullins O C，Hammami A，Marshall A G. Asphaltenes，heavy oils，and petroleomics. New York：Springer New York，2007.

[18] Klein M T. Molecular modeling in heavy hydrocarbon conversions. Boca Raton：CRC/Taylor & Francis，2006.

[19] Jaffe S B，Freund H，Olmstead W N. Extension of structure-oriented lumping to vacuum residua. Industrial & Engineering Chemistry Research，2005，44（26）：9840-9852.

[20] Fafet A，Magne-Drisch J. Quantitative analysis of middle distillats by GC/MS coupling. Application to hydrotreatment process mechanisms.（article in French）. Revue de L'Institut Francais du Petrole，1995，50（3）：391-404.

[21] Libanati C. Monte Carlo simulation of complex reactive macromolecular systems. NewYork：University of

Delaware，1992.

[22] Quann R J，Jaffe S B. Building useful models of complex reaction systems in petroleum refining. Chemical Engineering Science，1996，51（10）：1615-1635.

[23] Liguras D K，Allen D T. Structural models for catalytic cracking. 2. Reactions of simulated oil mixtures. Industrial & Engineering Chemistry Research，1989，28（6）：674-683.

[24] Liguras D K，Allen D T. Structural models for catalytic cracking. 1. Model compound reactions. Industrial & Engineering Chemistry Research，1989，28（6）：665-673.

[25] Liguras D K，Allen D T. Comparison of lumped and molecular modeling of hydropyrolysis. Industrial & Engineering Chemistry Research，1992，31（1）：45-53.

[26] Corey E J. Centenary lecture. Computer-assisted analysis of complex synthetic problems. Quarterly Reviews，Chemical Society，1971，25（4）：455-482.

[27] Ugi I，Bauer J，Brandt J，et al. New applications of computers in chemistry. Angewandte Chemie International Edition in English，1979，18（2）：111-123.

[28] Dugundji J，Ugi I. An algebraic model of constitutional chemistry as a basis for chemical computer programs. Computer in Chemistry，1973，4（36）：19-64.

[29] Ugi I，Bauer J，Blomberger C，et al. Models，concepts，theories，and formal languages in chemistry and their use as a basis for computer assistance in chemistry. Journal of Chemical Information and Computer Sciences，1994，34（1）：3-16.

[30] Ugi I，Bauer J，Baumgartner R，et al. Computer assistance in the design of syntheses and a new generation of computer programs for the solution of chemical problems by molecular logic. Pure and Applied Chemistry，1988，60（11）：1573-1586.

[31] Horton S R，Mohr R J，Zhang Y，et al. Molecular-level kinetic modeling of biomass gasification. Energy & Fuels，2016，30（3）：1647-1661.

[32] Quann R J，Jaffe S B. Structure-oriented lumping：Describing the chemistry of complex hydrocarbon mixtures. Industrial & Engineering Chemistry Research，1992，31（11）：2483-2497.

[33] Jacob S M，Gross B，Voltz S E，et al. A lumping and reaction scheme for catalytic cracking. AIChE Journal，1976，22（4）：701-713.

[34] Gray M R. Lumped kinetics of structural groups：Hydrotreating of heavy distillate. Industrial & Engineering Chemistry Research，1990，29（4）：505-512.

[35] Weekman V W. Model of catalytic cracking conversion in fixed，moving，and fluid-bed reactors. Industrial & Engineering Chemistry Process Design and Development，1968，7（1）：90-95.

[36] Sheremata J M，Gray M R，Dettman H D，et al. Quantitative molecular representation and sequential optimization of athabasca asphaltenes. Energy & Fuels，2004，18（5）：1377-1384.

[37] Mullins O C，Martínez-Haya B，Marshall A G. Contrasting perspective on asphaltene molecular weight. Energy & Fuels，2008，22（3）：1765-1773.

[38] Herod A A，Bartle K D，Kandiyoti R. Comment on a paper by mullins，martinez-haya，and marshall "contrasting perspective on asphaltene molecular weight. Energy & Fuels，2008，22（6）：4312-4317.

[39] Herod A A，Bartle K D，Kandiyoti R. Characterization of heavy hydrocarbons by chromatographic and mass spectrometric methods：An overview. Energy & Fuels，2007，21（4）：2176-2203.

[40] Peng B. Molecular modelling of petroleum processes. Manchester：University of Manchester，1999.

[41] Zhang Y. A molecular approach for charcterization and property predicitions of petroleum mixtures with

applications to refinery modelling. Manchester：The University of Manchester，1999.

[42] Mi Saine Aye M，Zhang N. A novel methodology in transforming bulk properties of refining streams into molecular information. Chemical Engineering Science，2005，60（23）：6702-6717.

[43] Wu Y，Zhang N. Molecular characterization of gasoline and diesel streams. Industrial & Engineering Chemistry Research，2010，49（24）：12773-12782.

[44] Wu Y，Zhang N. Molecular management of gasoline streams. 12th Conference on Process Integration, Modelling and Optimisation for Energy Saving and Pollution Reduction，2009，Rome, Italy.

[45] Hudebine D，Verstraete J，Chapus T. Statistical reconstruction of gas oil cuts. Oil and Gas Science Technology，2011，66（3）：461-477.

[46] Neurock M，Libanati C，Nigam A，et al. Monte Carlo simulation of complex reaction systems：Molecular structure and reactivity in modelling heavy oils. Chemical Engineering Science，1990，45（8）：2083-2088.

[47] Neurock M，Nigam A，Trauth D，et al. Molecular representation of complex hydrocarbon feedstocks through efficient characterization and stochastic algorithms. Chemical Engineering Science，1994，49（24）：4153-4177.

[48] Petti T F，Trauth D M，Stark S M，et al. Cpu issues in the representation of the molecular structure of petroleum resid through characterization，reaction，and Monte Carlo modeling. Energy & Fuels，1994，8（3）：570-575.

[49] Campbell D M，Klein M T. Construction of a molecular representation of a complex feedstock by Monte Carlo and quadrature methods. Applied Catalysis A：General，1997，160（1）：41-54.

[50] Trauth D M，Stark S M，Petti T F，et al. Representation of the molecular structure of petroleum resid through characterization and Monte Carlo modeling. Energy & Fuels，1994，8（3）：576-580.

[51] Wei W，Bennett C A，Tanaka R，et al. Computer aided kinetic modeling with KMT and KME. Fuel Processing Technology，2008，89（4）：350-363.

[52] Campbell D M，Bennett C，Hou Z，et al. Attribute-based modeling of resid structure and reaction. Industrial & Engineering Chemistry Research，2009，48（4）：1683-1693.

[53] Hudebine D，Verstraete J J. Reconstruction of petroleum feedstocks by entropy maximization. Application to FCC gasolines. Oil and Gas Science Technology，2011，66（3）：437-460.

[54] Verstraete J J，Schnongs P，Dulot H，et al. Molecular reconstruction of heavy petroleum residue fractions. Chemical Engineering Science，2010，65（1）：304-312.

[55] Verstraete J J，Dulot H，Hudebine D. PETR 14-molecular reconstruction of vacuum residues. Abstracts of Papers of the American Chemical Society，2009，237.

[56] Van Geem K M，Hudebine D，Reyniers M F，et al. Molecular reconstruction of naphtha steam cracking feedstocks based on commercial indices. Computers & Chemical Engineering，2007，31（9）：1020-1034.

[57] Verstraele J J，Revellin N，Dulot H，et al. Molecular reconstruction of vacuum gasoils. Abstracts of Papers of the American Chemical Society，2004，227（1）：U1070.

[58] Hudebine D，Verstraete J J. Molecular reconstruction of LCO gasoils from overall petroleum analyses. Chemical Engineering Science，2004，59（22-23）：4755-4763.

[59] De Oliveira L P，Verstraete J J，Kolb M. Simulating vacuum residue hydroconversion by means of Monte-Carlo techniques. Catalysis Today，2014，220-222：208-220.

[60] Shannon C E. A mathematical theory of communication. ACM SIGMOBILE Mobile Computing and Communications Review，2001，5（1）：3-55.

[61] Alvarez-Majmutov A，Chen J，Gieleciak R，et al. Deriving the molecular composition of middle distillates by integrating statistical modeling with advanced hydrocarbon characterization. Energy & Fuels，2014，28（12）：7385-7393.

[62] Zhang L，Hou Z，Horton S R，et al. Molecular representation of petroleum vacuum resid. Energy & Fuels，2013，28（3）：1736-1749.

第4章　计算机辅助反应网络构建及求解方法

4.1　概　　述

石油分子的转化过程通常涉及大量的反应及反应物和产物分子，精确预测石油馏分转化过程的产品分子组成及性质，是石油加工分子管理模型的重要亮点和特性之一。对于石油加工过程的分子层次的模拟，需要根据已有的反应规则，推测得到原料分子的所有可能反应，并将其组成分子层次的反应网络。由于涉及的反应数量和分子数量过于庞大，已经超出了人工处理能力的上限，因此在分子管理模型的构建过程中，通常采用计算机辅助的方法进行反应网络的构建。

反应网络是反应体系所能发生反应的集合。对于石油加工过程，虽然其原料组成复杂，但对于具体的分子，其所能发生的反应通常是已知的。反应网络构建就是利用这一特性，通过计算机辅助的方法来构建反应系统可能发生的反应。这项技术的价值在于，反应系统的信息是可积累的，因为整个系统都有明确的化学意义，这使得该方法可以利用模型化合物实验以及分子模拟计算结果，进而可以直接预测已知原料分子组成体系的反应结果。反应网络构建工作的基本流程是，输入反应原料分子组成，输入体系可能发生的反应类型，然后由计算机对原料体系发生的反应进行穷举。目前，研究石油加工分子管理的课题组都开发了自己独立的反应网络构建方法及软件，本章对构建过程的常用算法进行介绍。

4.2　石油馏分反应体系的特性

由于存在不同反应类型以及不同的反应路径，即使是简单分子的反应过程模拟也最终要处理大量的中间物、产物和反应。而且石油分子组成复杂，同样的分子既是原料，也可能作为中间物出现在反应路径的中间节点上，也可能成为最终的产物。对石油加工过程的反应过程模拟终会演化成为复杂反应网络问题的处理。ExxonMobil公司的 Quann 等[1]指出，一般石油反应体系通常含有超过 50000 个不同反应。

虽然石油馏分反应复杂，但对于具体的反应体系，其发生的反应是有规律可循的。例如，对于碳正离子反应机理，其反应主要包括氢转移、甲基转移、β 键断裂、支链化、质子化、去质子化、烷基化、环化和缩合等过程，同时针对相应的加工过程，有些反应机理可以进行适当的简化。总之，石油馏分的反应体系，既有复杂性，又有规律性。反应网络构建的本质是利用这一特性。

4.3　反应网络构建方法

虽然虚拟分子集的构建是重油加工复杂反应体系模拟的基础，但是分子级别的石油加工反应过程模拟早在 20 世纪 80 年代左右就有报道[2]。这些早期工作大多是通过标样进行反应机理的探讨，或者是通过简单的仪器分析的数据进行反应网络的建立。1979 年，Dente 等[3]在机理层面（mechanistic level）对烃类裂解进行了模拟。Liguras 和 Allen[4, 5]在 1989 年通过碳中心模型对催化裂化进行了反应路径层面（pathway level）的模拟。这些早期的工作通过手动的方式建立反应网络，工作量巨大。目前基于分子水平的石油分子复杂反应网络的构建已经基本摒弃了手工编写反应网络的方法，全部使用计算机进行反应网络的构建。

根据构建选用的反应规则不同，其可以分为机理层面构建和路径层面构建。根据构建所采用的算法不同，其又可以分为结构导向集总法（SOL）、键电矩阵法等，本节将着重对算法实现层面进行探讨。

4.3.1　反应网络基本构建方法

本小节先对构建过程的通用基本步骤进行简要概述，后续各小节再针对具体构建技术进行探讨。

反应网络构建按技术类型，通常可分为经验型、半形式型和形式型[6]。目前石油加工过程主要采取形式型构建方法，即根据已有的反应规则库对反应物进行迭代，进而构建整个反应网络。形式型构建方法按照构建算法类型，又可以分为确定性网络法、随机抽样网络法、含量抽样网络法、蒙特卡罗法（表 4.1）。

表 4.1　四种类型算法参数上限比较[6]

算法	确定性网络法	随机抽样网络法	含量抽样网络法	蒙特卡罗法
r	∞	∞	∞	∞
R	∞	∞	∞	∞
M_s	N/A	100000	100000	N/A
M_c	N/A	N/A	100000	100000
n	∞	∞	∞	1000000

注：r，每个基本转换的最大原子数；R，最大基本转换数；M_c，最大蒙特卡罗步数；M_s，平均每步产生的最大组分数；n，平均每个分子的最大原子数。

确定性网络法是目前石油化工领域主要采用的算法，后续介绍的构建方法采用的都是该算法。该算法的特点是实现简单，生成的反应与设置的反应规则对应性明确，便于后续的分析和控制。其缺点是算法复杂度呈指数级，这意味着生成的反应数量很快会超过计算机求解的能力，对于复杂反应体系，直接应用该方法基本无法得到最终结果。但因为算法实现简单，目前依然是应用最广泛的反应网络算法。

1. 确定性网络法

确定性网络法如图 4.1 所示，其选用的数据结构主要为列表，主要采用了两个

```
deterministic-network-generator(L_S0, L_et, L_S, L_r)
input:  - L_S0:   list of initial species
        -Let:     list of elementary transitions
output: - L_S:    list of all species in network
        - L_r:    list of all reactions in network
local:  - L_Si:   list of species created at step i
        - L_Si-1: list of species created at step i-1
        - L_ri:   list of reactions created at step i
Begin
1.  L_S: = L_S0;  L_r: = ∅;  L_Si-1 = L_S0;
2.  do
4.      L_Si: = ∅;  L_ri: = ∅;
5.      generate-species-reactions
            (L_Si-1, L_S, Let, L_Si, L_ri);
6.      L_S: = L_S ⊎ L_Si;  L_r: = L_r ⊎ L_ri;
7.      L_Si-1: = L_Si;
8.  Until (L_Si: = ∅; and L_ri: = ∅;)
end

generate-species-reactions(L_S1, L_S2, Let, L_Si, L_ri)
input:  - L_S1, L_S2:  list of species
        -Let:     list of elementary transitions
output: - L_Si:   list of species created at step i
        - L_ri:   list of reactions created at step i
local:  - L_Gp:   list of graphs returned by generate-product
begin
1.  For all species s in L_Si do
2.      For all reactions et ∈ Let
            with order(et) = 1 do
3.          L_Gp: = ∅;
4.          generate-product
                (G(s), G_r(et), G_p(et), L_Gp);
5.          update-species-reactions
                (L_Gp, et, s, ∅, L_Si, L_ri);
6.      done
7.  done
8.  For all species s1 ∈ L_S1 and s2 ∈ L_S2 do
9.      For all reactions et ∈ Let
            with order(et) = 2 do
10.         L_Gp: = ∅;
11.         generate-product
                (G(s1) ∪ G(s2), G_r(et), G_p(et), L_Gp);
12.         update-species-reactions
                (L_Gp, et, s1, s2, L_Si, L_ri);
13.     done
14. done
end
```

```
generate-product (G(s), G_r(et), G_p(et), L_Gp)
input:  - G(s):     molecular graph of species s
        - G_r(et):  molecular graph of the reactants of transition et
        - G_p(et):  molecular graph of the products of transition et
output: - L_Gp:     list of graphs obtained after applying et to s

local:  - X:   a graph
        - x:   an atom of G(s)
        - G_x: a subgraph of G(s) rooted on x

begin
1.  For all atom x ∈ G(s) do
2.      for all G_x ⊆ G(s)  s. t.  G_x ≡ G_r(et) do
3.          X := G(s) − G_x + G_p(et);
4.          if (species-constrains(X) = TRUE)
            then L_Gp := L_Gp ⊎ X  fi;
        done
5.  Done
end

Update-species-reactions (L_Gp, et, s1, s2, L_Si, L_ri)

input:  - L_Gp:    list of graphs returned by generate-product
        - et:      elementary transition
        - s1, s2:  reactant species

output: - L_Si:  list of species created at step i
        - L_ri:  list of reactions created at step i

local:  - L_p:  list of connected graphs
        - k:    rate constant

begin
1.  For all graphs G_p ⊆ L_Gp do
2.      compute L_p the list of
            connected components of G_p;
3.      L_Si := L_Si ⊎ L_p;
4.      k := rate-constant(et, s1, s2, L_p);
5.      L_ri := L_ri ⊎ (et, s1, s2, L_p, k);
6.  Done
end
```

图 4.1　一种确定性网络法[6]

大列表用于记录所有发生的反应，以及所有的物质。该算法通过反复对当前物质应用反应规则，不断生成新的化合物，直到反应物列表中的化合物用尽为止。

确定性网络法的弊端是生成的反应数量过多，因为只是对反应规则进行穷举，没有对体系的一些特征进行识别。后续的反应网络生成算法，在此基础上进行了一些改进，Susnow 等[7]加入了同步计算反应速率的过程（图 4.2），对于速率低于一定阈值的反应停止进一步迭代，从而缩减产生的反应数量，同时加快反应网络的生成速度。

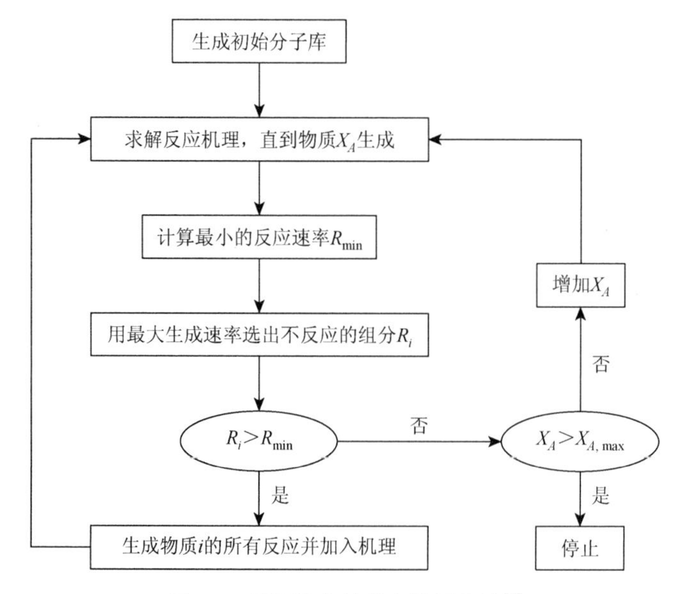

图 4.2　基于速率的确定性网络法[7]

改进后的反应速率生成算法虽然减少了相当数量的反应，但本质上其增长速率仍然是指数级，对于一些大型反应网络，仍然会出现反应数量增长过快等问题。针对这一问题，研究人员采取了相应的随机算法，保证约定时间内能把反应系统中主要的反应列举出来。本小节介绍的其余三种算法均属于随机算法范畴。

2. 随机抽样网络法

首先介绍最简单的随机抽样网络法（图 4.3）。该算法本质上与确定性网络法相似，只是穷举过程并不是将所有能反应的化合物用尽，而是随机选取固定数量的化合物进行反应。从算法实现上看，其算法框架与确定性网络法一致，只是对反应过程的函数的迭代判据进行了改进。

随机抽样网络法与确定性网络法问题类似，由于缺乏对体系特征的实时计算，其抽样效率较低，因而需要进一步改进。类似向确定性网络法引入反应速率判据，随机抽样网络法也可采取类似改进。

random-sampling-network-generator($L_{S_0}, L_{es}, L_S, L_r$)

input: - L_{S_0}: list of initial species

-Let: list of elementary transitions

output: - L_S: list of all species in network

- L_r: list of all reactions in network

local: - L_{S_i}: list of species created at step i

- $L_{S_{i-1}}$: list of species created at step i-1

- L_{r_i}: list of reactions created at step i

Begin

1. $L_S := L_{S_0}$; $L_r := \emptyset$; $L_{S_{i-1}} = L_{S_0}$;
2. do forever
4. $L_{S_i} := \emptyset$; $L_r := \emptyset$;
5. generate-species-reactions

   ($L_{S_{i-1}}$, L_S, Let, L_{S_i}, L_{r_i});

   if ($L_{S_i} = \emptyset$ and $L_{r_i} = \emptyset$) then end;
6. $L_S := L_S \uplus L_{S_i}$; $L_{r_i} := L_r \uplus L_{r_i}$;
7. reduce-mechanism-random(L_S, L_{S_i})
8. $L_{S_{i-1}} := L_{S_i}$;
9. Done

end

reduce-mechanism-random(L_S, L_{S_i})

input: - L_{S_0}: list of species

- L_{S_i}: list of species created at step i

output: - L_S: reduced list of species

- L_{S_i}: reduced list of species created at step i

const.: - M_S: maximum number of species allow in L_S

begin

1. While ($|L_S| > M_S$) do
2. Select s in L_S at random;
3. $L_S := L_S - s$;
4. if $s \in L_{S_i}$; then $L_{S_i} := L_{S_i} - s$;
5. done

end

图 4.3　一种随机抽样网络法[6]

3. 含量抽样网络法

含量抽样网络法（图 4.4）在随机抽样网络法基础上进行了改进，它也是在每个迭代步骤进行反应速率估算，但是与按照反应速率作为判据的算法不同，该算法对反应实施估算，当某个化合物的浓度低于一个指定阈值后，该化合物便从反应物列表中移除，之后再随机挑选反应物，进行反应计算。该算法较为复杂，并且对反应网络实时求解。

```
concentration-sampling-network-generator(Ls0,Let,Ls,Lr)
input:  - Ls0:   list of initial species
        -Let:    list of elementary transitions
output: - Ls:    list of all species in network
        - Lr:    list of all reactions in network
local:  - Lsi:   list of species created at step i
        - Lsi-1: list of species created at step i-1
        - Lri:   list of reactions created at step i
begin:
1.  Ls: = Ls0;  Lr: = ∅;  Lsi-1 = Ls0;
2.    do forever
4.      Lsi: = ∅;   Lri: = ∅;
5.      generate-species-reactions
                (Lsi-1, Ls, Let, Lsi, Lri);
        if (Lsi = ∅ and Lri = ∅) then end;
6.      Ls: = Ls ⊎ Lsi;  Lr: = Lr ⊎ Lri;
7.      reduce-mechanism-concentration(Ls, Lsi);
8.      Lsi-1: = Lsi;
9.    done
end
reduce-mechanism-concentration(Ls, Lsi)
input:  - Ls:    list of species
        -Lsi:    list of species created at step i
output: - Ls:    reduced list of species
        -Lsi:    reduced list of species created at step i
local:  -L[s]:   list of species concentration
        -L[smax]: list of species maximum concentration
        -nc:     number of MC steps
        -t:      time
Const:  - Mp:    maximum number praticles
        - Mc:    maximum number of MC steps
begin
1.    L[s] := ∅;  L[smax] := ∅;
2.    For all species s ∈ Ls  do
3.      If steps(s) = 0  then
4.        [s] := assign-initial-number-particles(s, Mp);
5.        [smax] := [s];
6.    else
7.        [s] := 0; [smax] := 0;
8.    Fi
9.    L[s] := L[s] ∪ [s];
10.   L[smax] := L[smax] ∪ [smax];
11. done
12. t := 0;  nc := 0;
13. While nc < Mc do
14.     t :=MC-Gillespie-step(Ls, L[s], Lr, t);
15.     For all species s ∈ Ls do
16.       if [s] > [smax] then [smax] = [s];
17.     done
18.     nc := nc + 1;
19. done
20. While (|Lsi| > Ms) do
21.     find s ∈ Lsi having the lowest [smax] value
22.     Ls := Ls − s;  Lsi := Lsi − s;
23. done
end

MC-Gillespie-step(Ls, L[s], Lr, t)
input:  - Ls:   list of species
        -L[s]:  list of species concentration
        - Lr:   list of reactions
        - t:    time
output: -L[s]:  update list of species concentration
        - t:    time after event occurs

begin
1.  compute time τ of next event using eq.8;
2.  Select reaction τ in Lτ occurring at time t + τ using eq.9;
3.   t := t + τ;
4.  For all s ∈ Lr(r) do [s] := [s] − 1 done;
5.  For all s ∈ Lp(r) do [s] := [s] + 1 done;
6.  return t;
end
```

图 4.4　含量抽样网络法[6]

4. 蒙特卡罗法

蒙特卡罗法（图 4.5）的特点是同时进行抽样和蒙特卡罗积分，与上一种方法相比，对催化剂类型没有要求，并且反应体系中总物质的数量是输入项。该算法与上面算法中估算浓度的算法类似。算法复杂度与含量抽样网络法相当，可以用于超大型反应网络。

算法复杂度对比（表 4.2）中，随机抽样网络法的复杂度是最低的，其次是含量抽样网络法、确定性网络法、蒙特卡罗法。除了确定性网络法的复杂度与体系的输入大小有关，其他随机抽样算法主要与设置的抽样数量有关。换言之，实际应用过程中，随机抽样网络法的复杂度可以由使用者控制。

```
MC-sampling-network-generator(L_{S_0}, L_{et}, L_S, L_r)
input:   - L_{S_0}:  list of initial species
           -Let:     list of elementary transitions
output:  - L_S:      list of all species in network
           - L_r:    list of all reactions in network
local:   - L_{S_i}:  list of species created at step i
           - L_{r_i}: list of reactions created at step i
           - L[s]:   list of reactions created at step i
           - Ls*:    list of species with non-zero concentration
           - Ls*_{-1}: list of species created at previous step with non-zero concentration
           - t:      time
const.:  - M_p:      maximum number particles
           - M_c:    maximum number of MC ste
begin
1.   L_S := L_{S_0}; L[s] := ∅; L_r := ∅;
2.   For all species s ∈ L_s do
3.       [s] := assign-initial-number-particles(s, M_p);
4.       L[s] := L[s] ∪ [s];
5.   done
6.   t = 0;  i = 0;  Ls_i := ∅;  Lr_i := ∅;
7.   While i < M_c do
8.       Ls* := ∅;  Ls*_{-1} := ∅;
9.       For all s ∈ Ls do
10.          if [s] ≠ 0 then Ls* := Ls* ∪ s;
11.      done
12.      For all s ∈ Ls_i do
13.          if [s] ≠ 0 then Ls*_{-1} := Ls*_{-1} ∪ s;
14.      done
15.      i := i + 1, Ls_i := ∅; Lr_i := ∅;
16.      generate-species-reactions
17.              (Ls*_{-1}, Ls*, Let, Ls_i, Lr_i);
18.      Ls := Ls ⊎ Ls_i;  Lr := Lr ⊎ Lr_i;
19.      For all s ∈ Ls_i do [s] := 0 done
20        t := MC-Gillespie-steps(Ls, L[s], Lr, t);
21.  done
end
```

图 4.5 蒙特卡罗法[6]

表 4.2 四种算法复杂度对比

	确定性网络法	随机抽样网络法	含量抽样网络法	蒙特卡罗法
$\lvert Ls_i \rvert$	$O(N_{0,i-1}N_{i-1}n^2)$	$M_s^2O(n^2)$	$M_s^2O(n^3)$	$M_p^2O(n^2)$
$\lvert Ls_{0,i-1} \rvert$	$O(N_{0,i-1})$	M_s	iM_s	$iM_p^2O(n^2)$
$\lvert Ls \rvert$	$O(N)$	M_s	$M_sO(n)$	$M_cM_p^2O(n^2)$

注：Ls_i，在第 i 步产生的所有组分列表；$Ls_{0,i-1}$，在第 i 步累计产生的所有组分列表；Ls，算法产生的所有组分列表；O，算法的时间复杂度；N_{i-1}，在第 i 步产生的最大组分数；$N_{0,i-1}$，在第 i 步累计产生的最大组分数；N，算法产生的最大组分数；M_s，平均每步产生的最大组分数；n，平均每个分子的最大原子数；M_p，蒙特卡罗积分的最大粒子数；M_c，最大蒙特卡罗步数。

总体而言，随机抽样网络法对于复杂体系的反应网络构建有较大应用价值，而且相对于传统确定性网络法也较为新颖。目前，石油体系的构建算法仍以确定性网络法为主，对于大型、超大型复杂体系的反应网络求解，采取了另一套计算方案，将在 4.5 节中进行探讨。本小节所涉及的方法较为抽象，下面探讨对于在石油体系已经应用并且较为成熟的算法。

4.3.2　基于键电矩阵的构建

本部分仍采用确定性网络法，4.3.1 节算法中生成反应的函数过于抽象，本小节将具体介绍基于键电矩阵的反应网络生成。采用键电矩阵来构建反应网络，最早是由 Froment 等[2]提出的，本部分将着重介绍反应位点的识别。

反应生成是构建算法的核心，这部分又可以分为反应位点识别和位点映射两个部分。化学反应实质上并非针对整个反应物结构，而是针对可以反应的官能团，那么找到符合反应规则的官能团是反应生成的第一步。

Froment 等总结了一套基于键电矩阵的位点识别方法。例如，反应物矩阵乘方可以识别自由基 β 位断键位点（图 4.6）。矩阵四次方可以识别 1, 5 位异构化反应位点（图 4.7）。

$M^2 =$

	1	2	3	4	5	6	7	8
1	1	0	1	0	0	0	0	0
2	0	1	0	1	0	0	0	1
3	1	0	1	0	1	0	0	0
4	0	1	0	1	0	1	0	1
5	0	0	1	0	1	0	1	0
6	0	0	0	1	0	1	0	0
7	0	0	0	0	1	0	1	0
8	0	1	0	1	1	0	0	1

图 4.6　发生 β 键断裂的位点[2]

Froment 等[8]又针对键电矩阵迭代过程提出了相应的反应网络生成算法（图 4.8）。

Broadbelt 等[9]在键电矩阵基础上，提出了一套完整的反应网络构建思路(图 4.9)，介绍了整个构建到生成反应 ODE 方程的大致流程。

$M^4 = M^2 \cdot M^2 =$

	1	2	3	4	5	6	7	8
1	1	0	0	0	1	0	0	0
2	0	1	0	1	0	1	0	1
3	0	0	1	0	0	0	1	0
4	0	1	0	1	0	0	0	1
5	1	0	0	0	1	0	0	0
6	0	1	0	0	0	1	0	1
7	0	0	1	0	0	0	1	0
8	0	1	0	1	0	1	0	1

图 4.7　1, 5 位异构化反应位点[2]

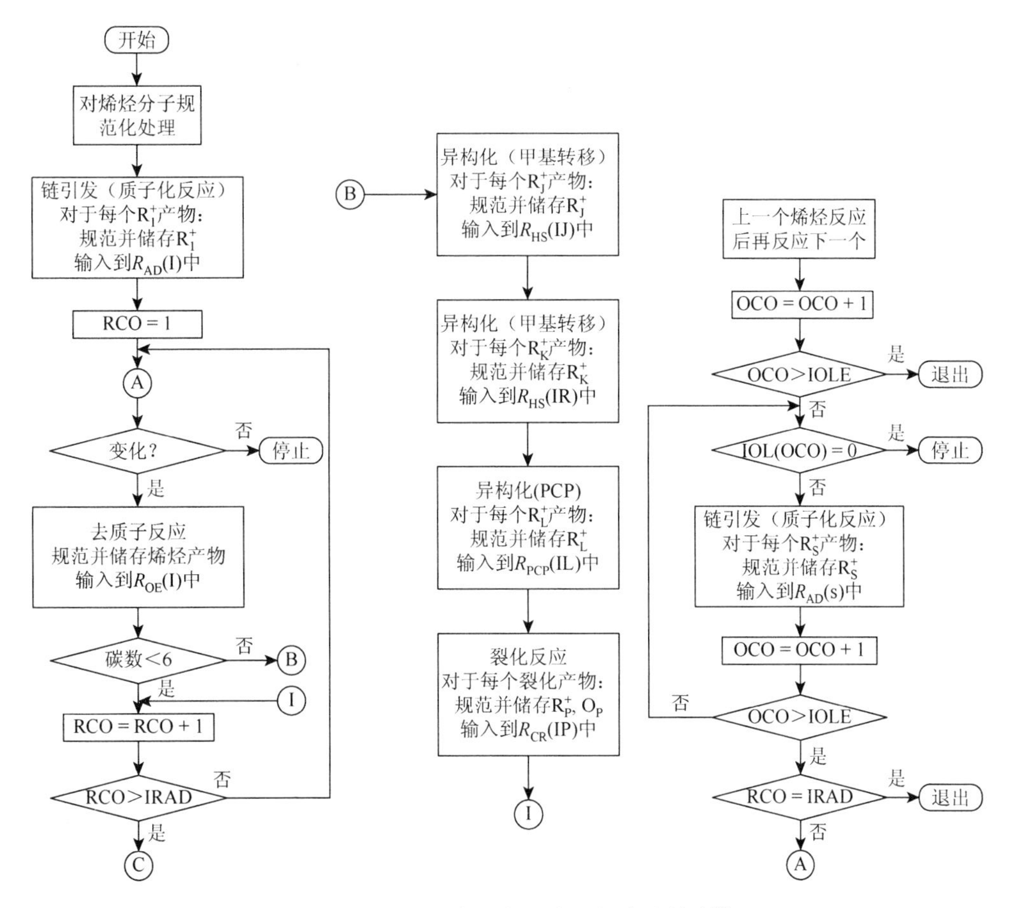

图 4.8　Froment 提出的反应网络生成算法[8]

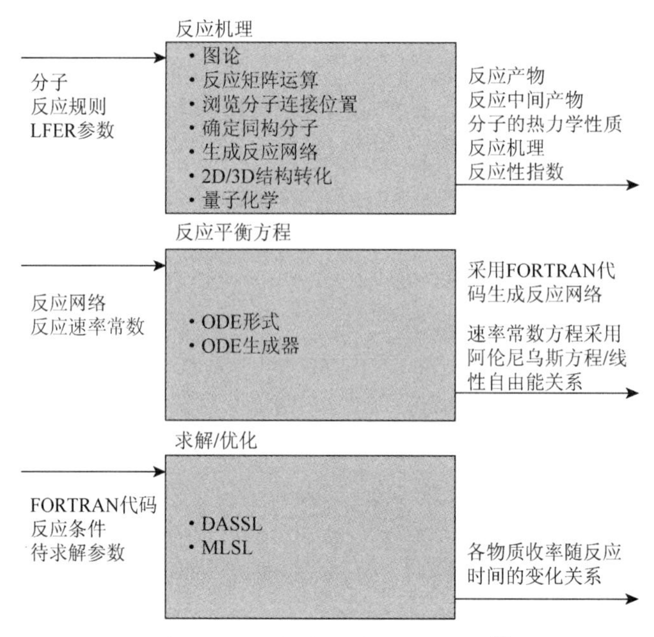

图 4.9　基于键电矩阵的构建方案[9]

4.3.3　基于 SOL 的构建

键电矩阵法较为复杂，在实际应用中，没有专业背景的人很难编写新的反应网络，而且其通常采用硬编码的方式，这也为反应规则的扩展带来了许多不便。ExxonMobil 公司的 Quann 等[10, 11]针对石油分子的特性开发了一种新的 SOL 表示方法，这种方法将反应过程转化成了对 SOL 向量的加减。由于 SOL 各个向量有明确的结构意义，因而编辑反应规则变得十分容易。

基于 SOL 的反应规则分为反应物选择及产物生成两部分（图 4.10），第一部分用于判定该化合物是否能参加反应，第二部分对反应物相应 SOL 向量进行代数操作。

该方法最大限度地利用了石油分子的特征，且其算法易于实现，目前很多研究机构都采用该方法。SOL 的缺点是简化了分子的表达方式，使其只能应用于石油相关体系，另外该方法不能区分某些石油分子的异构体，这为分子成像及与其他计算化学软件结合带来了诸多限制。

SOL 法反应网络（图 4.11）生成十分快速，并且采用特定的支持向量化操作的语言，如 APL（ExxonMobil 公司最早使用的 SOL 构建程序语言）、MATLAB（ExxonMobil 公司现在使用的程序语言），可以快速完成算法构建。另外，SOL 具有良好的拓展性，可以根据构建体系的需要添加相应的向量。通过合适的扩展，SOL 甚至可以用于机理层次的构建。

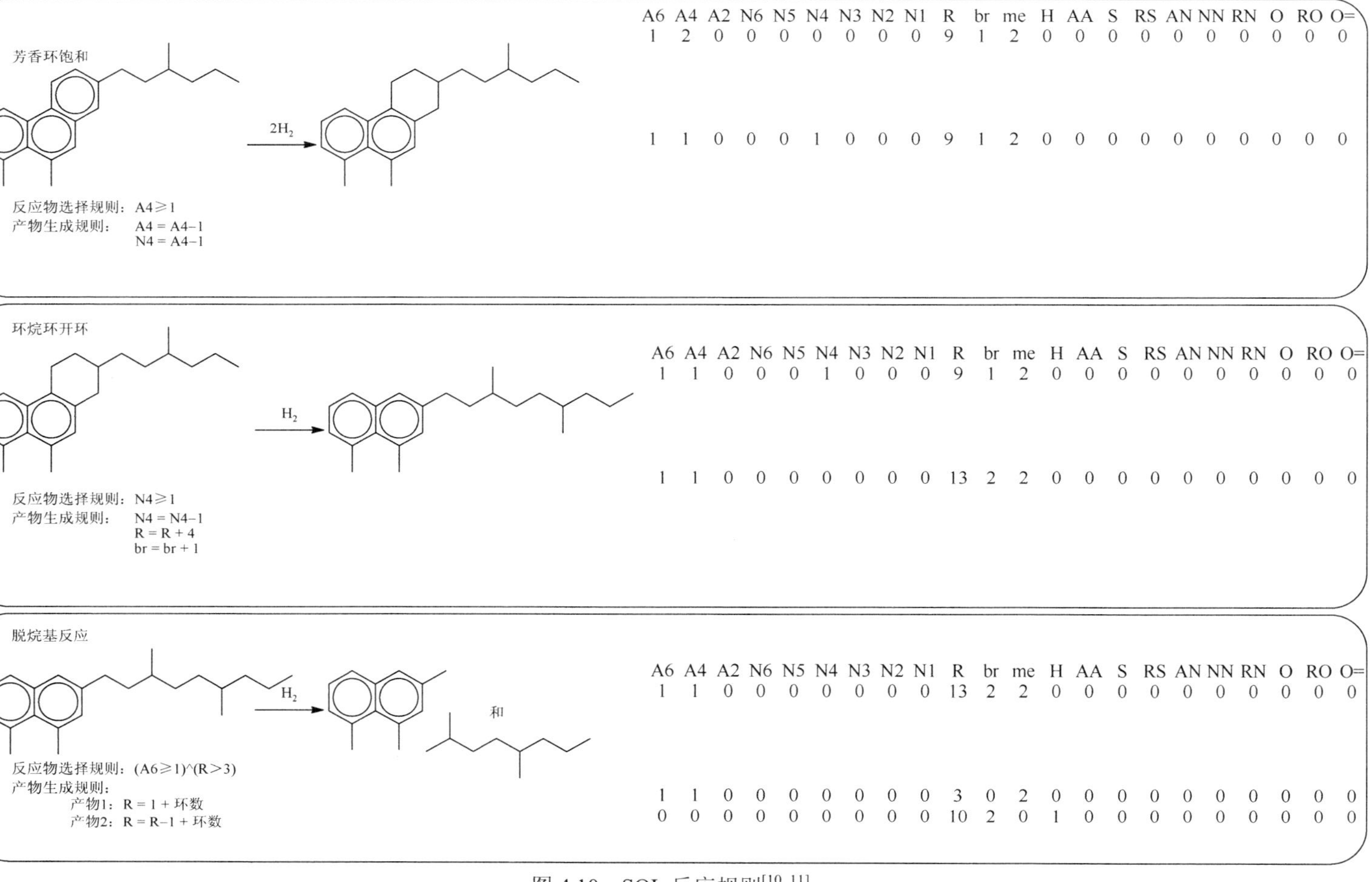

图 4.10　SOL 反应规则[10, 11]

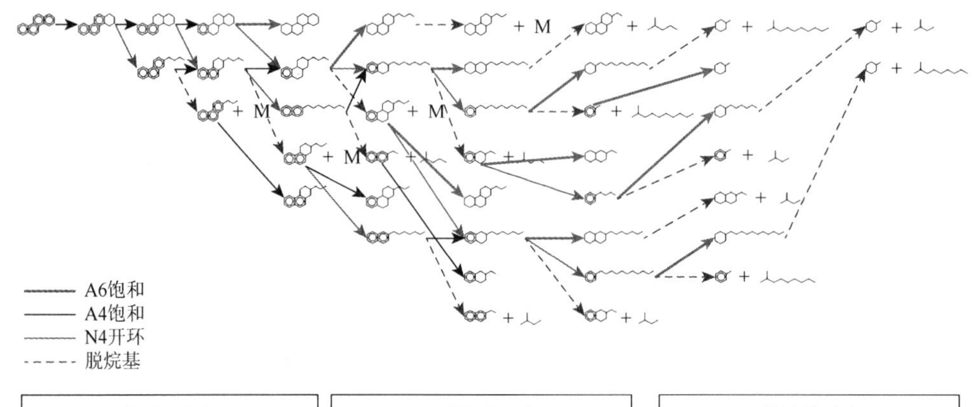

芳香环饱和	环烷环开环	脱烷基反应
反应物选择规则：A4≥1 产物生成规则：A4←A4−1 N4←N4 + 1	反应物选择规则：N4≥1 产物生成规则：N4←N4−1 R←R + 4 br←br + 1	反应物选择规则：(A6≥1)^(R>3) 产物生成规则： 产物1：R←1 + 环数 产物2：R←R−1 + 环数

图 4.11　SOL 法反应网络[10, 11]

4.3.4　基于分子同系物矩阵的构建

同系物矩阵法相对于 SOL 法，其建模粒度更粗糙，但对于一些简单的轻馏分或者对精度要求不太高时可以用于快速预测反应结果。其算法十分简单，因为同系物矩阵法所有化合物的结构是给出的，所以其所能发生的反应就已经确定。只要将每种同系物所能发生的主要反应预置，再根据实际各反应物的含量就可以直接求解，类似集总动力学的处理。

4.3.5　结合基团及原子拓扑层面的混合构建方法

键电矩阵虽然较为底层，能够储存原子拓扑的所有信息，但是对于用户并不友好。由于键电矩阵的抽象性，通常直接编写基于键电矩阵的反应网络生成代码并不直观且容易出错。由于结构单元在化学上的直观性，中国石油大学（北京）分子管理课题组提出了在结构单元层次的反应规则指定并在键电矩阵层次进行反应操作的混合式反应网络自动生成方法。

图 4.12 以加氢过程中一个三环芳烃的芳香环的部分饱和为例展示反应规则的制定、应用及其在结构单元层次和键电矩阵层次所进行的操作。稠环芳烃饱和时，会发生芳香环部分饱和，通过加四个氢原子（或直观表示为两个 H_2），饱和两个双键，使一个芳香环转化成为部分饱和的环烷环。该反应的位点为稠环芳烃中芳香环在边界的四个芳香碳，反应的规则是将四个芳香碳间存在的两个双键饱和为

两个单键。在结构单元层面，可以非常方便地编写该反应规则。其可以表示为一个 A4 结构单元转化为一个 N4 结构单元，该规则既含有反应位点信息（A4），又含有反应变化信息（A4→N4），在化学上非常直观。当指定了反应规则后，反应网络自动构建模块会寻找含有 A4 单元的分子，并将其转化为 N4 单元，循环迭代直至体系中不再产生新的分子。在结构单元层次上，主要产生的是结构单元向量的变化，之后通过结构单元组合计算，可以得到反应物和产物对应的键电矩阵。从图中可以看出，这相当于进行了键电矩阵的反应位点搜索，并对其进行了对应的操作（两个双键转化为单键）。该方法既保留了反应过程化学的直观性，又避免用户直接操作复杂的键电矩阵，不易产生错误。

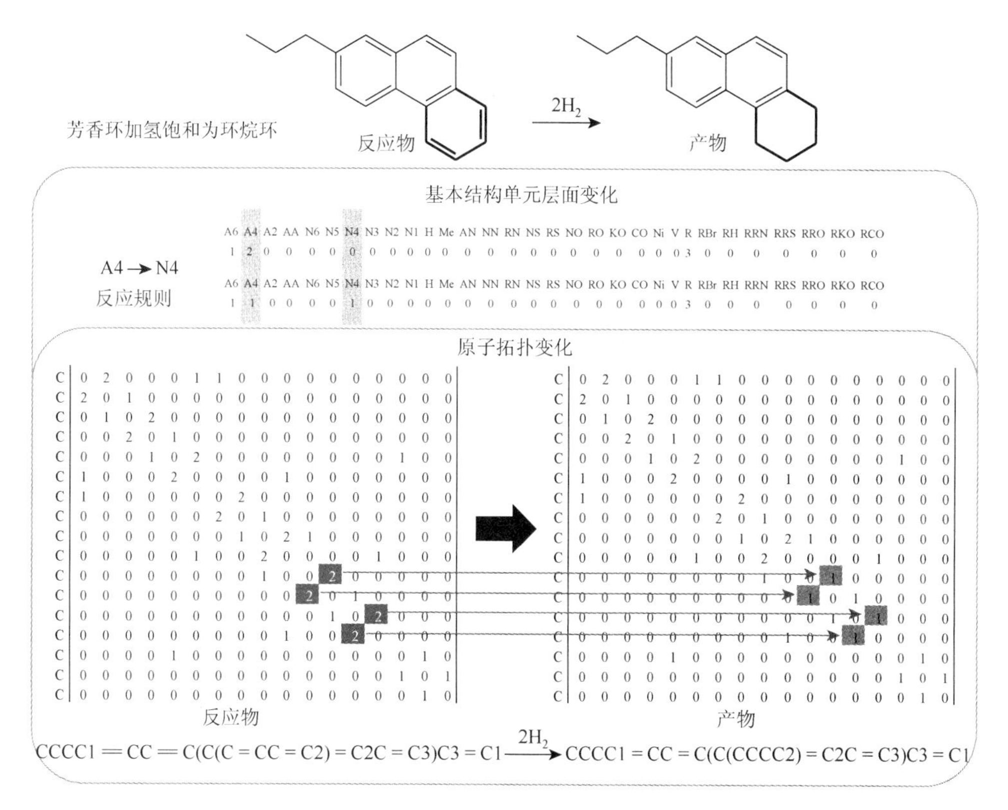

图 4.12　基于结构单元及键电矩阵的自动反应生成

编写不同分子类型及结构对应的反应规则，利用分子管理软件平台将其应用到原料分子上，即可得到其对应的完整反应网络。为了让用户能够直观地观察反应网络，分子管理软件平台还设置了自动反应网络可视化及分析模块。图 4.13 展示了四环芳烃在加氢过程中的反应转化网络。以加氢过程中烃类化合物主要涉及的四类反应规则为例，简要地展示反应网络构建过程，主要包括：芳香环饱和、环烷环开环、侧链断裂及链烷烃断裂。首先根据指定的格式编写反应规则，在软件平台上应用反应规则即可由单个输入分子获得其所有的反应产物信息及反应列表[图 4.13（a）]。通过反应网络可视化模块可以将其进行可视化，观察每个反应节点上的反应分子结构及反应类型[图 4.13（b）]。从图中可以直观观察到该分子逐步进行芳环缩合、开环和断链等反应，最终生成 C_2～C_4 小分子的全过程，既有助于检查反应规则编写的正确性，也有助于理解分子在特性加工过程中的转化行为。

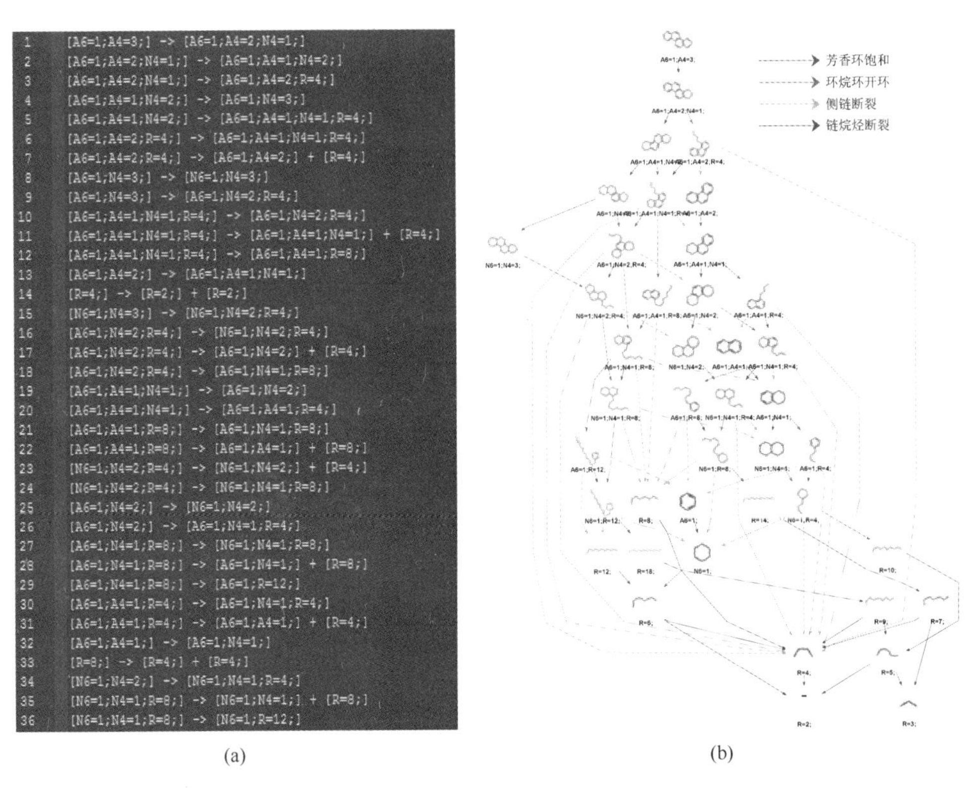

(a)　　　　(b)

图 4.13　四环芳烃单体的加氢网络[12]

（a）结构单元形式表示的反应列表；（b）软件生成的反应转化网络

将所制定的反应规则直接应用于所有原料分子，即可得到其对应的所有反应产物和反应。反应网络自动生成模块会根据产物分子及反应的特征自动剔除或合并相同的产物和反应。图 4.14 为将所编写的四个基本反应规则应用于减压瓦斯油原料组成模型，最终自动生成的复杂反应转化网络。生成的加氢反应网络总计包括约 1000 个分子及 2500 个反应。目前中国石油大学（北京）分子管理课题组编写的反应网络自动生成模块具有较快的生成速度，在主流笔记本式计算机（Intel Core i7 双核，8G 内存）上针对重油加氢体系，应用接近 30 个反应规则生成约 20000 个反应及所涉及的约 6000 个分子的结构及物性信息，总计需约 15min，满足模型开发过程中测试及调试的要求。

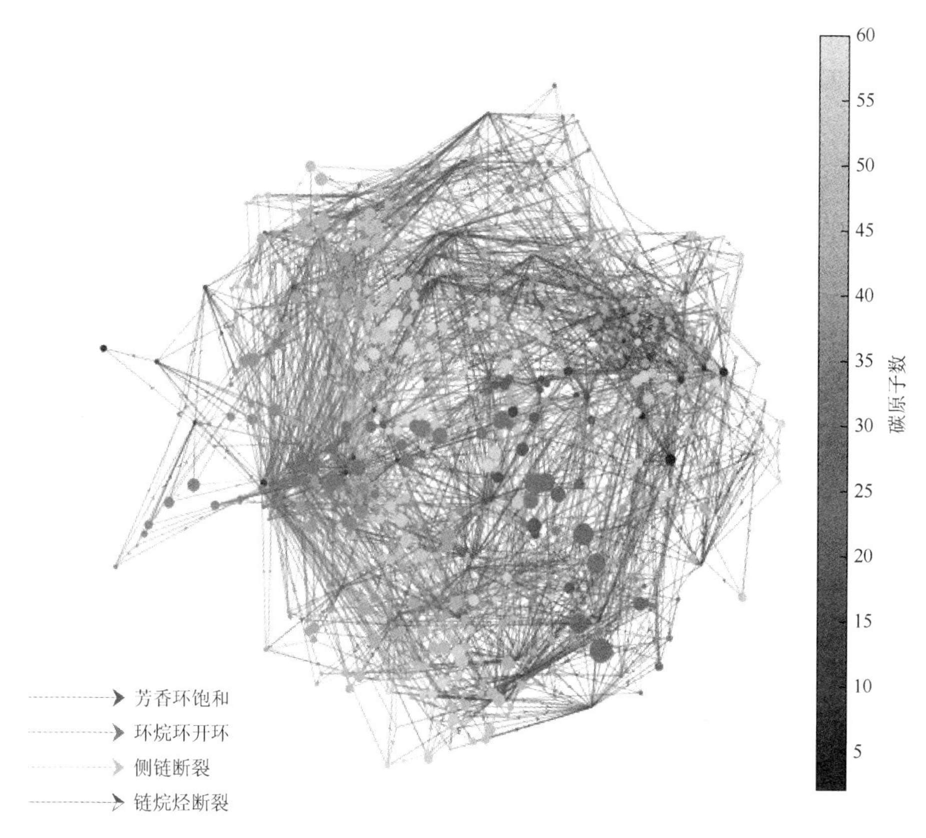

图 4.14　减压瓦斯油加氢转化网络示意图[12]

4.4　反应网络动力学参数的计算

反应网络构建的一个重要问题在于反应动力学参数的计算，因为无论是在构建过程还是在求解过程，都需要对反应的过程进行相应的计算。而计算过程需要相应的反应动力学参数，某些体系需要吸附动力学参数。

目前，按照反应动力学计算方法不同，反应网络参数获取可以分为定量结构活性关联（QSRC）、量化计算和实验直接获得。由于反应体系异常复杂，实际应用中通常只能获得少量实验数据，因此动力学参数的求解通常需要 QSRC 或者量化计算。虽然近年来量化计算的计算精度和效率、计算机的性能都有长足发展，但是直接使用依然无法满足石油体系的需求，因而 QSRC 仍然是主要的实现方法，量化计算以及实验数据是其补充。

目前最流行的 QSRC 方法是线性自由能关系（LFER）的拓展。原始的线性自由能关系为 $E^* = E_0^* + \alpha(\Delta H_R)$，该公式将易于测量的热力学性质反应焓变与难于测量的反应自由能关联，由于反应焓变的数据易于获得，通过该方法可以大幅减少要计算的反应速率常数。

但直接使用该方法，由于其参数较为简单，不能体现实际反应过程的一些性质，所以 Broadbelt[13]在此基础上，根据分子的特征进行了适当的修改，除了对反应焓变进行关联外，还引入了如芳香环数、环烷环数等，使其预测范围更宽、精度更好。

Klein 研究组与 ExxonMobil 公司合作，对多种稠环芳烃模型化合物利用 QSRC 法进行关联，除了对多环芳烃加氢过程中的反应速率常数进行关联外（图 4.15），还对吸附平衡常数等进行了关联。

Froment 研究组[15]通过对酸催化下碳正离子机理研究，认为反应速率由两部分组成，一个是熵变，另一个是焓变，熵变主要对应阿伦尼乌斯方程的指前因子，而焓变主要对应反应自由能。他们提出了单事件动力学的方法，将基元反应的指前因子与反应物的结构进行关联，通过计算单事件数即可求得相应反应的指前因子，再根据线性自由能关系计算反应活化能，其推导过程如下。

$$k' = \frac{k_B T}{h} \exp\left(\frac{\Delta S^{0\neq}}{R}\right) \exp\left(\frac{-\Delta H^{0\neq}}{RT}\right)$$

$$S^0 = \hat{S}^0 - R\ln(\delta)$$

$$\Delta S^{0\neq}_{\text{sym}} = R\ln\left(\frac{\delta_r}{\delta^{\neq}}\right)$$

$$\delta_{g1} = \frac{\delta}{2^n}$$

$$k' = \frac{k_B T}{h}\left(\frac{\delta_{g1,r}}{\delta_{g1,\neq}}\right) \exp\left(\frac{\Delta S^{0\neq}}{R}\right) \exp\left(\frac{-\Delta H^{0\neq}}{RT}\right)$$

$$\text{或}\, k' = n_e k$$

$$n_e = \frac{\delta_{g1,r}}{\delta_{g1,\neq}}$$

4.5　反应网络的求解

反应网络本质上由一系列常微分方程组成，根据 4.4 节的计算方法，已经获得了全部求解需要的参数，求解过程本质上已经完全转化成数学问题。对于简单的反应网络，现在已有很多成熟的软件包可以用于大型常微分方程组的求解，分别是 CVODE、DASSL，其中 CVODE 由 C 语言编写，提供 C、C ++、Fortran、Matlab 等接口，易于使用，DASSL 由 Fortran 编写。

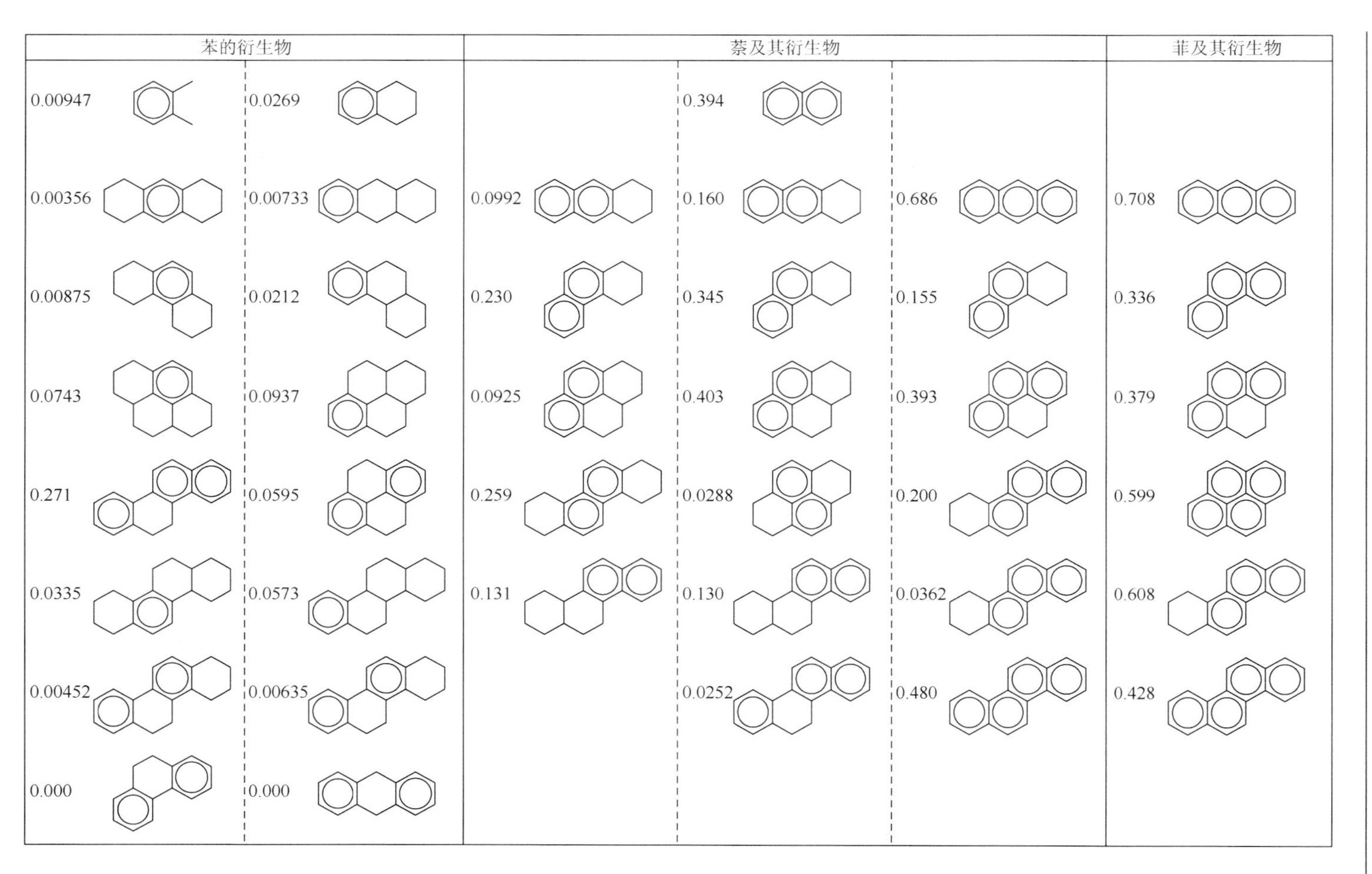

图 4.15　多环芳烃加氢过程中的吸附平衡常数[14]

对于复杂的反应体系，如渣油加工过程，直接求解反应网络变得难以实现，Klein 研究组在对渣油热解过程建模时，提出了 ARM 方法[16]（图 4.16），该方法

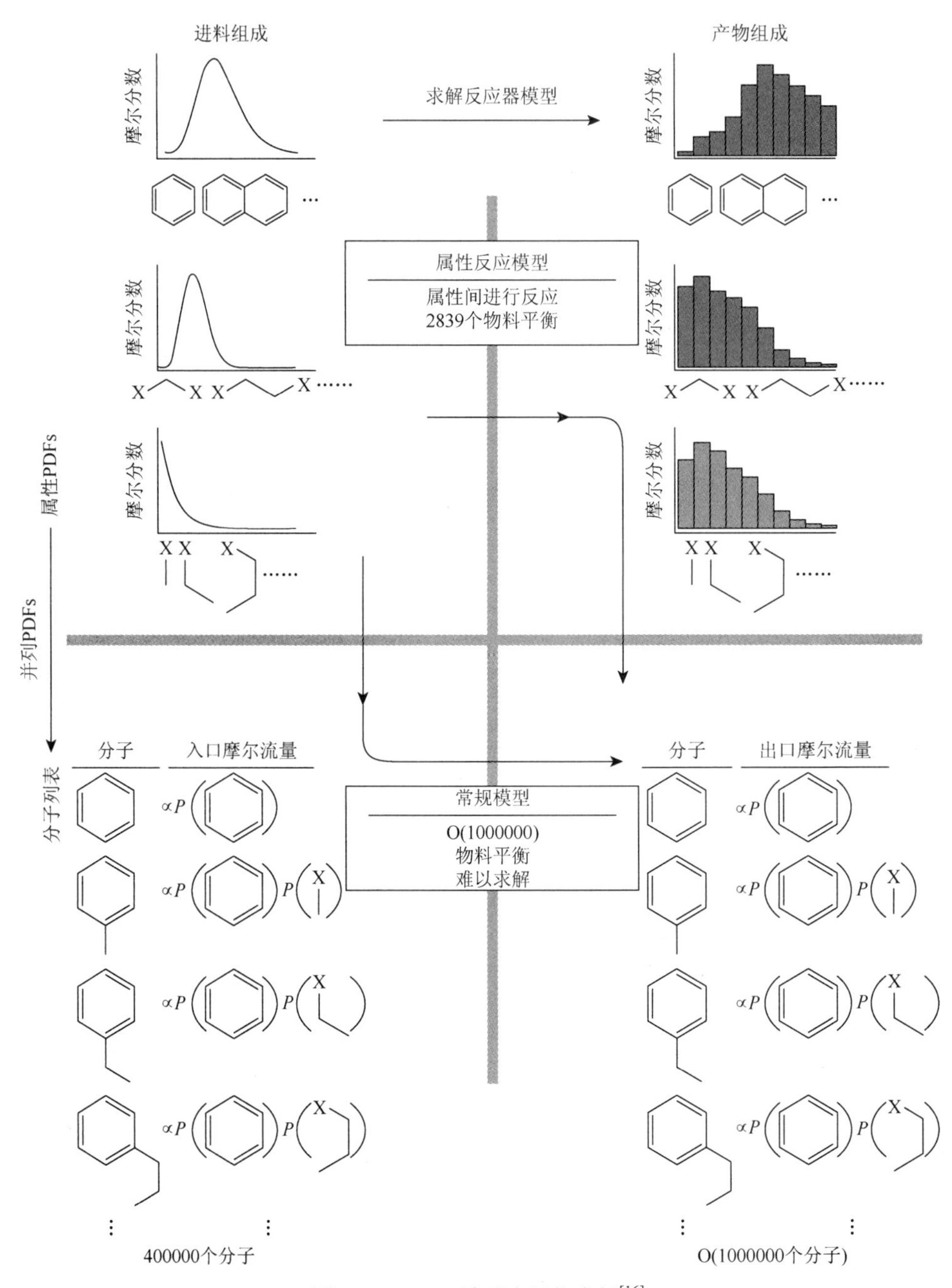

图 4.16　ARM 法反应网络求解[16]

不是按照传统的网络求解过程进行计算，而是将所有的化合物切分成反应单元，通过对反应单元进行常微分方程组计算，大幅减少待求解方程数量。因为石油分子的结构单元大都是重复的，单个石油分子种类很多，但如果拆分成小的片段，其数量将大幅减少。最后依据相应的规则，将得到的产物碎片拼接成产物分子。

法国石油研究院（IFP）提出了一种动力学蒙特卡罗法（图 4.17），并对渣油加氢过程进行了计算[17, 18]。该方法又称为随机模拟算法，该算法通过两个随机数来决定反应的走向。第一个随机数用于选取接下来要发生的反应，第二个随机数用于决定选中反应的反应时间，通过不断抽样，最终完成整个体系的反应网络求解。这种随机求解方法，适用于复杂体系，动力学常微分方程组数量过大，无法在短时间内有效求解的情况。随机求解算法可以在固定迭代步骤中给出体系方程组的解，不用担心收敛的问题，相应的计算精度要差一些，求解结果会在一定范围内波动。对于复杂的渣油反应体系，该方法与 ARM 法是解决该体系动力学计算的有效方法。

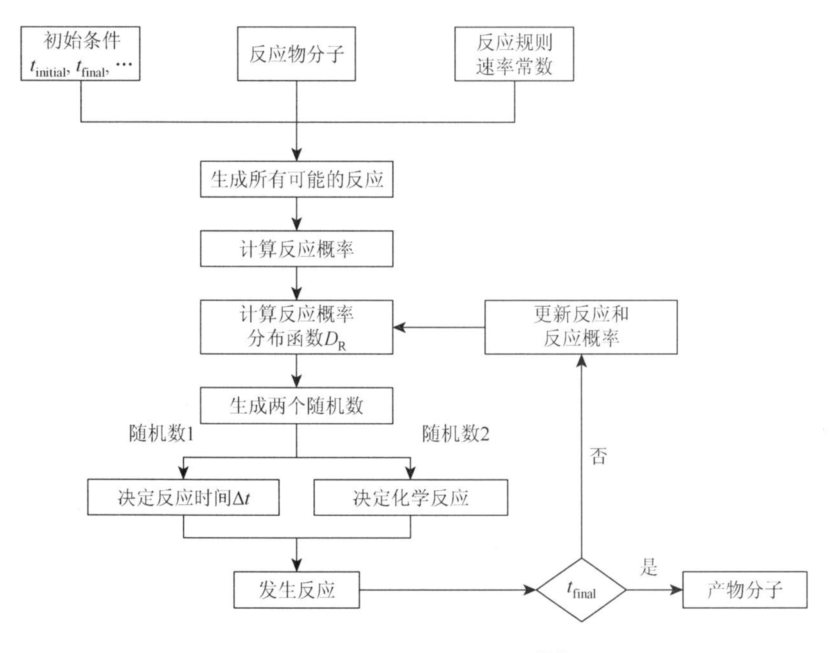

图 4.17　IFP 随机模拟算法[14]

4.6　反应网络的归约及可视化

反应网络的归约一直是反应网络研究的一个主要方向，目前在石油加工领域探讨相对较少。

目前流行的反应网络简化方案主要有速控步、准稳态假定、准平衡假定、长链假定、增量组成方程、反应短视法，以及灵敏度分析。准稳态假定应用较多，而且也较为容易识别，其原理是将难于求解的常微分方程转化成易于求解的代数方程。

反应网络可视化分析是近些年新兴的研究方向，其广泛应用于生物化学领域，在石油加工领域还鲜有报道。其基本原理是将反应网络一些重要的信息特征化，通过图形的方式表达出来（图 4.18），用于进一步的反应网络分析。

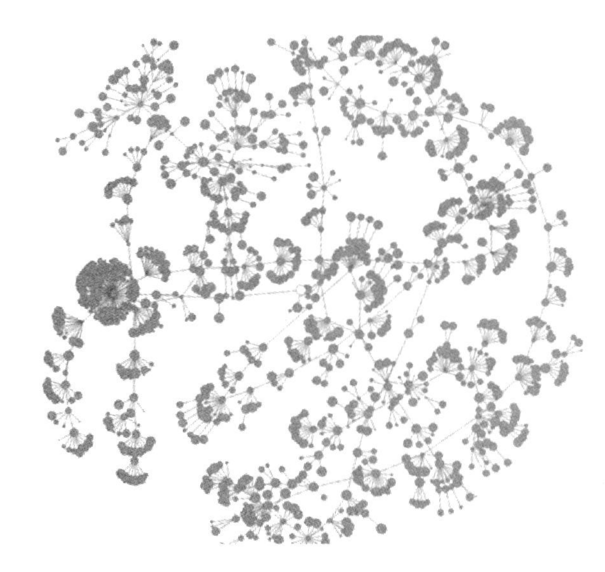

图 4.18　某重整过程反应网络

4.7　反应网络构建技术的应用及发展趋势

反应网络的构建已经有广泛应用，本节主要以时间和技术路线顺序进行介绍。

1984 年，Froment 等[2, 8]最早对石油热裂化和加氢裂化过程进行反应网络构建，整个构建基于反应机理，并且探讨了构建过程中相同分子识别等问题，整个模型由计算机生成。对于构建得到的大量反应如何确定反应速率常数问题，Baltanas、Froment 等[19]提出了单事件方法用于处理加氢异构化过程反应速率的估算，他们认为一些基元反应的速率常数是相同的，如氢转移、甲基转移、质子化、β 位断键、PCP，并把这些基元反应称作单事件，一个反应可能经过多种单事件到达，那么这个反应的速率就是单事件反应速率的加和，反应物的反应速率强烈依赖于其分子结构。之后，Feng[15]及 Svoboda[20]等又将单事件应用到催化裂化、加氢裂化过程，并测得相应的单事件速率常数。Vanrysselberghe 等[21]对加氢脱硫过程进行了反应网络构建，并利用单事件法计算了反应速率常数。Dewachtere 等[22]对催化裂化提升管反应器进行了模拟，构建了单事件模型，由于体系化合物众多，最后利用集总的思路将化合物数量降低。1999 年，Froment[23]利用单事件模型对重整过程进行分子级动力学构建。

2003 年，法国石油研究院（IFP）的 Guillaume 等[24]探讨了单事件模型在应用过程的一些考虑事项，以及如何对反应器进行建模。2005 年，Froment 将单事件模型进行改进，应用于 MTO 工艺，并对速率常数进行了探讨，认为反应的速率常数由两部分决定，一个是反应的熵，另一个是反应的焓，单事件模型计算的是反应熵变对速率的贡献，Evans-Polanyi 关系计算的是焓变的贡献，对应于阿伦尼乌斯方程，单事件用于关联指前因子，Evans-Polanyi 关系用于关联自由能。Kumar 等[25, 26]将改进的单事件模型应用于加氢裂化和催化裂化。Quintana-Solórzano 等[27]在考虑催化剂积碳过程下，对环烷烃催化裂化的单事件微动力学进行了构建。2007 年，IFP 的 Valéry 等[28]对角鲨烷的催化裂化过程进了单事件模型构建，他们利用二次集总的方式，将反应网络规模减小。2008 年，Shahrouzi 等[29]利用单事件动力学关联了烯烃聚合反应的动力学常数，并用随机模拟算法模拟了整个聚合反应。2008 年，Sotelo-Boyás 等[30]对催化重整过程进行了单事件分子级反应动力学建模，并对一个绝热多床层反应器进行了模拟。IFP 的 Van Geem 等[31]对石脑油的蒸气裂解过程进行了单事件动力学建模。2011 年，Lee 等[32]利用改进的单事件模型对高温催化裂化过程进行了动力学建模，他们简化了一些参数求解，通过对自由能等添加一个校正因子，并通过一个全局优化算法，对校正因子进行优化，从而得到一组动力学系数，最后用 Matlab 开发了一套软件，用于完成建模过程。

除了基于单事件方法的模型构建外，Klein 研究组和 IFP 也做了大量工作。1990 年，McDermott 等[33]利用蒙特卡罗方法对木质素热解过程进行了反应建模。Neurock 等[34]利用随机模拟的方法将通过蒙特卡罗抽样得到的 10000 个沥青质进行随机反应模拟，最终结果与实验结果吻合。1994 年，Broadbelt 等[13, 35]开发了一套完整的软件系统辅助分子级反应动力学系统建模，整个软件由 Fortran 编写，囊括了从反应网络生成到动力学方程组求解等功能，并且可以连接 MOPAC 等软件进行反应相关参数计算。他们对软件编写的许多问题进行了探讨。1995 年，Broadbelt 等[36]利用该软件对塑料热解过程进行了分子级反应建模，通过模型认识到了一些体系特有的反应类型。原料体系复杂，生成的反应网络过于庞大，而且包含许多难以发生的反应，导致模型的构建和求解都十分低效，针对这一问题，Broadbelt 提出可以在网络生成过程中，根据反应速率来去掉一些不重要的反应[37]。1996 年，Korre 等[38]利用线性自由能关系，对酸和金属催化反应的动力学系数进行关联，以便减少动力学模型所需求解的参数量。1997 年，Korre 等[14]对多环芳烃加氢裂化过程进行了分子级模型构建。

虽然模型构建等大部分工作可以由计算机完成，但是反应规则最终要由研究人员编写，用计算机语言完成这部分工作十分烦琐且易出错。Prickett 等[39-41]为了简化这部分工作，开发了一种称作反应描述语言的方法，通过这种语言编写反应规则相对容易且直观，并且通过他们的软件可以即时生成反应网络。1997 年，ExxonMobil 的 Susnow 等[7]对之前 Broadbelt 的软件 NetGen 进行改进，网络生成过程采用更好的算法。1999 年，Joshi 等[42]提出了在反应构建过程中，预置几个重要反应物，用以控制网络的生成，保证一些重要反应被包含到网络，这些预置反应物被称作“种子”。Mizan 等[43]利用 NetGen 对正十六烷加氢异构化过程进行了机理层次建模，并利用 OdeGen 对网络进行求解。De Witt 等[44]利用改进的 NetGen 对多个正构烷烃的热解过程进行机理层次建模。Dooling 等[45]开发了一套基于动态蒙特卡罗法的动力学模型构建工具，可以在合理的时间范围内处理非常大的反应体系。Faulon 等[6]对常见的反应网络算法进行分析，并提出了一种新的随机算法用于快速的反应网络生成。Klein 等[46]在 KMT 等基础上开发了一套针对生物反应体系的软件 BioMol。Matheu 等[47]对 NetGen 等进行改进，开发的 XMG 可以支持压力变化的反应动力学模型构建。2011 年，Bennett 等将 NetGen 进行进一步改进，开发了 INGen，该软件在模型构建中，可以在路径层面和机理层面切换，进而以较小的计算量获得较多的信息。2014 年，Horton 等[48, 49]利用 ARM 模型[16]对渣油体系进行了分子级反应动力学计算，因为渣油体系极为复杂，无法进行常规的网络构建，因而反应并不直接构建，而是隐式地通过一些基团的反应来替代，反应完的基团再重新组合成产物分子，这种方法可以大幅减少求解工作量。

目前，计算机辅助复杂反应网络构建发展趋势主要体现在以下几个方面：

（1）进一步进行简化或者提高计算的效率。一方面，在模拟的过程中要引入更大计算能力的计算服务器，如果有可能，引入 GPU 加速将会是一个很好的选择。另一方面，要在反应网络的精确程度和计算复杂程度中寻找平衡点，因为在化工领域的其他模拟过程中，如计算流体动力学（CFD）或者多尺度模拟（multi- scale simulation）中，反应作为模拟的核心，不能具有太高的计算量。从实用角度来讲，路径模拟会比机理模拟具有更高的优势。

（2）在处理网络复杂程度和组成复杂程度中寻找平衡点。在有限的计算能力下，越是复杂的网络，处理的反应组分越少；同时反应物越多，相应的反应网络就要越简单。组成的复杂程度与虚拟分子集构建过程相关，其受到原料的化学本质（如渣油和汽油之间的组成复杂程度的区别）和反应过程关心的结构特点（空间位点或者正构、异构）的限定；反应网络的构建与所寻求的精度和采用的构建方法有关。对于一定的石油加工过程的模拟，分子集构建、反应网络构建甚至实验参数的测量都需要耦合起来综合考虑以寻找最优点，各个建模过程的集成化势在必行。

（3）处理非烃化学。目前，计算机进行自动反应网络构建，仍然鲜见关于非烃的报道。随着反应精度需求的提高和模拟的原料向重质油拓展，非烃化合物的组成和反应将是一个重要的研究方向。对于模拟来讲，缺乏基础实验数据是一个重要问题。这既包括组成数据不全面，也包括反应数据缺失。寻找标准样品进行机理的探讨和单事件参数的求取或者在实际油品反应过程中建立更好的表征方式以从可观测分子中寻找反应路径是急需进行的工作。

4.8 小 结

本章对反应网络的生成算法进行了详细探讨，并简要探讨了反应网络构建完成后的求解与分析。反应网络是分子管理技术在反应过程的应用。由于石油分子组成的特殊性，当前应用的算法都对此进行了相当幅度的优化。反应网络构建的难点是反应速率常数缺失，目前主要是通过根据热力学性质估算动力学常数的方法解决。现阶段，构建过程的理论和应用都相当完善，随着未来仪器分析技术的进步，以及对于反应过程分子转化规律认识的加深，未来的反应网络构建将更加高效、准确。

参 考 文 献

[1] Quann R J，Jaffe S B. Building useful models of complex reaction systems in petroleum refining. Chemical Engineering Science，1996，51（10）：1615-1635.

[2] Clymans P J，Froment G F. Computer-generation of reaction paths and rate equations in the thermal cracking of normal and branched paraffins. Computers & Chemical Engineering，1984，8（2）：137-142.

[3] Dente M，Ranzi E，Goossens A. Detailed prediction of olefin yields from hydrocarbon pyrolysis through a fundamental simulation model（SPYRO）. Computers & Chemical Engineering，1979，3（1-4）：61-75.

[4] Liguras D K，Allen D T. Structural models for catalytic cracking. 1. Model compound reactions. Industrial & Engineering Chemistry Research，1989，28（6）：665-673.

[5] Liguras D K，Allen D T. Structural models for catalytic cracking. 2. Reactions of simulated oil mixtures. Industrial & Engineering Chemistry Research，1989，28（6）：674-683.

[6] Faulon J L，Sault A G. Stochastic generator of chemical structure. 3. Reaction network generation. Journal of Chemical Information and Computer Sciences，2001，41（4）：894-908.

[7] Susnow R G，Dean A M，Green W H，et al. Rate-based construction of kinetic models for complex systems. Journal of Physical Chemistry A，1997，101（20）：3731-3740.

[8] Baltanas M A，Froment G F. Computer generation of reaction networks and calculation of product distributions in the hydroisomerization and hydrocracking of paraffins on Pt-containing bifunctional catalysts. Computers & Chemical Engineering，1985，9（1）：71-81.

[9] Broadbelt L J，Stark S M，Klein M T. Computer generated pyrolysis modeling：On-the-fly generation of species，reactions，and rates. Industrial & Engineering Chemistry Research，1994，33（4）：790-799.

[10] Quann R J，Jaffe S B. Structure-oriented lumping：Describing the chemistry of complex hydrocarbon mixtures. Industrial & Engineering Chemistry Research，1993，32（8）：1800.

[11] Quann R J，Jaffe S B. Structure-oriented lumping：Describing the chemistry of complex hydrocarbon mixtures. Industrial & Engineering Chemistry Research，1992，31（11）：2483-2497.

[12]　史权，张霖宙，赵锁奇，等. 炼化分子管理技术：概念与理论基础. 石油科学通报，2016，1（2）：270-278.

[13]　Broadbelt L J，Stark S M，Klein M T. Computer generated reaction networks：On-the-fly calculation of species properties using computational quantum chemistry. Chemical Engineering Science，1994，49（24 Part 2）：4991-5010.

[14]　Korre S C，Klein M T，Quann R J. Hydrocracking of polynuclear aromatic hydrocarbons. Development of rate laws through inhibition studies. Industrial & Engineering Chemistry Research，1997，36（6）：2041-2050.

[15]　Feng W，Vynckier E，Froment G F. Single event kinetics of catalytic cracking. Industrial & Engineering Chemistry Research，1993，32（12）：2997-3005.

[16]　Campbell D M，Bennett C，Hou Z，et al. Attribute-based modeling of resid structure and reaction. Industrial & Engineering Chemistry Research，2009，48（4）：1683-1693.

[17]　de Oliveira L P，Verstraete J J，Kolb M. Simulating vacuum residue hydroconversion by means of Monte-Carlo techniques. Catalysis Today，2014，220-222：208-220.

[18]　de Oliveira L P，Verstraete J J，Kolb M. A Monte Carlo modeling methodology for the simulation of hydrotreating processes. Chemical Engineering Journal，2012，207-208：94-102.

[19]　Baltanas M A，Van Raemdonck K K，Froment G F，et al. Fundamental kinetic modeling of hydroisomerization and hydrocracking on noble metal-loaded faujasites. 1. Rate parameters for hydroisomerization. Industrial & Engineering Chemistry Research，1989，28（7）：899-910.

[20]　Svoboda G D，Vynckier E，Debrabandere B，et al. Single-event rate parameters for paraffin hydrocracking on a pt/us-y zeolite. Industrial & Engineering Chemistry Research，1995，34（11）：3793-3800.

[21]　Vanrysselberghe V，Froment G F. Kinetic modeling of hydrodesulfurization of oil fractions：Light cycle oil. Industrial & Engineering Chemistry Research，1998，37（11）：4231-4240.

[22]　Dewachtere N V，Santaella F，Froment G F. Application of a single-event kinetic model in the simulation of an industrial riser reactor for the catalytic cracking of vacuum gas oil. Chemical Engineering Science，1999，54（15-16）：3653-3660.

[23]　Froment G F. Kinetic modeling of acid-catalyzed oil refining processes. Catalysis Today，1999，52（2-3）：153-163.

[24]　Guillaume D，Surla K，Galtier P. From single events theory to molecular kinetics—application to industrial process modelling. Chemical Engineering Science，2003，58（21）：4861-4869.

[25]　Kumar H，Froment G F. Mechanistic kinetic modeling of the hydrocracking of complex feedstocks，such as vacuum gas oils. Industrial & Engineering Chemistry Research，2007，46（18）：5881-5897.

[26]　Kumar H，Froment G F. A generalized mechanistic kinetic model for the hydroisomerization and hydrocracking of long-chain paraffins. Industrial & Engineering Chemistry Research，2007，46（12）：4075-4090.

[27]　Quintana-Solórzano R，Thybaut J W，Marin G B. A single-event microkinetic analysis of the catalytic cracking of（cyclo）alkanes on an equilibrium catalyst in the absence of coke formation. Chemical Engineering Science，2007，62（18-20）：5033-5038.

[28]　Valéry E，Guillaume D，Surla K，et al. Kinetic modeling of acid catalyzed hydrocracking of heavy molecules：Application to squalane. Industrial & Engineering Chemistry Research，2007，46（14）：4755-4763.

[29]　Shahrouzi J R，Guillaume D，Rouchon P，et al. Stochastic simulation and single events kinetic modeling：Application to olefin oligomerization. Industrial & Engineering Chemistry Research，2008，47（13）：4308-4316.

[30]　Sotelo-Boyás R，Froment G F. Fundamental kinetic modeling of catalytic reforming. Industrial & Engineering Chemistry Research，2008，48（3）：1107-1119.

[31]　Van Geem K M，Reyniers M F，Marin G B. Les défis de la modélisation du vapocraquage des hydrocarbures lourds. Oil & Gas Science and Technology-Rev IFP，2008，63（1）：79-94.

[32]　Lee J H，Kang S，Kim Y，et al. New approach for kinetic modeling of catalytic cracking of paraffinic naphtha.

Industrial & Engineering Chemistry Research，2011，50（8）：4264-4279.

[33] McDermott J B，Libanati C，LaMarca C，et al. Quantitative use of model compound information：Monte Carlo simulation of the reactions of complex macromolecules. Industrial & Engineering Chemistry Research，1990，29（1）：22-29.

[34] Neurock M，Libanati C，Nigam A，et al. Monte Carlo simulation of complex reaction systems：Molecular structure and reactivity in modelling heavy oils. Chemical Engineering Science，1990，45（8）：2083-2088.

[35] Broadbelt L J，Stark S M，Klein M T. Computer generated pyrolysis modeling：on-the-fly generation of species，reactions，and rates. Industrial & Engineering Chemistry Research，1993，33（4）：790-799.

[36] Broadbelt L J，LaMarca C，Klein M T，et al. Chemical modeling analysis of poly（aryl ether sulfone）thermal stability through computer-generated reaction mechanisms. Industrial & Engineering Chemistry Research，1995，34（12）：4212-4221.

[37] Broadbelt L J，Stark S M，Klein M T. Termination of computer-generated reaction mechanisms：Species rank-based convergence criterion. Industrial & Engineering Chemistry Research，1995，34（8）：2566-2573.

[38] Korre S C，Klein M T. Development of temperature-independent quantitative structure/reactivity relationships for metal-and acid-catalyzed reactions. Catalysis Today，1996，31（1-2）：79-91.

[39] Prickett S E，Mavrovouniotis M L. Construction of complex reaction systems—Ⅰ. Reaction description language. Computers & Chemical Engineering，1997，21（11）：1219-1235.

[40] Prickett S E，Mavrovouniotis M L. Construction of complex reaction systems—Ⅱ. Molecule manipulation and reaction application algorithms. Computers & Chemical Engineering，1997，21（11）：1237-1254.

[41] Prickett S E，Mavrovouniotis M L. Construction of complex reaction systems—Ⅲ. An example：Alkylation of olefins. Computers & Chemical Engineering，1997，21（12）：1325-1337.

[42] Joshi P V，Freund H，Klein M T. Directed kinetic model building：Seeding as a model reduction tool. Energy & Fuels，1999，13（4）：877-880.

[43] Mizan T I，Klein M T. Computer-assisted mechanistic modeling of *N*-hexadecane hydroisomerization over various bifunctional catalysts. Catalysis Today，1999，50（1）：159-172.

[44] De Witt M J，Dooling D J，Broadbelt L J. Computer generation of reaction mechanisms using quantitative rate information：Application to long-chain hydrocarbon pyrolysis. Industrial & Engineering Chemistry Research，2000，39（7）：2228-2237.

[45] Dooling D J，Broadbelt L J. Generic Monte Carlo tool for kinetic modeling. Industrial & Engineering Chemistry Research，2000，40（2）：522-529.

[46] Klein M T，Hou G，Quann R J，et al. Biomol：A computer-assisted biological modeling tool for complex chemical mixtures and biological processes at the molecular level. Environmental health perspectives，2002，110（Suppl 6）：1025.

[47] Matheu D M，Green W H，Grenda J M. Capturing pressure-dependence in automated mechanism generation：Reactions through cycloalkyl intermediates. International Journal of Chemical Kinetics，2003，35（3）：95-119.

[48] Horton S R，Klein M T. Reaction and catalyst families in the modeling of coal and biomass hydroprocessing kinetics. Energy & Fuels，2014，28（1）：37-40.

[49] Horton S R，Zhang L，Hou Z，et al. Molecular-level kinetic modeling of resid pyrolysis. Industrial & Engineering Chemistry Research，2015，54（16）：4226-4235.

第 5 章　基于分子管理的油品组成及调和模型开发

5.1　概　　述

本章着重介绍石油分子组成模型的应用实例。石油分子组成模型构建完成后，可直接作为基础引擎应用于油品调和中。在成品油生产过程中，为满足成品油的出厂要求，并使效益最大化，来自不同装置的汽、柴油馏分最终要经过调和方能出厂。以汽油为例，各加工过程生产的汽油的辛烷值高低不一，并且通常高辛烷值的组分价格较高。恰当地使用高辛烷值组分，让调和所得汽油达到国家标准，与炼厂的效益息息相关。

由于油品的性质常呈现非线性混合的规则，传统的调和过程需要针对每个性质设定非线性混合规则。混合规则的回归需要大量数据，适用范围窄，精度也有限。当有了分子组成模型后，该问题反而变得简单起来。因为油品分子在调和过程中遵循质量守恒定律，符合线性规则，通过混合后的分子组成及组成模型即可预测调和后油品的主要关键性质，绕过了宏观混合规则，是油品调和技术发展的新方向。本章关于石油分子组成模型的开发示例都来自于中国石油大学（北京）分子管理课题组，后半部分对分子管理技术在油品调和中的应用进行了讨论和展望。

5.2　石油馏分分子组成模型开发实例

5.2.1　汽油馏分

1. 基于宏观性质的汽油分子重构方法

炼厂在生产过程中，通常需要对汽油馏分进行详细的宏观性质检测。基于宏观性质的分子重构方法利用这些常规宏观性质，反推其分子组成。中国石油大学（北京）分子管理课题组开发了一种利用常规宏观性质反演其分子组成的方法。

该方法根据气相色谱检测结果及经验，选取了 166 个分子，涵盖了烃类分子和杂原子分子，建立了一个通用的汽油分子库。然后结合特定的统计分布与全局优化算法，构建了汽油分子组成模型，可以用于各类汽油的分子组成模拟。在建立分子库后，查找或计算库中分子的热力学性质。然后，以汽油宏观性质的实验值，如馏程分布、PIONA 含量、RVP 等，为模型的输入项，并通过关联方程估算其他的宏观性质。用宏观性质的实验值经关联方程计算所得的性质值，也视为实验值。通过优化方法，生成汽油的分子组成，结合各分子的性质和混合规则，计算所得的汽油性质视为预测值。不断循环优化后，得到最佳的分子组成，使汽油性质的预测值与实验值差异达到最小。

一套催化裂化汽油数据[1]被选为案例进行研究。需要说明的是，这套汽油的数据并未提供硫、氮含量的数据。因此，模拟时暂时不考虑杂原子分子。本次模拟用到的输入项为馏程分布、PIONA 含量、RVP、RON 以及 MON。所得模拟结果不仅可以得到与输入项吻合较好的性质，更可以预测出汽油的近三十种宏观性质，以及详细的分子组成分布情况。从性质与组成两方面的模拟结果来看，该方法都能得到较好结果，可以认为模拟所得汽油分子组成可以代表样品汽油的组成，从而为以后的汽油加工和调和模拟建立基础。

从图 5.1 可以看出，馏程分布的实验值与预测值吻合较好。馏程是石油产品的主要指标之一，主要用于判定油品轻、重馏分组成的多少，控制产品的质量和使用性能等，对于汽油有重要意义。此外模型对于汽油辛烷值这样的性能指标都能取得较好的预测效果，对全部关键性质进行对比，其平均误差在 5%以内，具有较好的准确性。

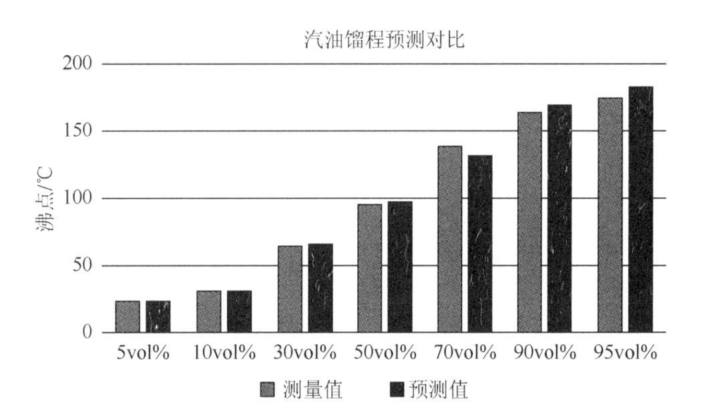

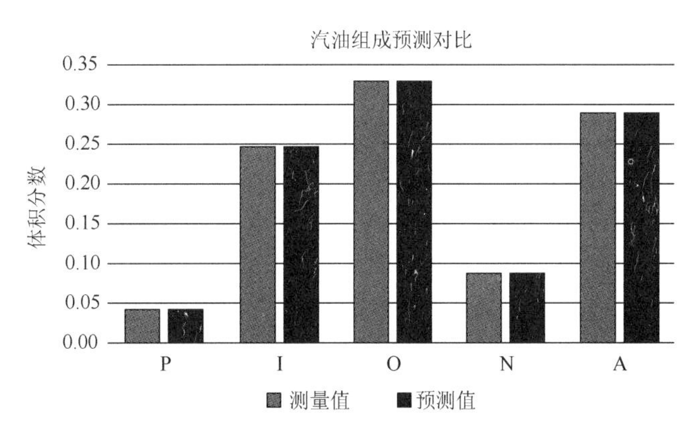

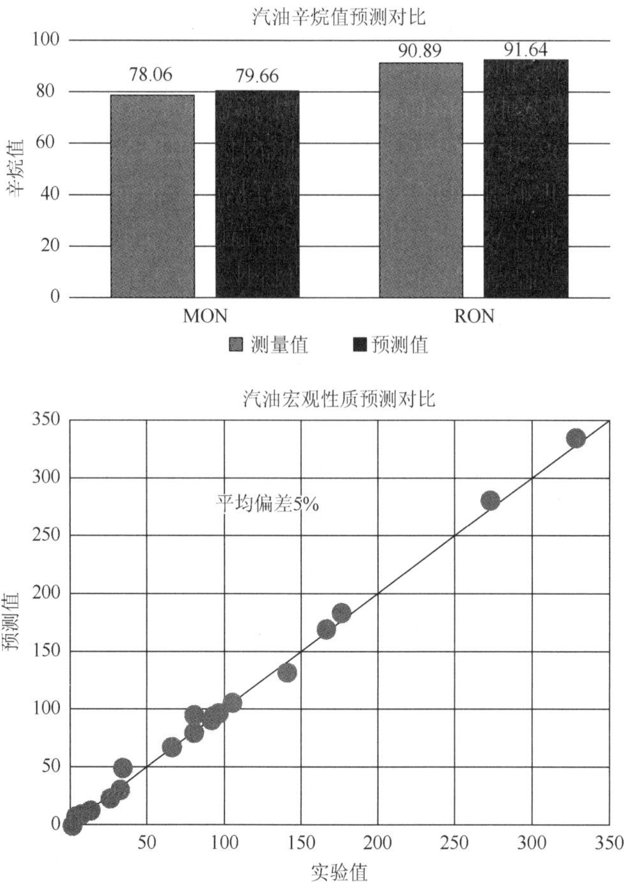

图 5.1　FCC 汽油实验值与宏观性质模型预测值对比

MON：马达法辛烷值；RON：研究法辛烷值

反演模型的准确性的另一考察指标为分子组成是否贴近实际情况。从图 5.2 可以看出，PIONA 对碳数分布的趋势基本一致，符合预期，对于后续的加工模拟有参考意义。

2. 直接基于气相色谱的汽油分子组成模型构建

汽油分子层次组成模型中汽油分子组成信息的获取计算主要是通过油品的宏观性质，由计算机模拟计算获取油品的近似单体烃组成。其逻辑与常规的流程模拟软件输入一致，因此受到模型开发者的欢迎。随着分子管理模型构建精度要求逐渐提升，越来越需要采用真实检测的分子信息，而不是计算机模拟的近似结果。因此有必要将 GC-FID 的 DHA 结果和分子模型相结合。

为了解决该问题，中国石油大学（北京）分子管理课题组引入一种新的汽油分子组成模型构建方法。该模型以 GC-FID 分析为基础，通过计算机辅助的方法对 GC-FID

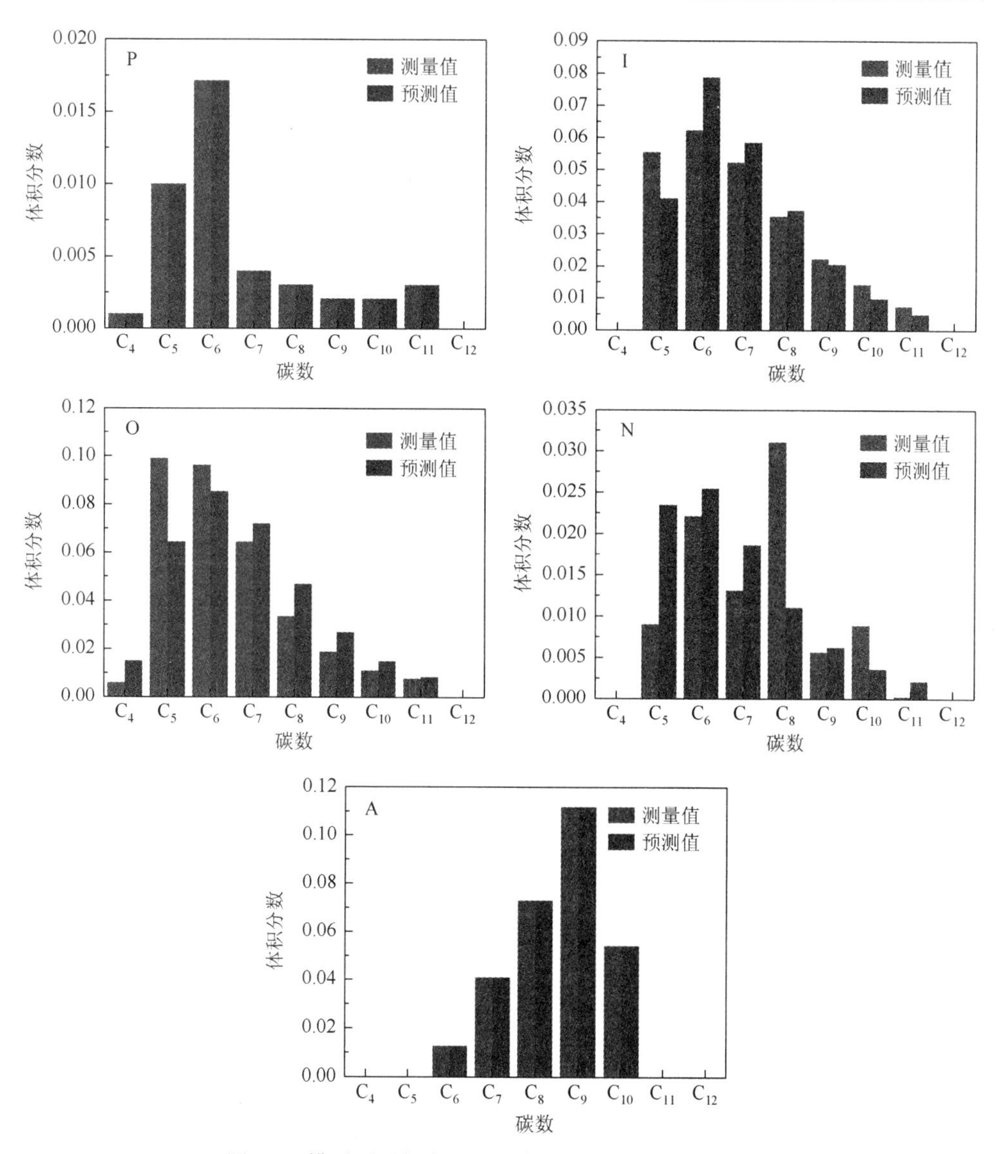

图 5.2　模型预测与实际不同类型化合物含量分布对比

结果进行进一步处理和微调，在获取分子信息的同时预测汽油馏分的宏观性质，为精确的汽油分子管理提供重要基础。

基于 GC-FID 来构建汽油分子层次模型，需要从 GC-FID 中提取完整的汽油分子定性及定量信息。受气相色谱分辨率所限，目前基于 GC-FID 的汽油单体烃分析方法尚不能彻底分开、鉴定汽油中的所有组分。该模型将汽油色谱峰结果按照其类型分为三个类别：可以鉴定的单组分、共流出组分，以及无法鉴定的组分。同时开发了相适应的峰调节算法。

在模型构建的过程中，先从各类汽油样品（如催化裂化汽油、重整汽油、直馏汽油、焦化汽油、催化裂解汽油）的 GC-FID 分析结果中，总结了 573 个常见的汽油分子，并建立了汽油分子库。在取得 GC-FID 结果的基础上，利用峰调节算法，可以得到分子的详细组成。在获取了详细汽油组成后，即可从分子层次进行宏观性质的计算。汽油分子层次组成模型通常是根据宏观性质的实验值来调节组成，再由所得的组成去预测宏观性质。因此这种方式受输入的宏观性质实验值影响非常大。如果宏观性质的实验误差较大，那么这种模型的预测值也会有较大误差。基于 GC-FID 的模型在预测汽油性质方面只依据色谱分析结果和峰调节算法处理的结果，因此不受汽油性质实验值的影响，从而更有参考价值。

为了更好地预测汽油辛烷值，本课题组还开发了一种分子级的辛烷值模型，该模型以卷积神经网络为基础，称为 CUP CNN 模型，并将其应用于基于气相色谱的汽油分子组成模型构建中。图 5.3 对比了 200 多种汽油的预测值和实验值，证明了该模型的可行性。

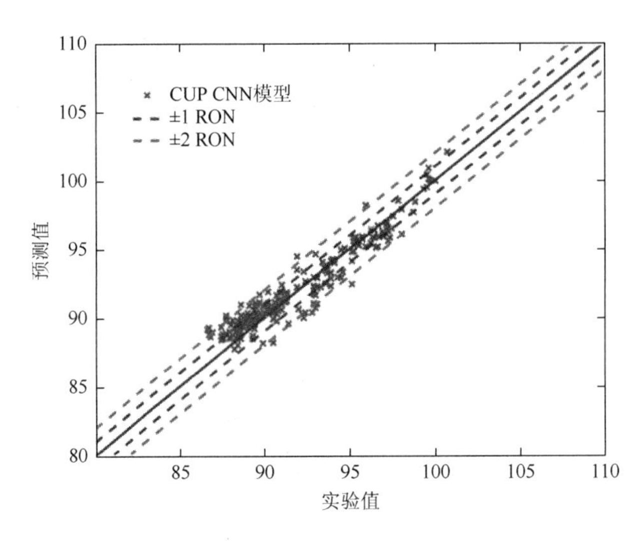

图 5.3　基于 CNN 模型和 GC-FID 的汽油分子组成模型预测辛烷值与实测值的对比

5.2.2　柴油馏分

中国石油大学（北京）分子管理课题组还开发了柴油分子组成模型。根据柴油的实验分析数据，共确定了 25 个代表性分子核心，如图 5.4（a）所示，包括正构烷烃、异构烷烃、环烷烃、芳香烃，以及含杂原子的硫醚、硫醇、噻吩、吡啶、吡咯等物质。然后根据柴油的蒸馏曲线分布情况，将沸点范围 200～350℃作为同系物扩展的限制条件，运行程序得到包含 163 个分子的预定义分子集。

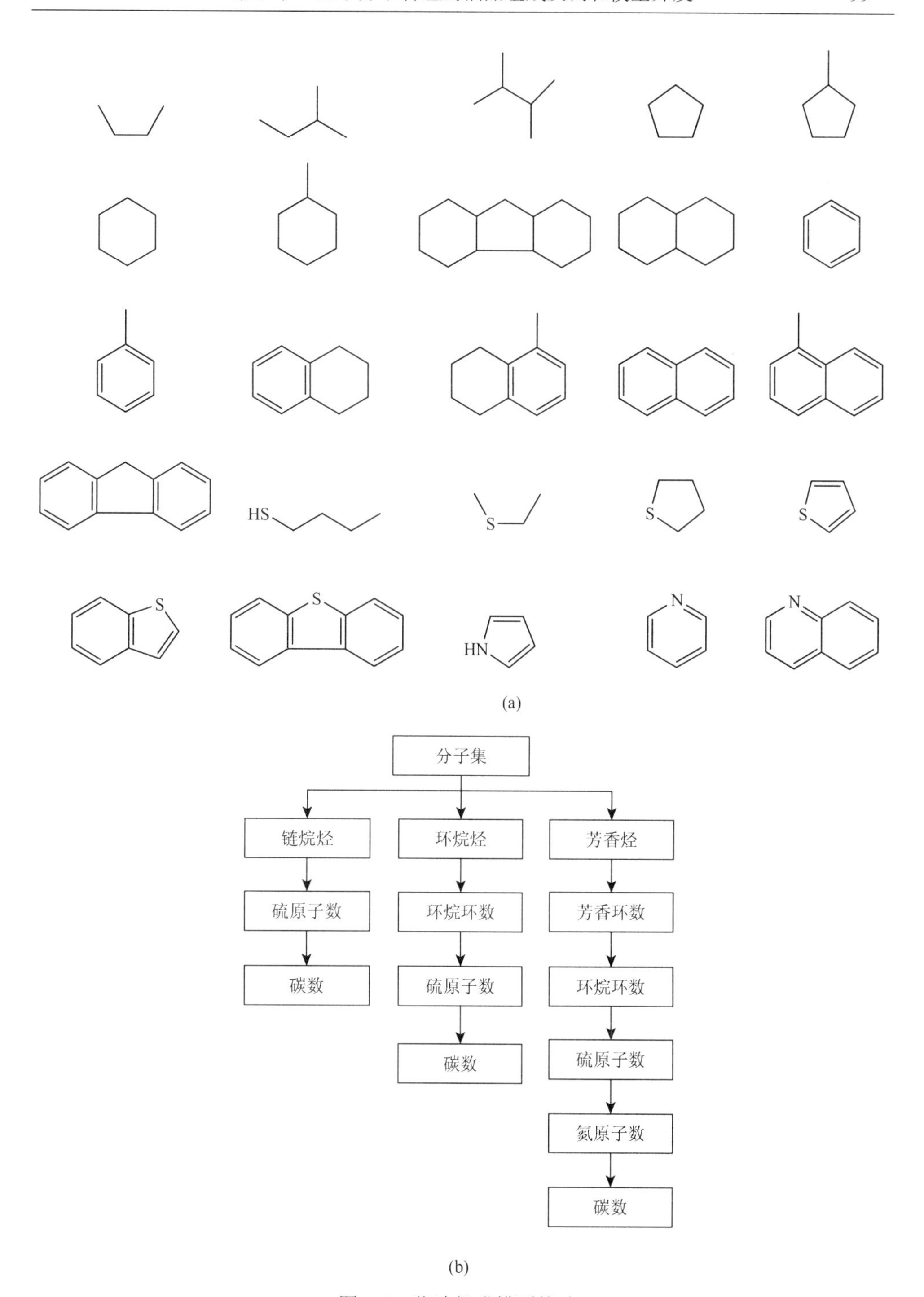

图 5.4　柴油组成模型构建

（a）代表性分子核心；（b）抽样方法

构建过程中的 PDF 设定如图 5.4（b）所示。首先用 histogram 函数区分链烷烃、环烷烃和芳香烃，然后用 gamma 函数约束其他性质。链烷烃中对硫原子数和碳链长度进行了限制；环烷烃则考虑其含有的环烷环数、硫原子数和碳链长度；对于芳香烃，首先是芳香环数的分布，然后是附加在芳香环上的环烷环数，以及硫、氮杂原子数，最后对碳链长度进行限定。

由于包含分子数目较少，遗传算法在 1～2min 就能得到符合目标函数要求的最终结果。组成模型宏观性质与实验值的对比如表 5.1 所示，从表中可以看出，包括 API°、比重、黏度、元素含量和 PNA 组成在内的性质预测值都能够与实验值吻合良好，由此认为含有 163 个代表性分子的组成模型能够代表真实的柴油组成。

表 5.1　柴油实验值与预测值的对比

性质	实验值	模型值
API°	28.15	28.38
比重	0.8863	0.8850
黏度（212℉）/cSt*	1.68	1.65
	元素含量/wt%	
C	87.15	87.13
H	12.70	12.72
S	0.13	0.13
N	0.02	0.02
	PNA 组成/vol%	
烷烃	16.33	16.36
环烷烃	57.55	57.53
芳香烃	28.13	28.11

* 1cSt = $1mm^2/S$。

得到柴油组成模型后，可以进行数据分析得到更丰富的分子分布信息，如图 5.5 所示。图 5.5（a）是沸点分布预测值与实验值的对比，从中可以看出，组成模型的沸点分布与实验测量（ASTM D86）的蒸馏曲线吻合良好，平均相对误差为 0.53%，说明其结构组成与真实油品十分接近。图 5.5（b）是预测的总碳数分布，图中显示含有 163 个分子的碳数分布整体趋势平滑，分布范围在 C_{11}～C_{21}，能够和仪器分析结果及常规认知相吻合。由此可以认为，本研究开发的组成模型构建方法适用于柴油馏分模拟。

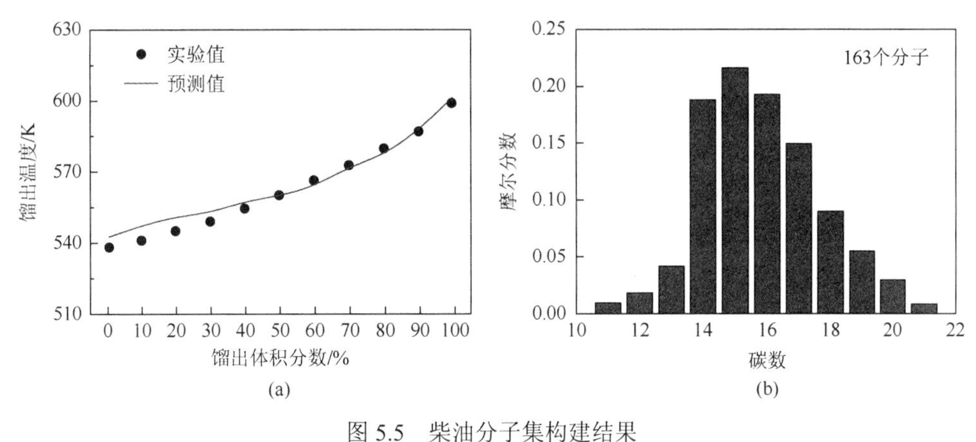

图 5.5　柴油分子集构建结果

（a）沸点分布预测值与实验值对比；（b）预测总碳数分布

5.2.3　VGO 馏分

考虑到 VGO 的馏程范围及其中可能含有的稠环芳香烃和杂原子，在 VGO 模型的构建过程中共制定了 61 个代表性分子核心，如图 5.6 所示，包括链烷烃、1～6 环环烷烃、1～7 环芳香烃以及联苯等，而杂原子则考虑到 S、N、O 的存在形态，添加了噻吩类、吡啶类、吡咯类和苯酚类物质，以及同时含有多个杂原子的复杂化

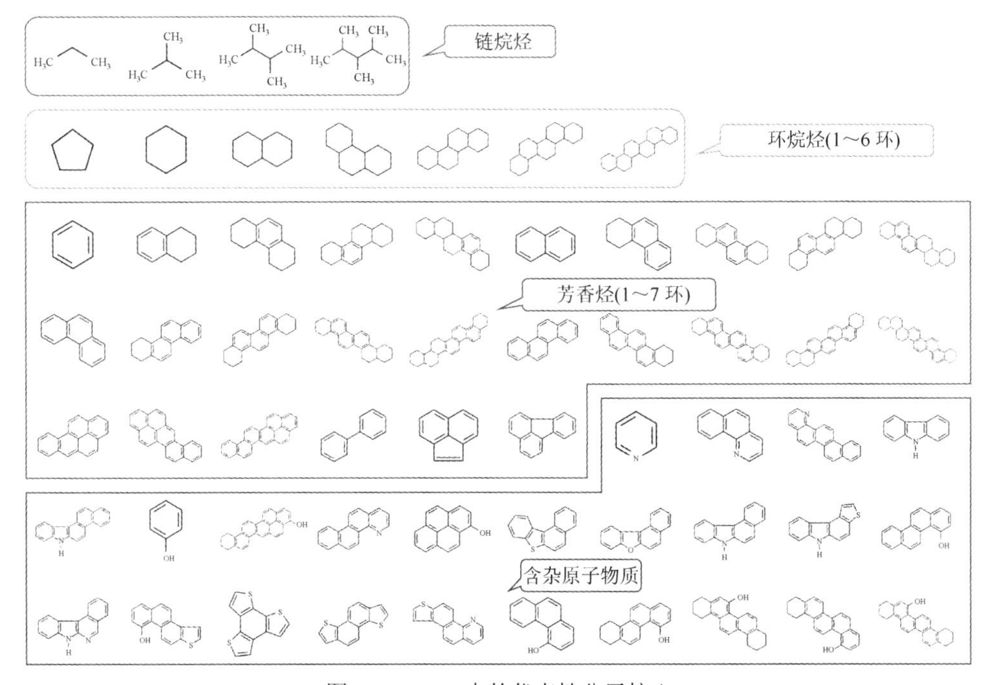

图 5.6　VGO 中的代表性分子核心

合物。之后设定沸点范围 270～600℃为限制条件，该范围比常规的 VGO 沸程更宽，主要是为了使分子种类更加齐全，覆盖 VGO 中可能存在的所有分子。通过程序自动添加侧链得到的分子总数为 2234。

VGO 的整体 PDF 设定如图 5.7 所示。与柴油类似，首先用 histogram 函数将所有分子划分为链烷烃、环烷烃和芳香烃，其他性质选择 gamma 函数来描述。链烷烃中依次对硫原子数和碳链长度进行限制；对于环烷烃，主要是正确模拟环数分布，然后考虑杂原子分布情况，最后是碳链的长度计算；芳香烃的设定最为丰富，首先是芳香环数的分布，其中包括噻吩环和吡啶环，然后是附在芳香环上的环烷环数目，以及硫、氮、氧杂原子，最后在核心的基础上对碳链长度进行限制。此外，为了使构建得到的 VGO 馏分的沸点分布更易与实验数据相吻合，将链烷烃、环烷烃和芳香烃整体限制在同一个沸点分布曲线上。由此可以看出，现在中国石油大学（北京）分子管理课题组的软件可以根据实验分析及对油品的结构认知对 PDF 的形式和组合方式进行灵活的设定，且便于调整。

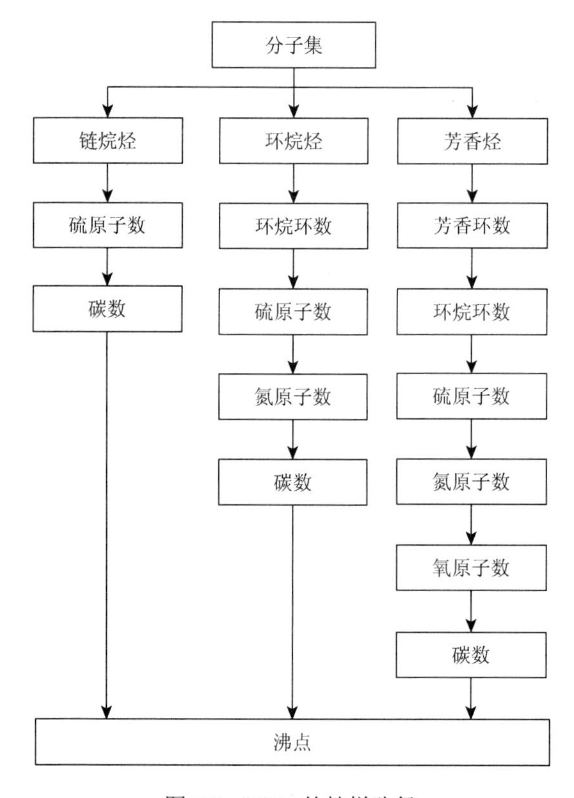

图 5.7　VGO 的抽样路径

VGO 的构建结果如表 5.2 所示。从表 5.2 数据可以看出，摩尔质量、H/C 原子比和 S、N、O 杂原子的元素含量均能够与实验值吻合良好，SARA 四组分的分布情况也和实验值对应，油品密度的预测值与实验值有略微偏差，这是因为性质预测方法中，分子的密度通过摩尔体积和分子量计算得到，油品的密度是所有分子密度平均值，其中尚未考虑混合规则的影响。

表 5.2　VGO 实验值与预测值的对比

性质	实验值	模型值
密度(298K)/(g/cm^3)	0.9439	0.9221
H/C 原子比	1.72	1.72
摩尔质量/(g/mol)	374	385
	元素含量/wt%	
S	0.37	0.30
N	0.33	0.20
O	0.51	0.17
	SARA 组成/wt%	
饱和烃	79.93	79.39
芳香烃	12.93	12.93
极性组分（胶质 + 沥青质）	7.14	7.68

对 VGO 的分子组成模型进行组成及性质分析，结果如图 5.8 所示。图 5.8（a）是预测的分子量分布图，分子量集中分布在 300～500，这个范围相对于实验分析值较宽，主要是因为生成分子集的沸点范围较大，但分子量的整体分布趋势良好，能够表现出油品结构的连续性。图 5.8（b）是 VGO 沸点分布预测值与实验值的对比，从图中可以看出两者十分吻合，平均相对误差小于 1%，说明其结构分布与真实情况十分接近。图 5.8（c）和（d）分别是 VGO 馏分中环烷烃和芳香烃的 DBE-碳数分布图，从图中能够看出，环烷烃中主要是四环及以上的多环烃类，平均碳数在 30 个碳左右，而芳香烃中 DBE 数值较大，主要是 3～5 环的芳香烃，还有一些更重的稠环烃类。

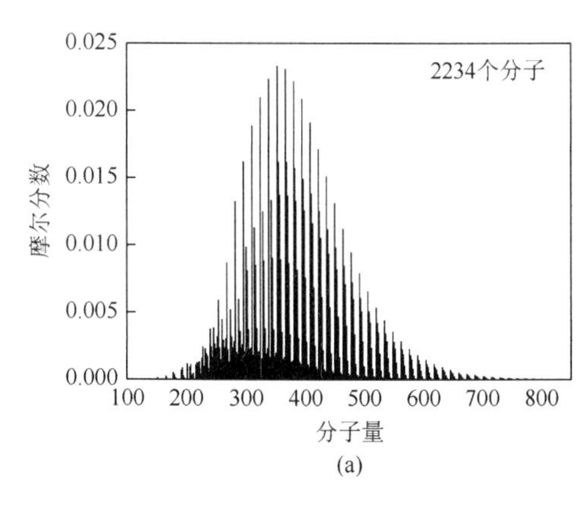

(a)

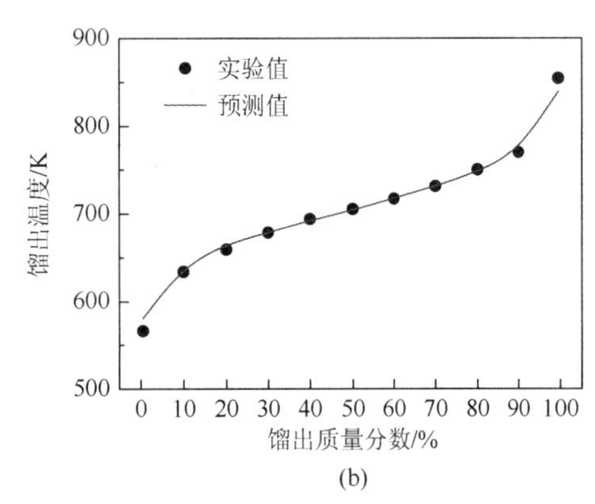

(b)

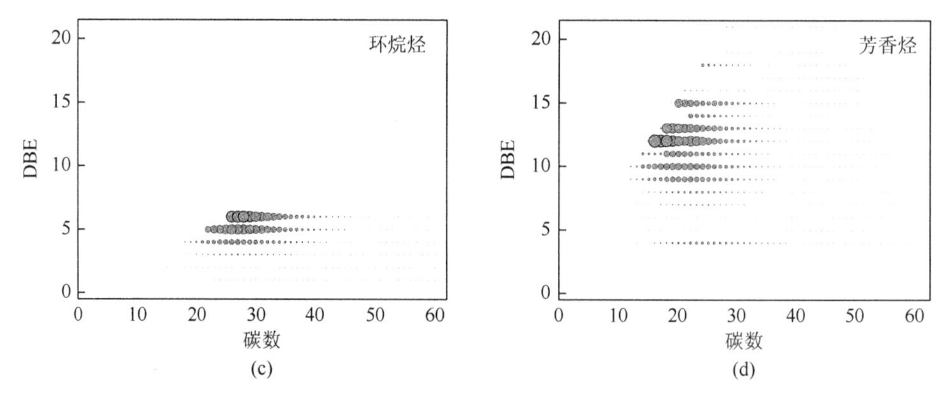

图 5.8　VGO 分子集性质及组成分布

（a）预测的分子量分布；（b）沸点分布预测值与实验值对比；（c）环烷烃的 DBE-碳数分布；（d）芳香烃的 DBE-碳数分布

5.2.4　重油馏分

重油馏分相比轻馏分及中间馏分，表现出了更大的复杂度。中国石油大学（北京）分子管理课题组与美国特拉华大学的 Klein 研究组展开联合攻关，对重油分子组成模型构建进行了合作开发，构建了 40 万个分子集的超复杂重油组成模型。

在该模型中，重油分子被看作不同构筑单元的组合。图 5.9 举例说明了减压渣油中典型群岛分子的基础结构向量。这些构筑单元被作为大分子的构造模块，由三部分组成：芳香核心、桥链和侧链。芳香核心同时包含了环烷烃和芳香环结构。

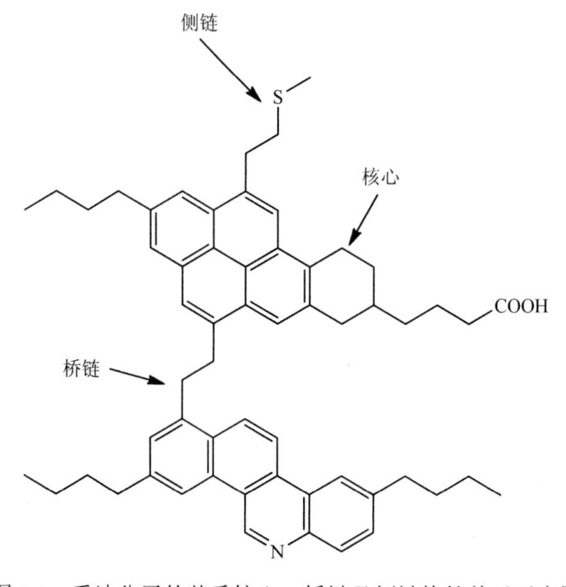

图 5.9　重油分子的芳香核心、桥链及侧链构筑单元示意图

桥链是两个核心之间相连的链或者桥，它们的存在是区分孤岛分子和群岛分子的关键。侧链是一个核上的末端取代物，包含了支链烷烃、异构烷烃和多种杂原子。

通过建立构筑单元库，并提取构筑单元，对其可能的排列组合进行穷举，可得到完整分子集。两个课题组联合对 Klein 研究组的分子组成模型构建软件进行改写，使之更适用于重油体系。采用联合分布和独立分布分别对不同基团进行抽样，并用宏观性质作为定量输入，超高分辨质谱结果作为定性约束，可以得到所有分子的组成。

将该方法应用于委内瑞拉减压渣油的组成模型构建。在构建过程中，设定芳香核心数最大为 3。在取样和合并之后，共构造了 40 万个分子。利用实验数据优化 PDF 参数，来获得最优值，一台 I7 内存 8GB 的桌面级计算机约需处理 4h。

图 5.10 显示了模型的构造结果，构造的分子量分布为从 300 到 1800。总体 DBE 值范围为 0～60，峰值在 16。最大芳香环和碳环数分别是 20 和 6。芳香环和碳数都符合 gamma 分布。对构造的渣油分子来说，孤岛结构（簇大小为 1）是主要的，超过 70mol%。可以观察到簇大小有下降的趋势。

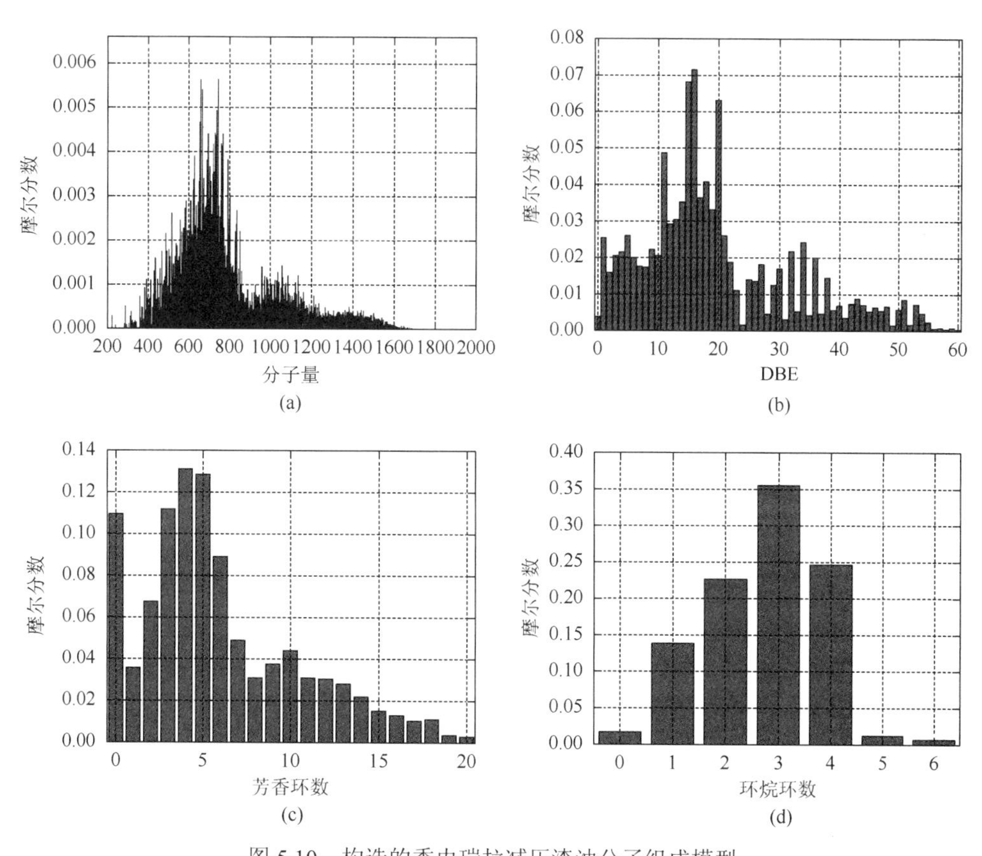

图 5.10　构造的委内瑞拉减压渣油分子组成模型

（a）分子量分布；（b）DBE 分布；（c）芳香环数分布；（d）环烷环数分布

5.3　分子管理技术在油品调和中的应用

5.3.1　汽油调和

汽油调和是现代炼油厂油品生产的最后一道也是十分重要的工序，由于清洁汽油的升级换代，汽油调和优化与否对炼油企业的经济效益具有重要影响。汽油调和过程高度复杂，主要体现在其处理的不同粗汽油物流组成和质量相差较大，且随着生产进行物流组成会产生波动，更重要的是汽油关键性质在调和过程呈现强烈非线性趋势。高品质组分质量可能在调和过程中出现额外损失，低品质组分也可能在调和过程中获得额外质量提升。调和过程的复杂性给汽油调和过程的规划带来极大挑战，由此诞生了汽油调和优化技术。该技术通常是对该过程建立数学模型，利用计算机辅助自动化来尽量进行质量卡边生产，达到优化效益的目的。汽油调和优化模型的优劣关系着汽油池的调和状态，对最终汽油产品质量及炼油厂的最终效益有极大的影响。

欧美国家汽油池中催化汽油及重整汽油均只占 1/3 左右，此外拥有大量的高品质烷基化汽油和异构化汽油等清洁油品用于调和，其油品升级通常仅需降低硫含量，较易实现。而我国汽油池以直馏汽油、催化汽油和重整汽油为主，高品质的高辛烷值组分较少，汽油池中可调和组分整体品质较差，实现油品升级同时需要降硫、降烯烃并且保证高辛烷值，调和目标多且难度大。另外，我国与欧美接轨，不断提高汽油标准，颁布的国六汽油标准征求意见稿对汽油组成和性质提出了更多精细的质量改进要求。因此，在不断升级的国家标准及相对不利的汽油池组成情况下，开发优秀的汽油调和模型，最大限度地对汽油池中油品实现高效利用就显得尤其重要。

1. 传统汽油调和方法

由于石油体系的复杂性，石油工业早期检测分子组成并不现实，因此诞生了以宏观性质指标为直接研究对象的方法指导炼化过程。此部分模型被称为传统调和模型，其特征是以宏观性质为直接模型输入变量。

以汽油辛烷值为例，其决定了油品的牌号，并且在混合过程中呈现强烈的非线性关系。在调和过程中，辛烷值是最受关心，也是最复杂的性质。研究者很早就开始研究辛烷值的调和模型，以降低调和难度。常用的模型都考虑了辛烷值的非线性混合，因此，通常模型中都包含了线性部分和非线性部分。Ethyl-RT70 模型[2]用组分油的敏感度（RON−MON）、烯烃含量、芳烃含量来模拟调和过程的非线性。Stewart 模型[3]与 Ethyl-RT70 模型类似，通过组分油的烯烃含量来表示非线性。Morris[4]等提出的相互作用法，通过在模型中设置二元相互作用项来描述非线性。其二元相互作用系数需要随时间推移反复试验来重新测定，以保证其有效性。Muller[5]等所提的过量法模型在形式上与 Morris 的方法很相似，不同之处是用过量辛烷值这一项来描述非线性。而过量辛烷值需要通过实验测定，并且调和组分特性变化时，必须重新测定。Twu 和 Coon[6]在相互作用模型的基础上做出了改进，去掉了原模型中表示线性的一次性，提出了二次非线性模型。该模型通过回归关联得到饱和烃、烯烃和芳烃之间的二元相互作用系数，并据此推算出组分油之间的总体二元调和系数。还有一些将非线性部分转化为线性的方法。例如，Gary 和 Handwerk[7]提出了混合指数模型，用辛烷值混合指数来代替正常的辛烷值。然后将组分油的辛烷值混合指数按其体积分数线性相加得到。辛烷值混合指数通过回归分析确定。Rusin 等[8]的转化模型与此类似，但更为复杂。传统的辛烷值调和模型需要调和物流的一些宏观性质作为基础数据。以 Ethyl-RT70 模型为例，除了调和物流的辛烷值，还需要烯烃含量和芳烃含量作为输入。

用实验方法检测这些性质会消耗大量的时间和财力。近红外光谱技术的发展，提供了一种快速获取这些宏观性质的方法。近红外光是介于紫外可见光和中红外光之间的电磁波，其波长范围为 780～2526nm，包括短波（780～1100nm）和长波（1100～2526nm）两个区域。近红外光谱主要是分子振动的非谐振性使分子振动从基态向高能级跃迁时产生的，反映的是含氢基团 XH（X＝C、N、O）振动的倍频和合频吸收。不同基团（如甲基、亚甲基、苯环等）或同一基团在不同化学环境中的近红外吸收波长与强度都有明显差别，近红外光谱具有丰富的结构和组成信息，非常适合测量油品的性质[9]，如烯烃、芳烃、馏程、辛烷值[10]、十六烷值、凝点、闪点等。近几年在建的大型炼厂均不同程度地采用了近红外光谱分析技术，为企业的顺利开工及优化过程控制起着巨大作用。在线近红外光谱分析技术目前在炼厂的主要应用集中在以下方面：①为炼油过程提供单一实时质量检测；②向过程优化控制系统实时反馈分析数据；③与先进控制（APC）技术结合对生产过程进行自动优化控制。但在近红外区域，吸收强度弱，通常采用长光程（2～50mm）；灵敏度相对较低，通常用于分析常量组分的含量（0.1%以上）；吸收带较宽且重叠严重，依靠传统的工作曲线方法进行定量分析往往不能得到满意的结果，必须采用化学计量学方法对光谱信息进行处理，并建立较复杂的校正模型（calibration models）才能得到可靠的结果。袁洪福等[11]研制了近红外光谱在线分析仪，并成功应用于联合重整装置。除了红外光谱，核磁共振谱和拉曼光谱也可以用来预测汽油的宏观性质。独山子石化公司炼油厂[12]在 2002～2005 年应用从 Invensys 公司引进的我国第一套核磁共振在线分析系统，对装置的原料、产品等多种物流的多个参数进行分析。浙江大学阮华等[13]开发的重整汽油在线拉曼分析系统 RS-6150-GAS 已于 2014 年 2 月完成硬软件安装调试，并于 2014 年 3 月初投入现场试运行。

传统调和模型尝试通过建立宏观性质的直接混合关系，没有考虑汽油不同组成之间的相互影响。虽然光谱技术的发展使得宏观性质可以被快速获取，让模型更加容易使用，但仍然无法建立基于机理的分子混合模型。当原料或操作条件等的改变造成汽油组成发生变化时，回归模型参数需要重新回归，适用范围窄，准确度较差。由于较差的泛用性及准确性，传统调和已经越来越不适合现代炼厂的需求。

2. 分子层次汽油调和技术

就本质而言，物流的宏观性质取决于其分子组成。更重要的是，调和过程中分子组成是线性叠加的。因此，若取得物流的分子组成信息及“分子-物性”之间的关系，计算出调和后汽油的分子组成，就能根据分子组成准确预测汽油性质，并计算汽油调和过程的所有细节。

气相色谱技术发展至今，已经可以获取较详细的汽油分子组成。我国在 2002 年就发布了用气相色谱法分析石脑油重单体烃组成的行业标准方法: SH/T 0714—2002。中国石化石油化工科学研究院针对汽油检测开发了标准方法，对不同来源的汽油建立了不同数据库。

由组成预测整体性质的方法通常被称为混合规则。经过多年发展，研究人员针对汽油的各种性质都开发了相应的混合规则。其中，最重要也最困难的是辛烷值的预测。研究者们做了大量工作尝试从数学上将汽油分子组成与辛烷值相关联。

早期的研究主要针对单体烃，以及二元或三元系的混合烃。早在 1931 年，Lovell[14]就认识到芳香烃和支链烷烃的辛烷值高于相应直链烷烃。美国石油协会（API）第 45 号研究计划研究了超过 300 种不同单体烃的辛烷值。Soctt[15]不仅研究了辛烷值随分子结构和大小变化的趋势，还研究了不同分子类型的关于辛烷值的非线性相互作用。如图 5.11 和图 5.12 所示，辛烷值随着碳数的增加而下降，并且在碳数相同时随着支化程度增加而增加。

而商用汽油是复杂的多组分体系，用标准方法测其辛烷值不仅每次试验消耗的样品量大，费用不菲，并且试验过程烦琐，还需经常维护仪器并校准。显然，标准方法不适合于汽油调和的在线应用。对于一些样品量较少的汽油，标准方法也显得无能为力。因此，出现了大量的文章报道辛烷值检测的替代方法。

Anderson 等[16]基于对汽油样品的气相色谱分析，建立了 31 个分子集总来描述汽油的组成，并对实验数据进行回归分析，给每个集总分配了一个“有效”辛烷值。再将各集总对辛烷值的贡献线性相加来计算汽油的辛烷值。但该方法的使用相当受限，已有报道表明该方法用于催化裂化石脑油时的平均误差达 2.8。其误差较大的原因可能部分来自作者将辛烷值的混合假设为线性。Van Leeuwen 等[17]

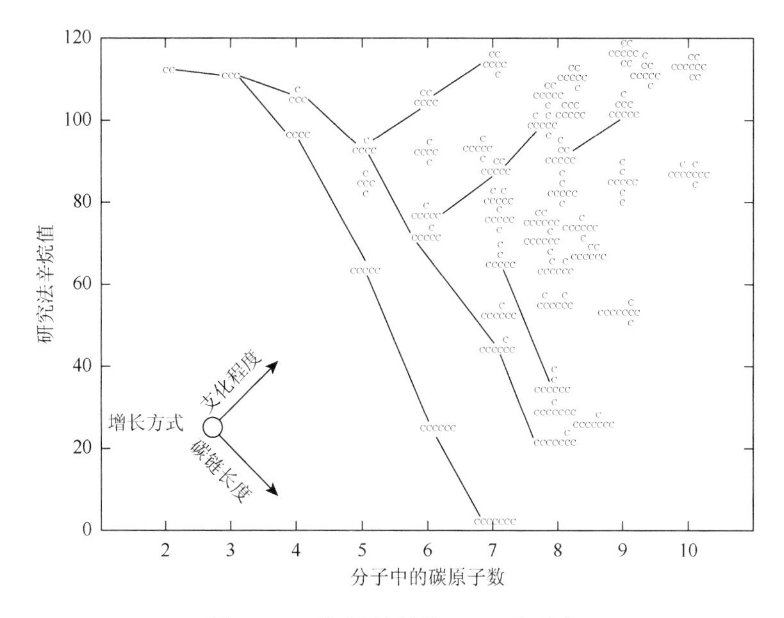

图 5.11　不同链烷烃的 RONs 的改变

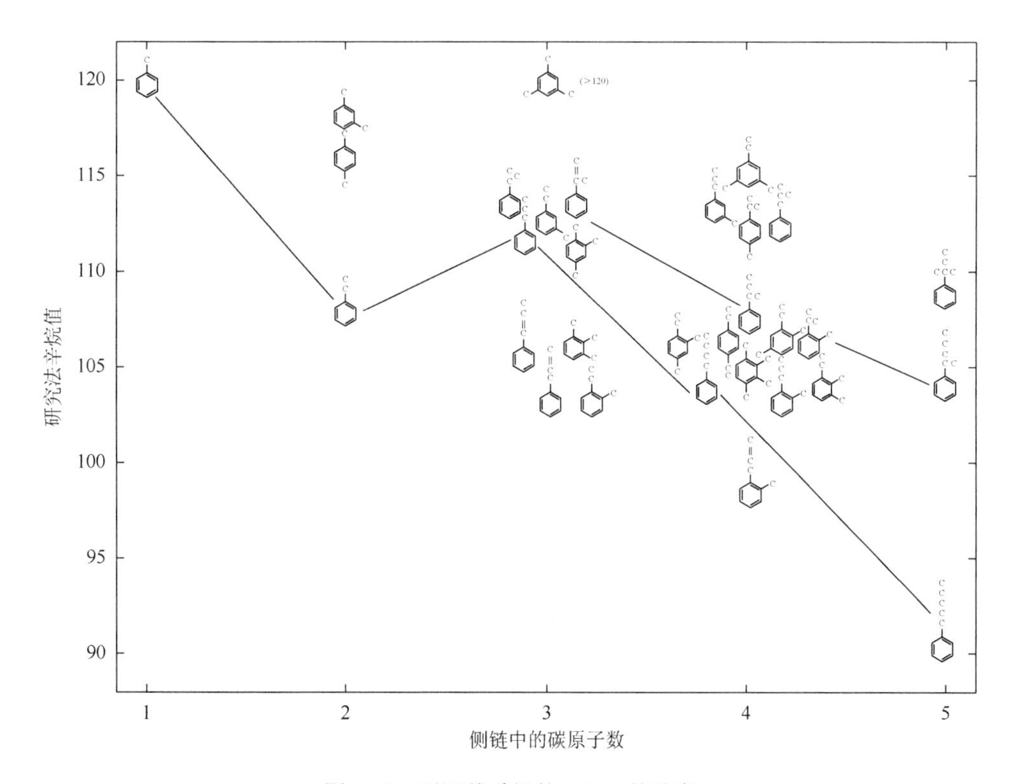

图 5.12　不同芳香烃的 RONs 的改变

用非线性回归的方法，如投影寻踪回归法和神经网络，将气相色谱所得汽油组成数据与辛烷值关联。同样使用非线性回归方法的还有 Brudzewski 等[18]和 Nikolaou 等[19]。但这种非线性回归的方法没有固定的使用指导，因此最重要的参数和相对不重要的参数都必须通过试错的方法得到或设定，如神经网络的层数、节点、各节点传递函数的类型，都高度依赖使用者的决定，没有理论根据来指导最优设定的选择。这对经验不足的用户来说非常耗时。而且缺乏基本的现象学结构和模型固有的不透明性，让这种方法在外推中显得不太可靠。Gorana 等[20]、Lugo 等[21]继承了 Anderson 的线性回归的方法。不同的是，Gorana 等将催化重整汽油划分为 8 个集总，预测所得辛烷值偏差低于 0.8。而 Lugo 等沿用了 Anderson 的 31 个集总分类，并考虑了组分间的非线性相互作用，其模型用于催化裂化石脑油的辛烷值，收到良好效果，对 RON 偏差为±0.6，对 MON 偏差为±0.4。Albahri[22]用基团贡献法预测了化合物的辛烷值。

基于气相色谱丰富的分子组成信息，ExxonMobil 定义了 57 个分子集总来描述汽油，并将其与辛烷值关联，最终提出了分子层次的调和模型[23]。因为分子组成线性可加，一旦确定不同分子间的相互作用关系，这种调和模型就有相当强的适用性。ExxonMobil 公司检测了 1400 多种不同来源、辛烷值跨度很大的调和物流汽油以及调和后的成品汽油，回归得到了模型参数。因此，理论上该模型的使用可以不考虑调和物流汽油的加工背景。该模型为 ExxonMobil 公司创造了极大的效益。

5.3.2　柴油调和

通常在炼厂成品油调和中，柴油调和相比汽油调和难度较小，传统模型已达到较好效果，在此仅做简要介绍。

与汽油辛烷值一样，柴油的重要指标十六烷值也是在调和过程中呈非线性。我国石油商业部门根据我国柴油性质的大量实测数据回归出如下相对密度与十六烷值的关联式，平均偏差为±3.5。此外还有 ASTM D4737 规定的方程等宏观方程。

$$\mathrm{CN} = 442.8 - 462.9 d_4^{20}$$

但随着柴油的低硫趋势和十六烷值改善剂的添加，该方程越来越不能满足需要。因此，ExxonMobil 公司的 Ghosh 等[24]提出了分子级的柴油十六烷值预测模型。

$$\mathrm{CN} = \frac{\sum_i v_i \beta_i \mathrm{CN}_i}{\sum_i v_i \beta_i} = \frac{\sum_{\mathrm{lumps}} v_i \beta_i \mathrm{CN}_i}{\sum_{\mathrm{lumps}} v_i \beta_i}$$

该模型规定了129种分子或分子集总，并规定了相应的十六烷值。通过对203种柴油燃料的分析，回归得到了模型的参数。这些燃料来自8个不同的炼厂，包含45种不同加工过程产生的柴油，以及158个混合后的成品柴油。从图5.13可以看出，十六烷值从20到60范围内的柴油都适用该模型，模型对调和物流柴油和成品柴油的十六烷值都有较好的预测效果。Ghosh 的分子级的模型效果优于原有的ASTM D4737规定的方程。

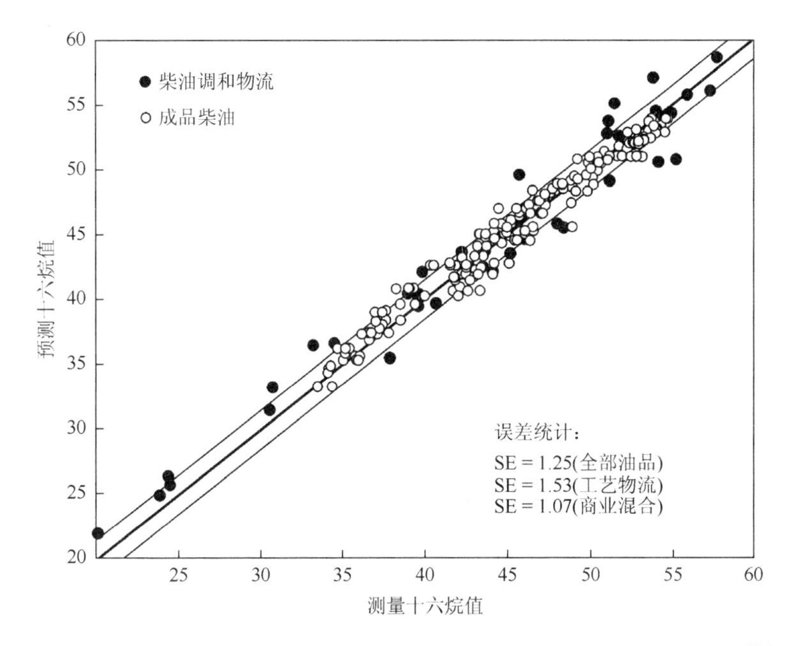

图5.13　柴油调和物流和成品柴油十六烷值的模型预测值和实验值对比[24]

5.4　小　　结

汽柴油调和、原油调和都是炼厂生产中的重要环节。以原油快速评价系统为基础的原油调和技术，相比传统的评价和调和方法，为炼厂节省了大量时间，并显著提高了效益。这种以在线近红外和原油性质关联的方法，在很大程度上解决了常减压装置运行的平稳性。但是由于在线近红外无法提供更详细的油品分子组成的信息，因此，原油的相容性和常减压以后的加工装置的平稳性还难以保证，需要更多地研究原油的分子组成，从分子组成的角度判断原油之间是否相容，并且用调和后的分子组成一致代替现有的宏观性质一致，以确保常减压以后加工装置的平稳性。汽油调和虽然有了分子级的辛烷值预测模型，但是如何快速获取汽油的分子，以满足在线调和的需要仍是一个难题。柴油调和的问题与汽油调和类似，一方面是如何快速获取柴油的分子组成，另一方面是柴油的冷滤点和凝点这两个重要指标目前还没有很好的办法进行预测。因此，研究分子组成与冷滤点和凝点的关系也是以后重要的方向。虽然基于分子管理的油品调和模型建模难度和复杂度都相比传统模型高很多，但是由于模型的适应性和准确性都较高，将来应当是油品调和发展的主要方向。

参 考 文 献

[1] Wu Y，Zhang N. Molecular management for refining operations. Manchester：University of Manchester，2010.

[2] Healy W C，Jr C W M，Peterson R T. A new approach to blending octane. Proceedings Meeting API Refining Division，1959，39（3）：132-136.

[3] Stewart W E. Predict octanes for gasoline blending. Petroleum Refinery，1956，38（12）：135-139.

[4] Morris W E. Optimum blending gives best pool octane. Oil & Gas Journal，1986，63（8）：63-68.

[5] Muller A. New method produces accurate octane blending values. Oil & Gas Journal，1992，（3）：80-90.

[6] Twu C H，Coon J E. Predict octane numbers using a generalized interaction method. Hydrocarbon Processing，1996，（2）：51-56.

[7] Gary J H，Handwerk G E. Petroleum Refining：Technology And Economics. NewYork：CRC Press，2001.

[8] Rusin M H，Chung H S，Marshall J F. A“transformation”method for calculating the research and motor octane numbers of gasoline blends. Industrial & Engineering Chemistry Fundamentals，1981，20（3）：195-204.

[9] Bueno A，Baldrich C A，Molina V D. Characterization of catalytic reforming streams by NIR spectroscopy. Energy & Fuels，2009，23（6）：3172-3177.

[10] Chung H，Lee H，Jun C H. Determination of research octane number using nir spectral data and ridge regression. Bulletin of the Korean Chemical Society，2001，22（1）：37-42.

[11] 袁洪福，褚小立，陆婉珍，等. 一种新型在线近红外光谱分析仪的研制. 分析化学，2004，（2）：255-261.

[12] 罗真，胡恒星，Hengxing H. 核磁共振在线分析技术在催化装置油品分析中的应用. 化工自动化及仪表，2004，（4）：46-48.

[13] 阮华，戴连奎，许忠仪，等. 在线拉曼分析仪的研制及其在PX装置中的应用. 化工自动化及仪表，2012，39（4）：467-470.

[14] Lovell W G. Knocking characteristics of hydrocarbons. Industrial & Engineering Chemistry，1948，40（12）：2388-2438.

[15] Scott E J Y. Knock characteristic of hydrocarbon mixtures. Proceedings Meeting API Refining Division，1958，38（90）.

[16] Anderson P C，Sharkey J M，Walsh R P. Calculation of research octane number of motor gasolines from chromatographic data and a new approach to motor gasoline quality control. Journal of the Institute of Petroleum，1972，59（83）.

[17] van Leeuwen J A，Jonker R J，Gill R. Octane number prediction based on gas chromatographic analysis with non-linear regression techniques. Chemometrics and Intelligent Laboratory Systems，1994，25（2）：325-340.

[18] Brudzewski K，Kesik A，Kołodziejczyk K，et al. Gasoline quality prediction using gas chromatography and ftir spectroscopy：An artificial intelligence approach. Fuel，2006，85（4）：553-558.

[19] Nikolaou N，Papadopoulos C E，Gaglias I A，et al. A new non-linear calculation method of isomerisation gasoline research octane number based on gas chromatographic data. Fuel，2004，83（4-5）：517-523.

[20] Protić-Lovasić G，Jambrec N，Deur-Siftar D，et al. Determination of catalytic reformed gasoline octane number by high resolution gas chromatography. Fuel，1990，69（4）：525-528.

[21] Lugo H J，Ragone G，Zambrano J. Correlations between octane numbers and catalytic cracking naphtha composition. Industrial & Engineering Chemistry Research，1999，38（5）：2171-2176.

[22] Albahri T A. Structural group contribution method for predicting the octane number of pure hydrocarbon liquids. Industrial & Engineering Chemistry Research，2003，42（3）：657-662.

[23] Ghosh P，Hickey K J，Jaffe S B. Development of a detailed gasoline composition-based octane model. Industrial & Engineering Chemistry Research，2006，45（1）：337-345.

[24] Ghosh P，Jaffe S B. Detailed composition-based model for predicting the cetane number of diesel fuels. Industrial & Engineering Chemistry Research，2005，45（1）：346-351.

第6章　基于分子管理技术的反应转化过程模型开发

6.1　概　　述

原油进入炼厂后，根据馏程被切割为不同的馏分。不同的馏分需要进入不同的加工装置进一步加工，最后才能得到满足标准的成品油。由于操作费用昂贵，装置的最佳操作条件不可能经由大规模的工业实验获取。因此，研究油品在各种加工装置中的转化过程，建立动力学模型是很有必要的。传统的集总动力学模型通常只能预测产物的产量，无法预测产物的性质，并且集总动力学模型无法反映原料组成的改变，因为相同性质的油品的组成之间可能会有很大差异。随着对成品油的质量要求越来越苛刻，迫切需要找到不仅能预测产物产量，还能预测产物性质的方法。分子级动力学模型的出现，很好地解决了这个问题。根据分子级动力学模型来评估装置在不同条件下所得产品的产量和质量的方法称为油品转化过程的分子管理。本章介绍不同加工过程的分子级动力学模型构建的原理，以方便读者了解模型的大致情况及应用场景。

6.2　催 化 裂 化

直馏汽油组成以饱和烃为主，辛烷值较低，不能单独作为车用燃料。多产低碳烯烃同时提高汽油辛烷值是炼油厂直馏汽油催化改质的最终目标。祝然等[1]采用结构导向集总方法，构建了适用于直馏汽油催化裂化改质的动力学模型。他们采用所建模型计算了直馏汽油催化裂化产物的分布和汽油族组成，并用固定床催化裂化装置上的实验数据进行了验证。该模型选取了 11 个结构基元来描述直馏汽油分子，并确定了 8 种正构烷烃分子、15 种异构烷烃分子、27 种环烷烃分子和 24 种芳香烃分子，共 74 种分子来构建直馏汽油的分子组成。考察了 480～520℃范围内模型对温度的适应性，模型所得计算值在实验值附近浮动，表明当温度为480～520℃时，模型适应性强。同时还考察了模型对原料的适应性，测试了三种不同的原料，模型计算值与实验值的相对误差均小于 10%，说明模型对原料的改变具有较好的适应性。该模型是分子层次的模型，所以能根据反应后的产物分子预测产物汽油的辛烷值。模型考察了反应温度在 480℃、500℃、520℃时产物汽油的辛烷值，对比得出在 500℃时辛烷值最高，改质效果最好。

这套方法还被推广应用于更重的馏分。祝然等[2]基于结构导向集总方法建立了适用于减压瓦斯油（VGO）催化裂化动力学模型。该模型选取了 18 个结构基元，确定了 686 种分子来构建 VGO 原料组成。采用中东混合 VGO 原料在 XTL-6 小型提升管催化裂化装置的试验数据对所建模型可靠性进行验证，结果表明，该模型能够准确预测各产物及分子产率沿提升管长的分布情况，相对误差不超过 10%。并且模型对不同温度及不同剂油质量比下产物的分布及性质预测效果较好，适用范围较广。由于基于结构导向集总的动力学模型可以预测产物的性质，因此，考虑到汽油烯烃含量以及辛烷值，从模型的角度提出了以中东混合 VGO 为原料的催化裂化较优的生产汽油工艺条件，即温度为 510℃，剂油质量比为 6.85。

餐饮业的迅速发展导致废弃油脂（又称地沟油）排放量日益增加，中国每年产生的可回收利用地沟油在 4Mt 左右。这不仅造成环境污染，且存在地沟油再回餐桌的现象。利用催化裂化工艺加工地沟油，使其转化为高价值的燃料油、燃气等，既避免了新工艺探索的烦琐，又可以节约投资成本。我国现有的催化裂化年加工能力超过 200Mt，占世界总量的 30%。按此推算，只要在催化裂化原料中掺入 2%的地沟油即可有效解决地沟油的合理利用问题。为了考察掺炼地沟油催化裂化的效果，单纯依靠炼油厂进行模拟实验的方式具有盲目性，且耗材耗力。祝然等[3]基于结构导向集总方法，建立了 VGO 掺炼地沟油催化裂化动力学模型，提出了优化进料配比及工艺条件，并进行了实验验证。该模型采用了 22 个结构基元，选取了 686 种分子构建 VGO 原料组成，36 种分子构建地沟油组成。模型考察了不同掺炼比下主要产物的分布，确定了 VGO 中掺炼 0%～5%地沟油较为合适。模型还考察了催化裂化反应的最佳条件，认为反应温度为 500℃，剂油质量比为 6.25 时，有较高的汽油产率及较低的干气 + 焦炭产率。按上述优化后的反应条件进行 VGO 掺炼地沟油催化裂化动力学模型小试实验验证，优化条件下模型计算结果与实验结果相对误差在 10%以内，表明模型预测的可靠性好，对掺炼比及工艺条件的优化具有可信性。

重质油的流化催化（FCC）过程，其主反应包括直接裂化、脱氢和缩聚等，可以生产汽油、柴油、液化石油气、焦炭和干气。得到的汽油馏分具有高烯烃含量和高硫含量特点，难以满足新的汽油质量标准需求。因此，在主反应后，汽油可再经过一个提升管反应器，经历一系列二次反应，如裂化、氢转移、异构化、芳构化、烷基化、缩聚等，以获得低烯烃含量、高辛烷值的清洁汽油。虽然汽油的二次反应没有主反应复杂，但是这个过程仍然包含了几百个组分和几千个反应，对模拟工作也造成了很大困扰。Yang 等[4]基于结构导向集总的方法建立了 FCC 汽油二次反应的动力学模型。该模型选取了 19 个结构基元，结合 Monte Carlo 方法随机采样生成了一套分子来构建 FCC 汽油的分子组成。作者选用了三种不同的 FCC 汽油作为原料进行实验，分别为 1～3 号。对比产物分布的预测值和实验值

（表 6.1），可以看出两者吻合良好。由图 6.1 和图 6.2 还可以看出随着反应程度加深汽油收率和汽油中烯烃含量的变化趋势。

表 6.1　三种原料的产物分布实验值和预测值对比（%）[4]

产物	1号		2号		3号	
	预测值	实验值	预测值	实验值	预测值	实验值
DG	6.21	6.23	4.5	4.48	5.57	5.86
LPG	28.13	28.38	22.56	22.96	31.39	30.82
GL	56.37	56.39	62.57	63.09	53.87	54.4
LCO	6.39	6.26	5.71	5.43	5.56	5.86
HCO	0.09	0	1.34	1.24	0.1	0
coke	2.81	2.74	3.32	3.76	3.51	3.76

注：DG 为干气；LPG 为液化石油气；GL 为汽油；LCO 为轻循油；HCO 为重循油；coke 为焦。

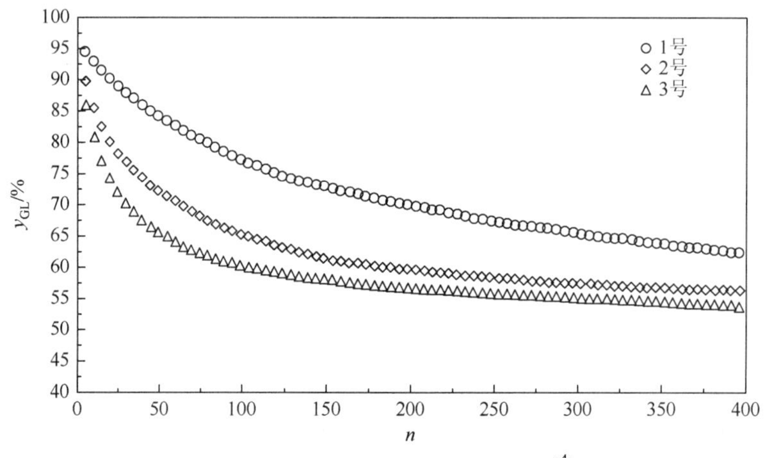

图 6.1　随反应进行汽油的收率变化[4]

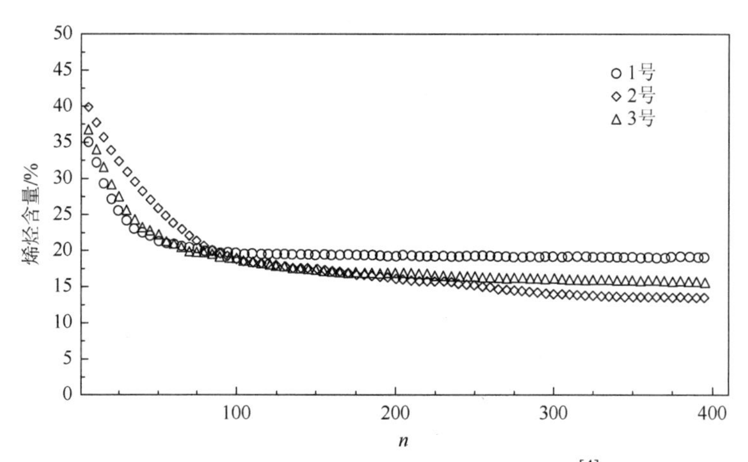

图 6.2　随反应进行汽油中烯烃含量的变化[4]

重油催化裂化还可以在较高的反应温度下，低成本生产低碳烯烃，称为催化裂解。研究表明，在催化裂解过程中低碳烯烃主要是中间裂化产物汽油馏分的进一步择形裂解生成的。因此，研究汽油馏分的催化裂解反应规律具有重要的意义。孙忠超等[5]利用结构导向集总与 Monte Carlo 模拟相结合的方法，建立了催化裂化汽油催化裂解多产低碳烯烃的分子尺度动力学模型。模型采用 7 个结构基元来描述汽油中的分子，并规定了 92 类共 2000 个分子来构建汽油的分子组成。模拟结果表明，在相同条件下进行不同原料的催化裂解实验，各主要产物收率的模拟值和实验值吻合良好，模型对于产物的模拟误差基本在 10%以内，但是对于产率较低的乙烯、甲烷、乙烷和丙烷分子的模拟相对误差较大。总体来说，模型的预测能力良好。同时模型还考察了反应时间对产物分布的影响，发现虽然模型对延长停留时间的产物预测误差有所增大，但是仍然具有一定的预测能力。

6.3　催 化 重 整

周齐宏等[6]利用分子同系物矩阵的方法建立了催化重整过程的动力学模型。该模型包含了 21 个分子来描述石脑油及其重整反应产物的分子组成。主要是模拟 C_5～C_{10} 的烷烃、异构烷烃、环烷烃和芳烃，在 3 个连续固定床反应器中进行烷烃裂解、环烷烃及芳烃侧链裂解、加氢和脱氢等过程，得到高辛烷值的汽油产品。图 6.3 为催化重整产物实验值和预测值的对比。通过该分子模型，在满足产品中苯、芳烃含量限制和研究法辛烷值（RON）指标的条件下，优化操作温度和

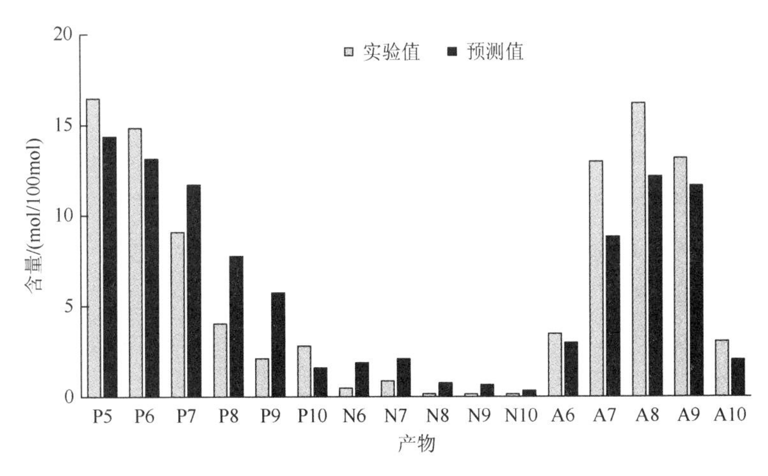

图 6.3　催化重整产品组成预测值与实验值比较[6]

压力，实现经济效益最大化。优化结果（图 6.4）表明，通过对催化重整过程分子模型的优化可以显著提高效益。

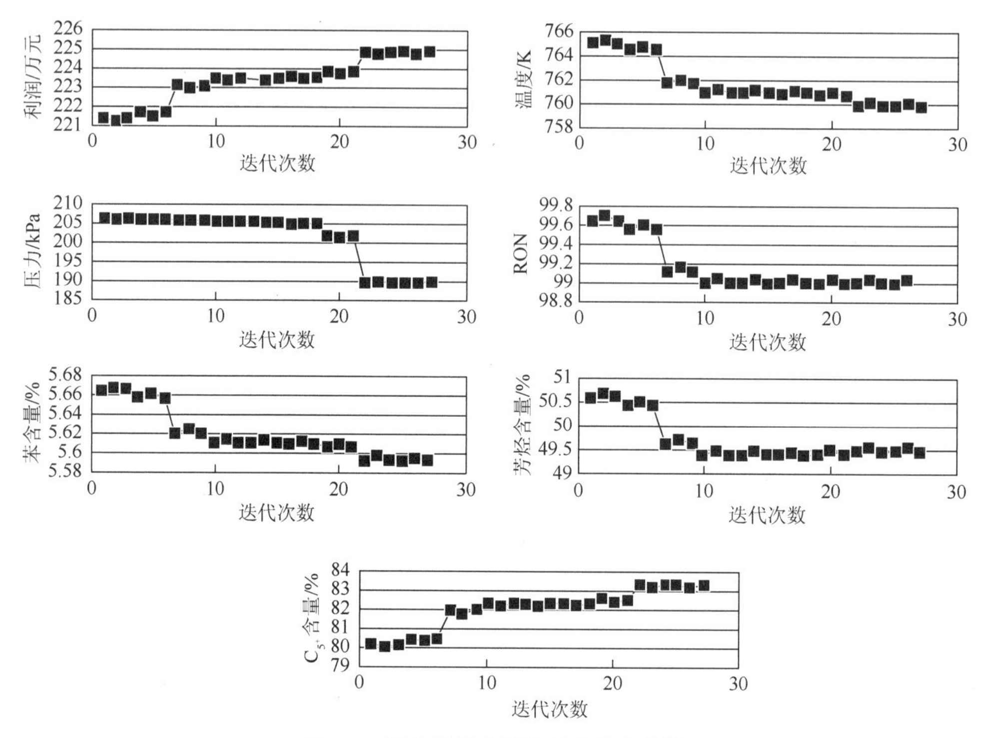

图 6.4　催化重整装置的效益最大化[6]

Wei 等[7, 8]利用 Kinetic Model Editor（KME）软件建立了催化重整的分子级模型。催化剂失活、连续反应器、能量平衡（图 6.5）、模型调节等的模拟都可以方便地在软件中实现。

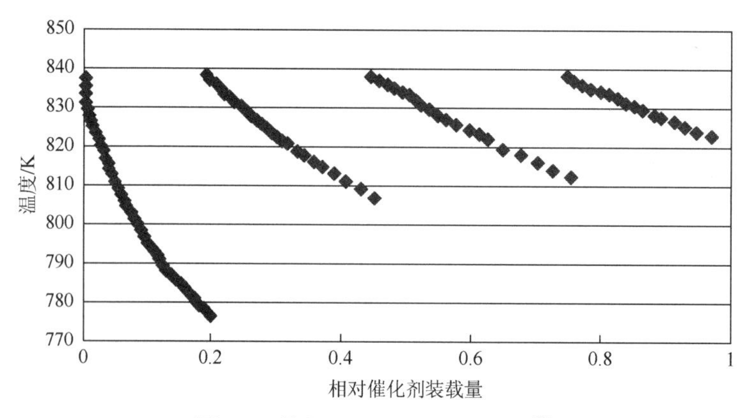

图 6.5　催化重整过程的能量平衡[7]

如图 6.6 所示，以总芳烃产率为例，可以看出模型的预测能力较好。

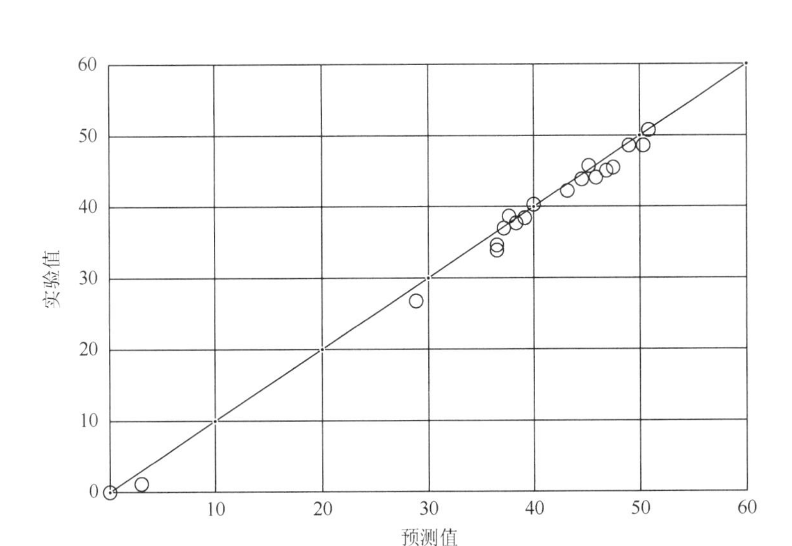

图 6.6　总芳烃产率的实验值和预测值对比（%）[7]

6.4　加 氢 过 程

加氢裂化工艺不仅可以用于原油常减压蒸馏所得的重组分，如减压瓦斯油（VGO），也可以用于其他工艺过程所得的重馏分油和其他产品，如焦化瓦斯油、脱沥青油、FCC 循环油等。对于超重油，如油砂萃取油和页岩萃取油，加氢裂化工艺也可以很好地对其进行加工改质。近年来，越来越严格的环境法规要求燃料要清洁、低芳烃、低硫、低氮。在此背景下，加氢裂化和加氢处理工艺，以及相应的催化剂都有了显著发展。但是这些复杂转化过程的基础动力学模型还很欠缺。传统的集总动力学模型无法考虑原料的复杂性，也无法反映碳正离子的反应过程，导致其适用性不强。因此，需要一个更基础的，达到分子级的动力学模型对加氢裂化过程进行模拟和优化，降低炼厂昂贵的试验费用，达到针对不同来源的原料，以模拟的手段预测现有的，或是将来准备投产的加氢裂化装置的操作条件和详细的产物分布。

Kumar 等[9]针对加氢裂化过程建立了机理层次的动力学模型。进料以 VGO 为例，模型选取了 1266 种分子或集总来构建 VGO 的分子组成。酸催化过程速率系数的频率因子通过单事件模型模拟得到，活化能通过反应物和产物的碳正离子本征模拟得到。对比加氢裂化产物的实验值与模型预测值（图 6.7）可以看出，模型的预测能力较好。

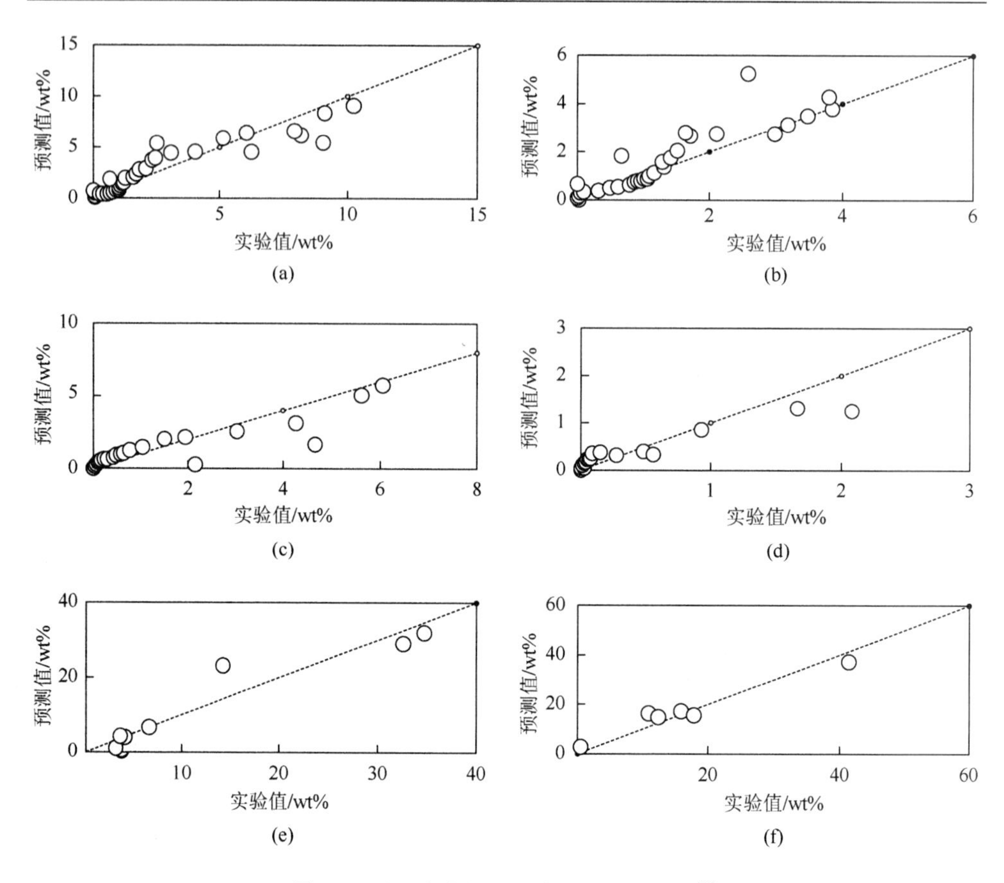

图 6.7　对比产物组成的实验值和预测值[9]

(a) 碳数分布在 C_3～C_{40} 的反应器废液；(b) 碳数分布在 C_3～C_{40} 的烷烃；(c) 碳数分布在 C_5～C_{40} 的单环环烷烃；(d) 碳数分布在 C_{10}～C_{40} 的双环环烷烃；(e) 正构烷烃、异构烷烃、单环到四环的环烷烃、单环到四环的芳烃质量分数对比；(f) 商业组分（如 LPG、轻石脑油、重石脑油、煤油、柴油和未转化的 VGO）质量分数对比

此外，结合反应器参数模拟计算了操作条件对加氢裂化过程的影响，包括入口温度对反应器整体表现的影响（图 6.8）和对各种工业生产组分含量变化的影响（图 6.9）。该模型不仅可以预测各产物的分布情况，还可对模型包含的 1267 个组分的含量分布进行预测。结合反应器模拟和催化剂失活模拟，该模型也可以用于加氢裂化装置的设计、操作和优化，以及进料的选择和加氢裂化目标催化剂的开发。

De Oliveira 等[10]用 Monte Carlo 方法对结构基元随机采样，构建了一套模拟分子集用以构建减压渣油的分子组成，并建立了相应的加氢转化动力学模型。从图 6.10 可以看出，模拟结果与实验值吻合较好。

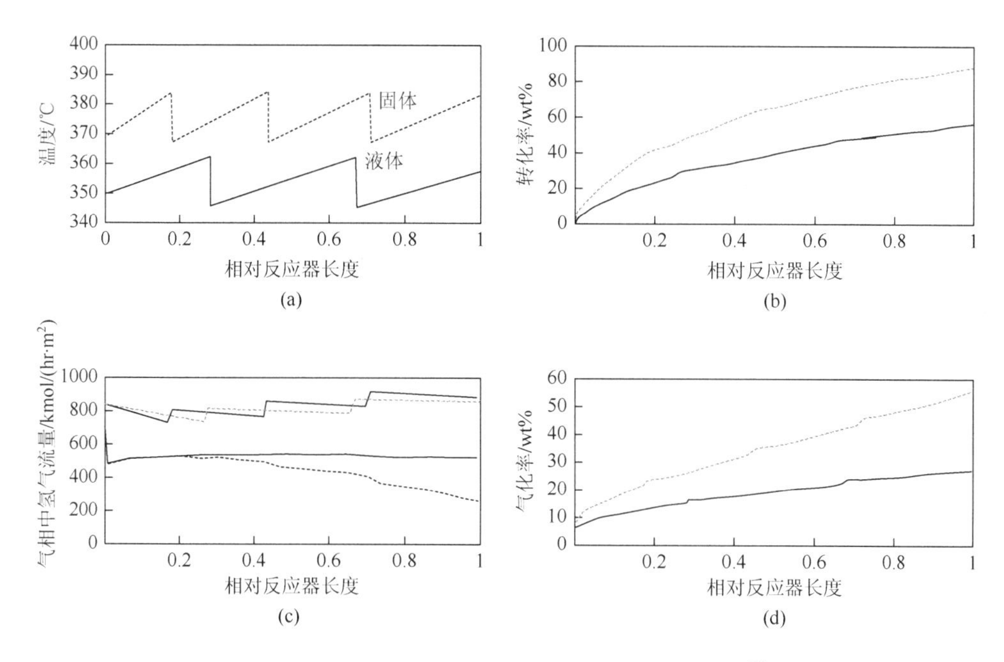

图6.8　反应器入口温度对反应器整体表现的影响[9]

（a）对固相和液相温度分布的影响；（b）对VGO转化率的影响；（c）对气相和液相中氢流量分布的影响；（d）对烃类气化的质量分数的影响。图中实线代表入口温度为350℃，虚线代表入口温度为370℃

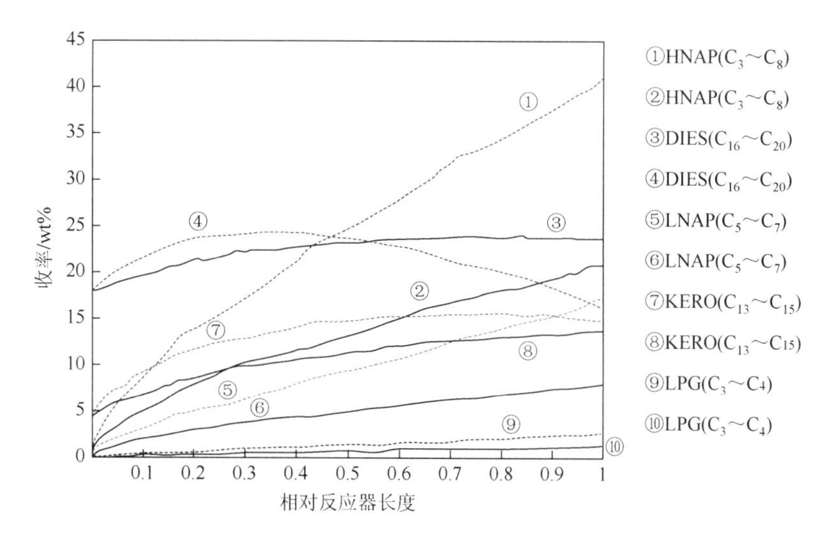

图6.9　反应器入口温度对各种工业生产组分含量变化的影响[9]

实线代表入口温度为350℃，虚线代表入口温度为370℃

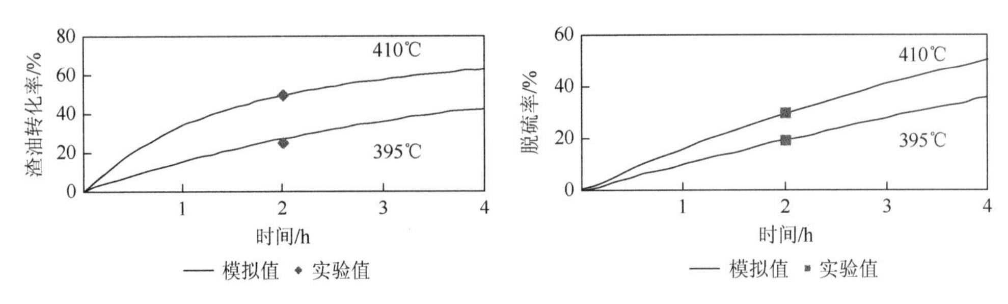

图 6.10　410℃和 395℃下渣油转化率和脱硫率的实验值和模拟值对比[10]

Ghosh 等[11]基于结构导向集总的方法建立了 FCC 石脑油加氢脱硫的详细动力学模型。该模型采用了 348 个分子集总来构建 FCC 石脑油的分子组成。该模型可以定量地预测产物的组成、产物的性质、加氢脱硫的程度、烯烃饱和的程度和相应的辛烷值损失。

Du 等[12]根据柴油的蒸馏曲线模拟得到其详细分子组成，并利用 Unisim Design 软件研究了柴油的加氢处理过程。图 6.11 为加氢处理后柴油的实沸点蒸馏曲线实验值与模拟值，可以看出二者有较好的对应关系。

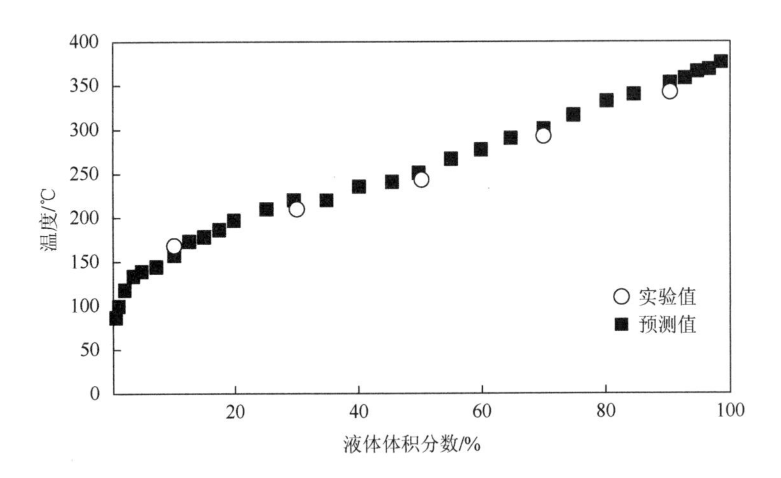

图 6.11　加氢处理后柴油的实沸点蒸馏曲线实验值与模拟值[12]

6.5　蒸 气 裂 解

乙烯的生产主要依赖于石脑油等轻质油品的蒸气裂解。石脑油在进行蒸气裂解时主要发生断键、脱氢、开环、结焦等反应，反应过程相对比较清晰。

同时，石脑油等轻质油品的组成比较简单。尽管如此，石脑油的蒸气裂解过程仍然属于复杂反应体系。沈本贤等[13]基于结构导向集总的方法，建立了石脑油蒸气裂解过程分子尺度的动力学模型。模型选取了 7 种结构基元来描述石脑油分子，并确定了 132 种分子来构建石脑油的分子组成。模型模拟了在相同条件下进行不同原料蒸气裂解的过程，乙烯和丙烯收率的计算值和实验值吻合良好，相对误差分别在 5%和 8%之内，说明模型可以应用于不同原料的蒸气裂解过程。除了原料组成，影响轻质油裂解产物分布的主要因素是裂解温度、停留时间和稀释蒸气比。在不同操作条件下，通过乙烯和丙烯收率的实验值和预测值对比发现，大多数数据点的相对误差小于 5%，其他数据点的相对误差也在 5%～10%之间。也就是说，模型也可以应用于不同条件下的蒸气裂解过程。除了乙烯和丙烯这两种主要产物，模型还可以预测甲烷、乙烷、丁二烯等非主要产物，甚至所有 132 种分子的收率。虽然模型对这些非主要产物的预测不如主要产物准确，但仍然具有一定的预测能力。模型对乙烯和丙烯收率的预测更好，是因为其作为主要产物，含量较大，降低了实验误差对模型结果的影响。

6.6 焦化过程

延迟焦化是石油二次加工过程中重油轻质化的核心工艺过程，其产物分布直接影响工艺过程的经济性。影响延迟焦化产物分布的主要因素有原料组成和工艺操作条件。其中原料组成对产物分布的影响较工艺操作条件更为明显。然而，延迟焦化的原料组成十分复杂，用实验方法考察原料组成对延迟焦化产物分布的影响从而优化原料组成变得十分困难。而用模型的方法处理这类问题逐渐显示出巨大优势，因为它在保证分析结果精度的基础上不需要复杂的原料调配，也不需要烦琐的实验操作，可以节省大量的时间和成本。

田立达等[14-18]基于结构导向集总的方法建立延迟焦化动力学模型。模型规定了 93 种单核分子和 46 种多核分子为种子分子。每种种子分子上添加 0～50 个侧链亚甲基，并略去一些不现实的分子后，形成 7004 种分子，用以构建渣油的分子组成。模型考察了影响产物分布的主要因素，如原料性质、反应温度、反应循环比和系统压力，并与延迟焦化小试试验结果进行了对比，效果较好。模型还考察了改变原料性质和优化操作条件对提高延迟焦化液体收率效果的影响。结果表明，提高原料的 H/C、反应温度，降低反应压力和循环比均能提高延迟焦化的液体收率。原料性质对液体收率的影响更为明显。原料渣油的残炭值下降 5 个百分点及 H/C 提高 0.15 产生的效果分别与循环比降低 0.15 及反应温度提高 10℃的相当。

Scott 等[19]建立了分子级的重油焦化动力学模型。模型用随机法生成了 40 万个分子来构建渣油的分子组成。从图 6.12 可以看出，渣油焦化的主要产物实验值与预测值吻合较好。

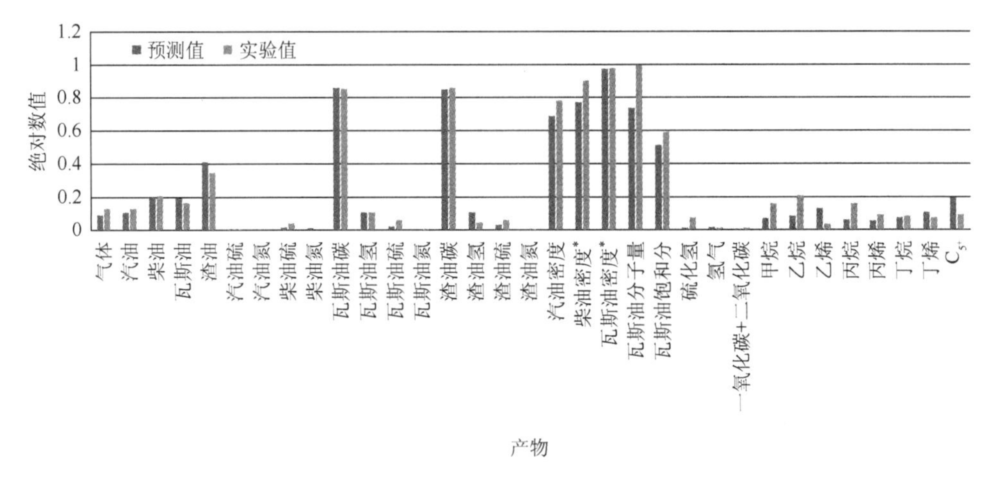

图 6.12　主要产物的实验值与预测值对比[19]

*密度的单位为 mg/L

6.7　全 厂 优 化

炼油企业从原油到成品油的生产过程包括许多工序，如汽油调和模型中的调和汽油是由 19 种前期工序的产品调和生产出来的，各种产品的产量和性质需要通过全厂生产模型计算得到，全厂模型的流程如图 6.13 所示。周齐宏[20]、胡山鹰等[21, 22]提出可以针对每一个生产单元建立分子矩阵模型。各单元过程中的物流可以用分子同系物矩阵来表述，该矩阵的规模适中且能够提供充分的化学组成信息。炼油过程中涉及化学变化过程（如催化重整、加氢脱硫）和物理变化过程（如精馏过程），基于分子矩阵的建模方法可以将这两种过程有机结合，使两种类型的模型可以在全厂模型中有机连接。然后将各个单元过程连接得到全厂生产过程的分子矩阵模型并进行计算，其中各物流流量、温度和压力为模型变量。由于目前还没有完成所有生产单元的分子建模工作，采用非分子矩阵模型代替还未完成的分子矩阵模型部分，可以立即通过全厂过程优化计算得到最佳的生产操作参数。需要指出，这样的优化计算可能会与全厂分子矩阵模型优化结果有所不同。最后以达到用分子矩阵模型指导炼油过程的操作，改进现有的生产过程，在满足环境限制要求下尽可能生产出高质量的产品，提高炼厂效益的目的。

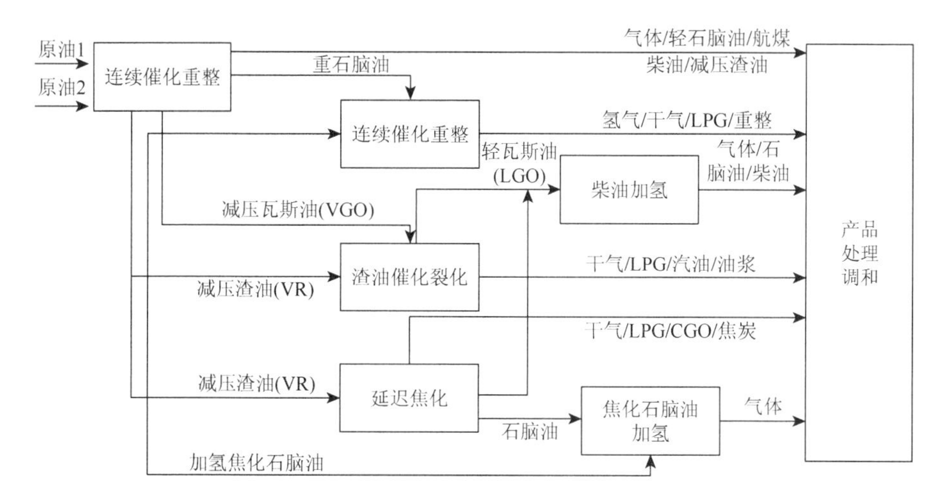

图 6.13　全厂生产流程图

6.8 小　　结

传统集总动力学普适性不强，且难以预测反应产物具体含量和性质的缺点已经被越来越多的研究者认识到。因此，通过发展分子级的反应动力学，对炼油过程进行分子级的管理，成为目前的研究热点。轻质油品由于其组成相对简单，现有的分析仪器较容易获取其分子组成，有利于模型的验证。同时，轻质油品与炼厂的经济效益息息相关，炼厂更有动力投入资金进行研发。因此，出现了大量关于轻质油品加工反应动力学的研究。一些成熟的研究甚至已经进入炼厂指导加工过程的操作，为企业带来巨大效益。而关于重质油的动力学研究目前更多还停留在实验室，因为重油本身的复杂性给分子层次的表征和模型的简化求解都造成了极大困难。但是随着原油的劣质化，重质油反应动力学的研究也越来越体现出其价值。

参 考 文 献

[1] 祝然，沈本贤，刘纪昌，等. 结构导向集总方法构建直馏汽油催化裂化动力学模型. 石化技术与应用，2012，（6）：483-487.

[2] 祝然，沈本贤，刘纪昌，等. 减压蜡油催化裂化结构导向集总动力学模型研究. 石油炼制与化工，2013，（2）：37-42.

[3] 祝然，沈本贤，刘纪昌，等. 基于结构导向集总方法考察减压蜡油掺炼地沟油催化裂化效果. 石油学报（石油加工），2014，（3）：484-492.

[4] Yang B，Zhou X，Chen C，et al. Molecule simulation for the secondary reactions of fluid catalytic cracking gasoline by the method of structure oriented lumping combined with Monte Carlo. Industrial & Engineering Chemistry Research，2008，47（14）：4648-4657.

[5] 孙忠超，山红红，刘熠斌，等. 基于结构导向集总的 FCC 汽油催化裂解分子尺度动力学模型. 化工学报，2012，(2)：486-492.

[6] 周齐宏，胡山鹰，李有润，等. 催化重整过程的分子模拟与优化. 计算机与应用化学，2004，(3)：447-452.

[7] Wei W，Bennett C A，Tanaka R，et al. Detailed kinetic models for catalytic reforming. Fuel Processing Technology，2008，89（4）：344-349.

[8] Wei W，Bennett C A，Tanaka R，et al. Computer aided kinetic modeling with kmt and kme. Fuel Processing Technology，2008，89（4）：350-363.

[9] Kumar H，Froment G F. Mechanistic kinetic modeling of the hydrocracking of complex feedstocks，such as vacuum gas oils. Industrial & Engineering Chemistry Research，2007，46（18）：5881-5897.

[10] de Oliveira L P，Verstraete J J，Kolb M. Simulating vacuum residue hydroconversion by means of Monte-Carlo techniques. Catalysis Today，2014，220-222：208-220.

[11] Ghosh P，Andrews A T，Quann R J，et al. Detailed kinetic model for the hydro-desulfurization of fcc naphtha. Energy & Fuels，2009，23（12）：5743-5759.

[12] Du Z，Li C，Sun W，et al. A simulation of diesel hydrotreating process with real component method. Chinese Journal of Chemical Engineering，2015，23（5）：780-788.

[13] 沈本贤，田立达，刘纪昌，等. 基于结构导向集总的石脑油蒸汽裂解过程分子尺度动力学模型. 石油学报（石油加工），2010，S1)：218-225.

[14] 田立达，沈本贤，刘纪昌，等. 延迟焦化结构导向集总模型应用研究. 炼油技术与工程，2012，(5)：55-60.

[15] 田立达，沈本贤，刘纪昌，等. 一种基于结构导向集总的延迟焦化动力学模型. 石化技术与应用，2012，(4)：285-293.

[16] 田立达，沈本贤，刘纪昌，等. 基于结构导向集总的延迟焦化分子尺度动力学模型. 石油学报（石油加工），2012，(6)：957-966.

[17] Tian L，Shen B，Liu J. Building and application of delayed coking structure-oriented lumping model. Industrial & Engineering Chemistry Research，2012，51（10）：3923-3931.

[18] Tian L，Shen B，Liu J. A delayed coking model built using the structure-oriented lumping method. Energy & Fuels，2012，26（3）：1715-1724.

[19] Horton S R，Zhang L，Hou Z，et al. Molecular-level kinetic modeling of resid pyrolysis. Industrial & Engineering Chemistry Research，2015，54（16）：4226-4235.

[20] 周齐宏，胡山鹰，陈定江，等. 基于分子矩阵的炼油过程的全厂模拟. 过程工程学报，2005，5 (2)：179-182.

[21] Hu S，Towler G，Zhu X X. Combine molecular modeling with optimization to stretch refinery operation. Industrial & Engineering Chemistry Research，2002，41（4）：825-841.

[22] Hu S，Zhu X X. A general framework for incorporating molecular modelling into overall refinery optimisation. Applied Thermal Engineering，2001，21（13）：1331-1348.

第7章　分子管理技术在炼厂实时优化中的应用

7.1　实时优化技术简介

如今在实际生产过程中，过程系统的规模和复杂程度不断提高，工业装置的数量、设计复杂性也在增加，设备老化，产品产量、品质的要求标准提高等因素，使得企业对优化的精度要求越来越高，需要按照实时的生产数据，及时实施优化控制。针对这些大型工业装置的优化，研究者们提出了实时优化技术概念。

实时优化（real time optimization，RTO）是炼化企业实现计划—调度—操作—控制一体化优化的关键环节。基于实时优化可以将生产计划、调度排产、操作优化、操作控制整体贯通，真正做到优化目标从上到下、从全局到局部的层层分解和闭环控制。实时优化能够根据生产条件、市场因素、企业计划的变化而实时调整生产方案，使得整个生产持续保持在最优状态（图7.1）。基于实时优化技术，在不增加重大设备投资的情况下，可以充分发挥现有生产装置的运行潜力，有效提高主要技术经济指标，有效实现增产、节能、降耗的目标，为企业新增利润。因此，实时优化是炼化企业实现计划—调度—操作—控制一体化优化不可或缺的关键一环。

7.1.1　实时优化技术的发展

实时优化是模拟和控制的紧密结合，它以生产过程的实时数据为基础，通过数据校正和模型参数更新，并根据经济数据与约束条件进行模拟和优化，最后将结果传送到相关控制系统。实时优化分为在线实时优化、闭环实时优化。实时优化的基础是获得实时的生产信息，包括设备数据、物性数据和约束条件等，其核心是精确的模型和准确的算法，可以根据装置运行数据自动实现模型的在线修正。实时优化的结果是优化后的控制参数或者决策、命令，对操作变量和控制参数进行实时调整，保证生产过程平稳操作和产品最优、效益最大。

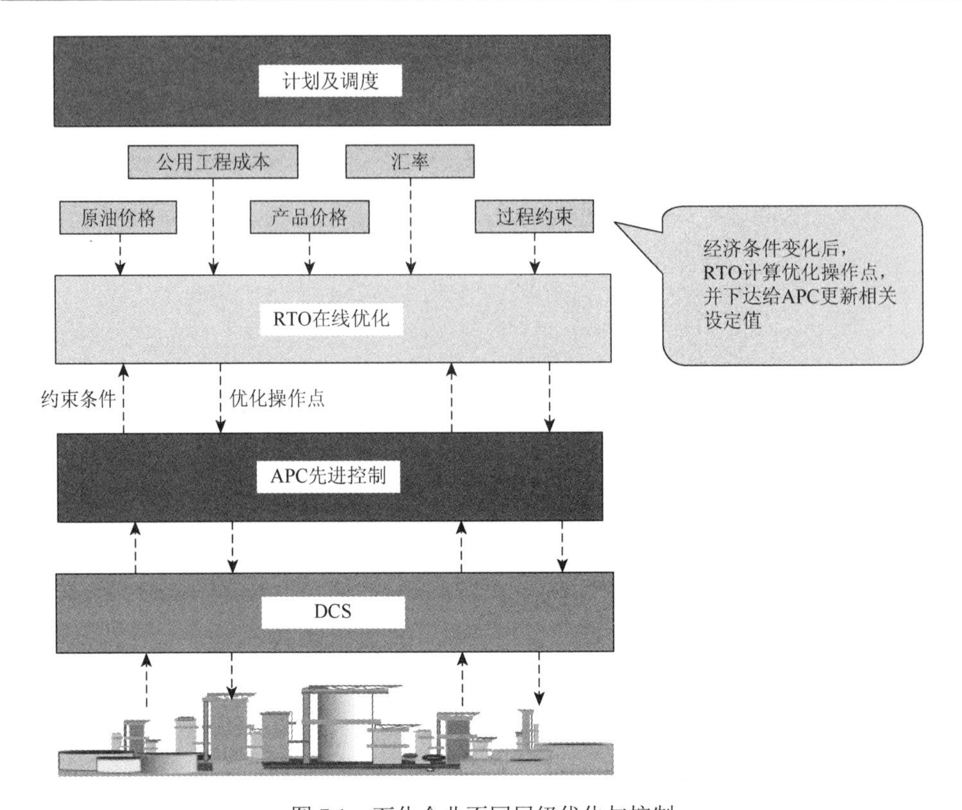

图 7.1　石化企业不同层级优化与控制

PCS. distributed control system，分布式控制系统

实时优化系统是基于数学工艺模型而形成的一个集成模型。系统可以估计约束条件和收益变量变化，实时更新数据保证模型的精确度，能在各种操作条件约束和生产条件约束下，优化各个操作变量而获得显著的效益，从而达到比常规稳态优化更先进、更有效的实时优化。实时优化系统的结构框图如图 7.2 所示。

系统从装置得到测量数据，首先根据测量数据计算判断系统是否处于稳态，若是非稳态，系统自动处于等待状态，下一个测量周期再检测。若是稳态，则自动步入数据确认阶段。数据确认阶段主要是判断分析过程中是否存在严重误差的阶段。系统根据自身的一些限制条件，如装置可用数据范围、相关数据之间合理误差等进行数据确认。经数据确认阶段后，自动进入数据校正阶段。本阶段的主要目的是调和数据，使实际的测量值与模型离线的计算值之间的偏差相对小，一般是取差的平方和的最小值。经数据校正阶段后，系统自动进入参数估计阶段，用校正后的测量值估计模型参数。参数估计的方法根据系统特性而不同。参数估计的准确与否，直接关系到下一步优化所用模型的准确性，进而影响优化的结果。所以参数估计阶段是整个实时优化系统的关键环节。参数估计阶段后是优化计算环节，

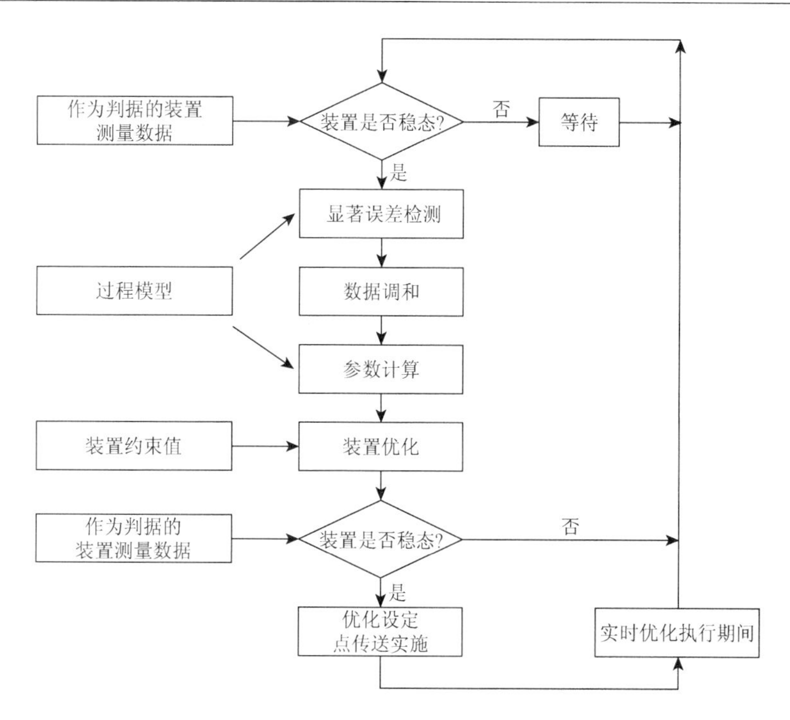

图 7.2　实时优化系统结构框图

即在满足系统各种约束条件下，根据参数估计后的模型，用合适的优化算法计算系统的最优操作状态，得到最优操作点。优化计算后，系统再次判断是否处于稳态状态。若是稳态，则优化实施。若是非稳态，则重新等待稳态状态。

整个过程简单描述为过程处于稳态时，对来自生产过程的实时测量信息进行数据调和，以此为基础修正稳态模型，然后进行优化计算，优化得到的最优设定值返回控制系统。过程处于新的稳态工作点时，开始进行下一轮的数据调和、模型修正、优化计算。

在整个实时优化系统结构中，稳态检测是最基本也是最重要的环节。优化器执行的周期，即从优化设定点被下载至控制系统到工况调整到新的稳态点的时间必须大于过程的动态过渡过程回复时间。由于系统噪声与测量误差都会影响系统稳定状态的判定，所以常用基于统计检验的方法检测系统是否处于稳态。这样可以减少甚至完全滤掉噪声及测量误差，准确判定系统稳态。

在实时优化系统结构中，数据调和与显著误差分析在修正模型、优化决策方面起着至关重要的作用。现场实测数据不可避免地会受到干扰、传感器特性漂移等因素的影响而带有误差，使得物料、能量平衡关系不能得到满足。在实际现场实测数据受到干扰、传感器特性漂移等给系统带来误差的情况下，显著误差分析是数据调和的前提，因为测量数据的误差包括随机误差和系统误差，而经典数据协调处理针对的是随机误差，因此只有在去除显著误差后，才能有效地进行数据调和。常用的数据调和方法是利用冗余对测量数据进行随机误差去除，从而使其满足物料平衡等约束关系。

实时优化结构中，参数在线更新也发挥着举足轻重的作用。因为不管模型多么精确，实际中不可能提供长期的精确可靠的系统响应，因为系统的响应很可能随时间而变化。如果市场需求变动产生产品价格、产率、产品成分比率变化，以及催化剂、装置老化、进料等的变化，典型的实时优化系统必须根据系统测量数据进行实时更新，使模型参数始终与装置实际情况保持一致。由于被估计参数与数据协调后的测量变量值满足同一个模型，因此参数估计与数据协调执行的是同一个过程。

设计实时优化系统，实时优化的周期至少满足系统稳态周期，计算周期太短的优化不是在系统达到稳态状态下的计算，对过程的性能指标没有意义。控制系统与实时优化系统的关系是以控制系统为先，即在保证系统工况的平稳运行前提下作更高层次的指标优化。

7.1.2　稳态实时优化

实时优化是根据所得到的各种信息，利用计算机自动地、周期性地完成优化计算，并将最优参数值直接送到先进控制器作为设定。实时优化通常采用严格的非线性过程模型、工厂约束和当前的经济信息来在线最大化生产过程经济效益。目标函数往往对于经济指标直接相关，如产品的质量和数量的提高，原料和能量消耗的降低等。实时优化实际上是稳态仿真的扩展应用，主要利用稳态物料平衡、热量平衡，有时也用动量平衡来描述，模型最初可能是为工艺设计而开发的，采用 SQP 方法求解。用传统的实时优化方法描述乙烯工厂通常需要几十万个变量，显然，求解这样大规模的优化问题需要较多的计算时间。

典型的执行周期包括以下内容：

（1）稳态侦破：保证装置处于合理的稳态，这样当前工艺数据可被用来建立工艺初始状态。

（2）数据校正与参数估计：目的是校正工艺数据和确定模型参数，以最好地拟合上一步中建立的工艺状态。对现场实测数据要首先侦破那些由于仪表的故障或系统泄漏引起的大误差，将其删除，然后用热量及质量平衡计算来校正随机误差。这样处理过的数据称为“精炼数据”，方可作为模型的输入数据。

（3）对上两步建立的模型进行优化求解。

（4）一致性检查：将优化结果下传到先进控制前进行一致性检查，以确保完成优化计算后的工艺状态与第一步建立的初始状态没有大的出入。

基于稳态机理模型的实时优化软件的典型代表有 Aspen Tech 公司的 RTO、Invensys 公司的 ROMEO 和 Honeywell 公司的 Profit Max。在新的发展方面，Aspen Tech RTO 和 Invensys ROMEO 均将序惯模块法和联立方程（EO）的求解方法进行了整合。

稳态实时优化的主要特性如下：

1. 状态估计

传统的实时优化要求将稳态工艺模型严格地匹配到当前的装置状况，需要进行数据校正和参数估计。对于动态变化比较频繁的装置，实际应用中不太容易确定准确的当前状态，如乙烯装置就很少处于稳态。实践中此问题成了一个参数调整的问题，有两种极端情况：①严格的稳态判断准则，意味着等待时间长。②松弛的稳态判断准则，可以减少等待时间。这两种方法都有问题，对于第一种方法，等待意味着丢失了优化的机会，尽管当达到稳态实时优化结果的意义大；对于第二种方法，优化可以进行得更频繁，但数据校正和参数估计的完备性降低了。总之，整个优化是在某种程度上的折衷。

2. 最优状态

第一，优化器的执行周期与模型大小和计算机的计算能力相关。第二，优化器计算期间进行系统的干扰能够使本次优化结果无效。由于等待稳态、计算时间长以及中间干扰等因素，传统的实时优化在乙烯装置上的运行频次非常低。

3. 动态路径

稳态优化无法给出动态路径。通常采用人工输入的步幅限制来约束向最佳操作点的移动。由于优化模型本质上是稳态的，所以通常输入的优化步幅都比较小，以避免 CV 值波动过大。

传统的实时优化需要维护两套模型，一套是模型预测控制器使用的线性动态模型，另一套是实时优化使用的非线性稳态工艺模型。两套模型都描述同一个装置，却基本完全不同，无法相互利用。这意味着模型的开发和维护都需要重复投资。

总之，传统的实时优化基于稳态模型，实时优化的很多时间用于等待装置处于稳态，并且下传稳态优化结果的前提是优化计算期间没有中间干扰进入系统。对于动态响应比较快或者干扰少的装置，实时优化仅用于适应企业外部的市场需求变化。对于动态变化比较频繁的装置，传统实时优化可能给装置带来最大效益。为此，众多的学者和公司在研究如何引入动态模型，以对大工业过程进行实时动态优化。

7.1.3 动态实时优化——实时优化新进展

从实用的观点看，分层优化方法可以为用户提供最好的投资回报。近些年，实时优化与先进控制的主要供应商都推出了这样的解决方案，如 AspenTech 公司的 DMCPlus、CLP、RTO 和 Honeywell 公司的 Profit Controller、Profit Optimizer、Profit Max。以 Honeywell 公司为例，其分层优化框架包括三层：①通过 Profit Controller 实施的局部优化；②通过 Profit Optimizer 实施的全局实时优化；③通过 Profit Max 利用严格的机理模型对高度非线性过程实施优化。

这一分层优化的方法将 Profit Optimizer 作为实施基于严格机理模型的实时优化的基础，充分利用已经安装的多变量控制器，从而降低实施实时优化的成本和风险。

Profit Optimizer 采用了其特有的基于分布式二次规划（DQP）的协调控制与优化算法。该算法利用动态关联模型对各 Profit Controller 所对应的单元间的相互干扰进行描述，同时，将动态控制层的约束条件和其他的全局优化变量及中间变量的动态约束条件结合起来。Profit Optimizer 不仅能给出最佳操作点，而且能计算出达到最佳操作点的最优路径。Profit Optimizer 将传统的稳态优化问题化为整个控制框架下的动态问题，通过及时的现场反馈处理和实时求解动态优化问题，逐步逼近稳态最优解。

这一突破性的技术将传统的基于机理的模型的优化问题转化为控制/协调问题。Profit Optimizer 能非常有效地处理实时优化中的动态问题，并将优化结果输出给下一层的 Profit Controller，后者通过跟踪 Profit Optimizer 给出的优化指标，将装置推动到它的最优操作点。它比较适合于解决中大规模的实时控制与优化问题。Profit Optimizer 易于实施，并且比传统的实时优化方法有更强的鲁棒性，其良好的准确度通过直接的、频繁的过程反馈来保持。由于 Profit Optimizer 每 1～2min 运行一次，它可很快地检测到干扰并及时响应。因此，它能使装置的运行更接近装置约束，更接近优化目标。

Profit Optimizer 的基础模型来自 Profit Controller，都是线性动态模型，对于高度非线性的过程，增益更新技术是提高多变量预测控制适应范围的一个很有效的方法，通常增益更新是采用对非线性模型进行数值蠕动的方法。由于只需要工艺变量间的商，因此不要求在每个执行周期都进行严格的参数拟合。执行周期短和连续增益更新使得 Profit Optimizer 求解大规模非线性优化问题的宏观表现类似于 SQP 法求解非线性问题。

Profit Optimizer 的主要特性如下：

1. 状态估计

由于已经包含了装置的动态模型，Profit Optimizer 在进行优化计算时不要求装置处于稳态。Profit Optimizer 的执行周期通常为 1min，这样可以频繁得到现场反馈数据，以补偿模型失配。Profit Optimizer 的模型准确地知道每一个过程变量的当前值和未来值。

2. 最优状态

在 Profit Optimizer 中，优化问题是半整定 QP 问题，一定有解，且求解速度过快。通常 Profit Optimizer 与 Profit Controller 的执行周期相同。

3. 动态路径

Profit Optimizer 将按照最小能量路径将生产推向最佳操作点。最小能量路径即是最小操作变量 MV 调节量。

以 Profit Optimizer 为代表的动态优化是实时优化技术的进步技术。采用动态模型代替稳态优化模型，优化计算不要求装置处于稳态。以 QP 描述优化，求解方便。严格稳态模型与动态系统相集成的方案实现在线更新先进控制器和优化器模型增益，以处理非线性。Profit Optimizer 适合于解决现实中的动态优化问题。作为动态优化/协调层，Profit Optimizer 处于先进控制层之上。非线性模型通过接口（Profit Bridge）实现对 Profit Controller 和 Profit Optimizer 的模型增益进行在线更新。每个执行周期，优化器都能够得到反馈信息。

7.1.4　实时优化技术在国内外的应用

RTO 技术的发展可分为以下阶段[1]：

（1）第一阶段：1990 年之前。一些公司进行了一些小规模的研究工作，只进行了小范围的局部应用，没有得到可以应用的商业化产品。由于 RTO 类产品需要巨大的计算资源，因此在当时发展该类产品是相当困难的。

（2）第二阶段：1990～2005 年。形成了一系列的解决方案，并在实际生产中得到大范围的验证和应用。出现了一些品牌产品和应用成果（如 DMC 公司的 DMO，AspenTech 公司的 RTOPT，以及之后出现的 AspenTech 公司的 Aspen Plus 和 Invensys 公司的 ROMEO 等）。在这一时期，由于过程模型的高度复杂性和大规模装置在线优化求解的需求，RTO 产品变得十分复杂。工程技术人员在 RTO 的实施过程中提出了一系列更加实用的技术，大大促进了 RTO 的发展。很多公司注意到了这些新方法的实用性及其能够带来的巨大利润。

（3）第三阶段：2005 年至今。越来越多的公司在不同规模的生产过程中引入了 RTO 系统。新的技术从发展初期到巅峰常常经历以下三个阶段：阶段一，处在发展的初期。阶段二，技术可行性得到证实并处在快速发展阶段。阶段三，处于成熟阶段，几乎所有的人都认为该技术和一些方案会得到广泛采用并在市场中占有统治地位。

如果将 APC 和 RTO 技术的发展过程放到生命周期理论中进行分析，可以发现在较发达地区，APC 技术正处于成熟阶段的中期，而在欠发达地区，APC 技术正处于成熟阶段的早期。至于 RTO 技术，在较发达地区，它正处于成熟阶段的早期或者发展阶段的晚期，而在欠发达地区，它正处于阶段二或者阶段一。

APC 和 RTO 技术的一个重要特点是服务。由于 APC 和 RTO 技术固有的复杂性，产品和应用/服务同时得到了发展。随着技术逐渐成熟，经验丰富的 APC 和 RTO 工程师人数越来越多。他们主要分布在世界各种大规模化工和炼油厂中，以及各个国家的咨询公司中。

石油化工 RTO 模拟与优化技术以 Invensys 公司的 PRO-Ⅱ、Aspen Tech 公司的 Aspen Plus、Hysys 公司的通用模拟器和 KBC 公司的反应过程模拟器为代表。该技术已广泛应用于装置或工厂设计、运转解析、设备或催化剂性能分析以及运行优化等中。在国外，如日本出光兴产株式会社，在 20 世纪 80 年代初期即引入模拟技术，在 80 年代中期，常减压装置、催化裂化装置、加氢裂化装置、加氢脱硫装置、石脑油重整装置等应用普及。近几年，其应用进一步扩大，并且注意开发接口，实现 PRO-Ⅱ、Aspen Plus 与 KBC 的 REFSIM、FCCSIM、HTRSIM 等模拟器的集成，并且在北海道、爱知、德山、千叶等厂实现多装置单元的优化和在线实时优化。

7.2　实时优化与分子管理的结合

7.2.1　实时优化与分子管理结合的价值

原油的分子成分复杂，含有超过 20 万个分子，即使是较轻的汽油、柴油产品也有 300 多个分子。但目前企业由于无法详细掌握原油、半成品产物和成品产物的具体分子构成，企业大多基于化验得出的宏观物性数据（如干点、闪点、硫含量、芳烃含量等），结合经验对装置进行管理，未从分子角度了解原料及产物成分，并针对不同分子组成设计对应的精细化生产方案，实现分子水平的优化排产、调度和操作。目前，炼油和石化装置模拟和优化研究大多基于集总方法（将动力学性质相似的组分用一个虚拟组分代替，然后构造这些集总组分的反应网络的方法），对炼油及化工生产过程中原料分子详细构成和分子层级本征动力学机理没有深入运用。这种基于经验模型或集总模型的方法，只在经验数据所覆盖的条件范围内有一定的准确度；当原料发生变化，或反应条件超出历史数据覆盖范围时，其精确度会受很大影响，导致优化效果不佳，甚至导致产生损失，因此很难用于全局优化和实时优化。而基于原料详细分子组成和分子层级本征动力学机理的实时优化方法能够从分子水平来认识石化生产过程，更准确预测产品性质，并且其使用范围更为广泛，在原料或反应条件发生较大变化时仍然能够具备很高的精确度。与基于集总模型的实时优化方法相比，分子水平的实时优化方法具有更准确、更可靠、适用范围更广等优势。

不可否认，炼化行业已经有几十年的发展历史，依据历史经验的积累与技术的发展，目前我国的炼化技术已经具备了一定的优化程度，但正是剩下的尚未获取的优化空间，决定了炼化企业的最终盈利能力，以及在国内、国际市场的竞争力。据数据统计，截至 2016 年 10 月，我国主营炼化企业加工大庆原油的炼油利润为 319.8 元/吨（合 6.55 美元/桶），加工阿曼原油的炼油利润为 478.7 元/吨（合 9.91 美元/桶）。而埃克森美孚（ExxonMobil）与壳牌（Shell）同期的炼油利润为 12～14 美元/桶，约合人民币 576～672 元/吨。西方企业的炼油利润高，一方面是因为西方企业原油价格与产品出厂价与中国有差别，另一方面则是因为广泛应用了分子管理技术，形成了完整的分子管理体系，其在降低生产成本、提升产品价值上做出了巨大贡献。以埃克森美孚为例，其在分子管理方面的技术积累最为雄厚，目前已在集团中超过 90%的炼化企业、超过 80%的装置上部署了分子管理技术，每年带来近 20 亿美元的效益提升，成为埃克森美孚整个炼化技术构架里最为重要的环节。根据实际核算数据，运用分子管理技术体系可为埃克森美孚、壳牌的炼化企业提升 1～2 美元/桶的经济效益。考虑到埃克森美孚、壳牌的炼化企业原先信息化、智能化程度都已经有很好的基础，而国内炼化企业的信息化、智能化尚存不足，因此分子管理体系在国内炼油企业中的潜在价值将远大于 1～2 美元/桶的经济效益提升。结合国内炼化企业的现状，分子管理体系预计可带来 100～200 元/吨的经济效益提升，将在今后的技术发展中起重要的作用。

7.2.2　基于分子管理的实时优化应用

1. 主要功能

装置实时优化（RTO）技术的宗旨是针对外界环境变化，在线优化装置操作，达到生产经济效益最大化。其中，外界环境包括：产品价格、燃料价格、原油品质及环境温度等。

基于分子管理的实时优化项目提供如下主要功能：

（1）基于功能强大、性能优异的实时优化软件包 Aspen Online/Aspen Plus RTO，在同一平台上集成三种运行模式：在线模拟、数据整定和实时优化，从而在同一界面实现离线分析、在线优化、数据协调等多种功能，并通过实时系统技术实现自动执行功能。

（2）基于在线分析仪器、分子级数据库和物性计算软件，获取进装置原料的分子组成和分子物性。

（3）基于已有的 RSIM 流程模拟软件和 Aspen Plus 流程模拟软件，在分子级表征支撑下，建立设备分子级机理模型，实现装置全流程模拟。模型中相关设备的参数（如换热器传热效率、精馏塔板效率等）将根据在线数据整定而来，保证了模型和现场装置的一致性。这也是在线模型的使用效果大大优于离线模型的原因。

（4）在已有 DMCplus 软件的基础上，对特定装置设备的 APC 系统进行性能提升，从而达到 RTO 对 APC 系统的要求。

实时优化系统的核心宗旨是针对存在巨大经济利益驱动的炼油和化工行业中的连续工艺装置，通过实施实时的优化，最大化生产效益。除在线实时优化功能外，基于同一模型，实时优化系统还可以有多种其他应用。在线应用覆盖闭环的优化到设备的性能监测、热量和物料平衡的校正、坏仪表的检测等；离线应用包括单元设计、脱瓶颈研究和故障诊断、进料评估、投资项目评估等。

2. 系统总体架构和集成方案

以常减压装置的 RTO 为例，基于分子管理的实时优化系统整体架构图如图 7.3 所示。

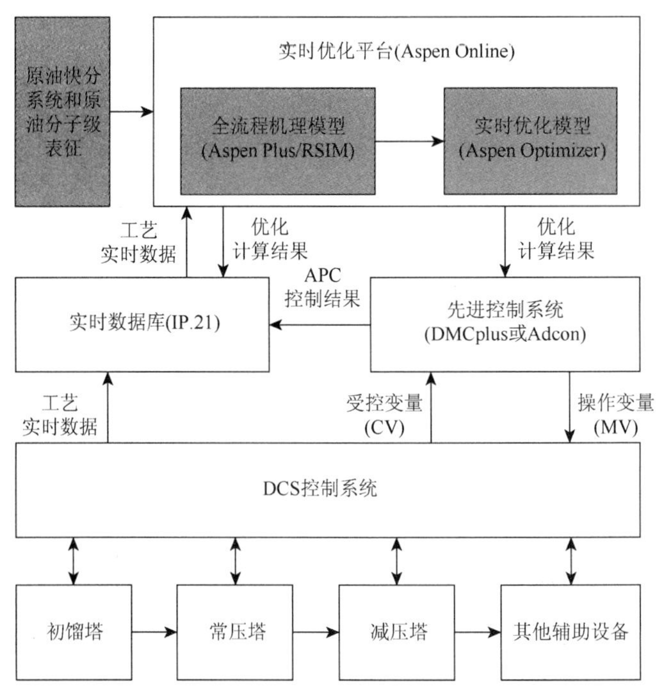

图 7.3　基于分子管理的 RTO 功能架构示意图

如图 7.3 所示，工厂数据由 DCS 系统经 OPC 标准接口传递到实时数据库 IP.21，再经 IP.21 实时数据库将工厂数据导入基于实时优化平台的 1#常减压装置机理模型。原油快速分析数据和原油分子级表征数据同时导入基于实时优化平台的 1#常减压装置机理模型。实时优化平台完成稳态检测后，启动机理模型的数据整定和模型参数校正工作，获取最优的机理模型参数集。然后启动优化模型，给出最优的操作点（优化变量设定值）。在通过稳态检测后，由实时优化平台将生成的优化点设定值下达给 APC 控制器实施，对装置进行闭环操作。RTO 优化平台生成的优化设定值和 APC 控制器实际优化控制结果也会传给实时数据库，用于结果展示和生成下一组参数校正样本。

RTO 和 APC 的联动是实现实时优化的另一关键。由于装置原料供应、经济、设备性能及其他操作变量的变化，装置效益的最大化通过组合 RTO 非线性优化模型和基于 APC 的装置经验模型共同实现。严格机理的优化系统可以精确地确定最优的操作点在可行的、约束的操作区间，同时，过程动态模型的 APC 系统的任务是确定最有效的方法，将装置推到新的优化点上运行。APC 先进控制平台由模型预测控制器和线性规划优化器构成，它实时地与 DCS 双向数据通信，根据 RTO 的优化目标，通过 DCS 对装置实施控制。这样，不仅可以达到对单一装置的优化控制，同时可以根据区域或全厂的优化目标，实现对装置的优化控制。

7.2.3　常见技术路线

基于分子管理的实时优化技术体系在每个环节均围绕原料与产物的详细分子组成构建。首先，该实时优化技术体系使用 2 万～3 万个或更多的分子来描述原料与产品的分子组成，而现在通常使用 400 个以内的集总组分或虚拟组分来描述原料与产品。分子层级本征动力学模型也是基于原料的详细分子组成构建，所形成的反应网络代表了分子反应的本征特性。而现有方法多基于集总模型，形成的反应网络为表征反应网络。本方法的本征反应网络与现有方法的表征反应网络相比，具有适用性更广、延展性更佳、准确度更高等优点。

其次，物性计算模型同样基于详细分子组成计算产物与原料的宏观性质：根据每个组成分子的详细结构计算其物理化学性质；然后根据原料与产品中每个分子的浓度，通过加权求和或运用混合因子调整计算混合物的宏观性质。而现有方法多基于集总组分或虚拟组分的物理化学性质计算原料与产物的宏观性质，在应对混合效应时无法抓住分子构成的本质规律，而多采用经验模型调整的方法。

所以，基于分子管理的实时优化方法常见的技术路线如下：

（1）通过在线分析仪器实时获取生产装置的原料及产物的宏观性质，如密度、馏程、碳含量、硫含量、氮含量、残碳、闪点等。

（2）根据在线分析仪器所获取的原料宏观性质，比对原料分子数据库，获取原料的详细分子组成，使用 100～200000 个分子组成描述原料的成分。

（3）根据获取的原料详细分子组成，运用分子层级本征动力学模型和过程模型，预测产物分子组成，其中分子层级本征动力学模型针对原料详细分子组成构建反应网络（参见第 5、6 章）。

（4）根据所预测的产物分子组成，运用物性算法模型计算产物宏观性质，包括但不限于密度、馏程、碳含量、硫含量、氮含量、残碳、闪点，产物宏观性质的计算基于产物每个分子成分的相关性质进行加权求和或应用混合因子进行调整。

（5）将所预测的产物宏观性质，与步骤（1）中在线分析仪器测量的产物宏观性质进行比对，并校正动力学模型中的参数，使得模型预测准确。

（6）在完成模型校正后，运用优化算法，计算出当前原料组成、市场条件、企业规划、设备约束等条件下最优的生产方案，此处优化的目标可以是最大化经济效益、最小化能耗、最大化某种产物产量中的一种或多种。

（7）将步骤（6）所产生的最优生产方案在线部署至 APC 系统。

（8）APC 系统接收到步骤（7）的指令后在线部署至 DCS 系统，控制生产装置。

（9）生产装置进入稳态后，重复以上步骤，进行下一次循环，整个系统不断循环，使得生产持续保持在最优状态。

实时优化的上述整个循环过程均基于实时优化平台完成，由在线优化实时系统（RTS）自动执行。如图 7.4 所示。

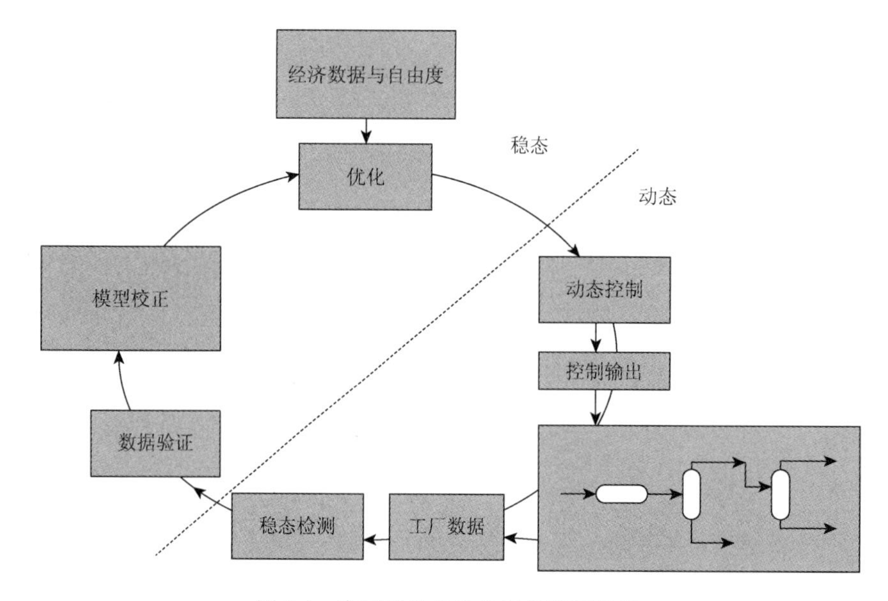

图 7.4　实时系统自动执行步骤示意图

RTS 支持执行优化应用的排程、稳态监测、数据验证、模型校正、优化、结果下载、数据模型执行激活、模型任务序列、应用监测等。RTS 提供了一个图形用户界面，可以配置和测试全部的自动功能。一旦建立实时优化系统（含机理模型和优化模型），将实时系统序列置于在线工作状态，在自主的排程指引下，将自动执行各步骤的应用。RTS 在线的信息日志、应用报告、自动的管理和使用监测功能极大地方便了在线应用的监测和维护。

7.3　案 例 分 析

7.3.1　常减压装置基于分子管理的实时优化

1. 某石化 1#常减压蒸馏装置简介

某石化 1#常减压蒸馏装置始建于 1980 年，占地面积为 12000m^2，初建规模为 2.5×10^{6}t/a，于 1980 年 10 月投产。2007 年 10 月，进行节能技术改造，由中石化洛阳工程有限公司负责主体设计，某石化设计工程公司负责电精制系统及装置外系统配套设计。采用初馏—常压—减压蒸馏—电精制及轻烃回收（压缩机）工艺流程，设计加工能力为 5×10^{6}t/a。

装置设计加工原油为仪-长管输原油，其混合比例为胜利原油∶进口原油＝1∶1（体积比，其中进口原油包括阿曼原油等），技术达到国内先进水平。装置主要产品为重整原料（石脑油）、航煤料、轻柴油（军柴）、重柴油（加氢原料）、减压蜡油和减压渣油。电脱盐单元、常减压蒸馏单元、轻烃回收单元更新，电精制单元部分更新、部分利旧，规模为 5×10^{6}t/a，于 2008 年 3 月正式投产。2011 年 9 月、2014 年 11 月和 2017 年 2 月分别进行了装置停工大检修，对存在的“瓶颈”和问题进行消缺，主要增设了初侧线、机械抽真空泵、轻烃压缩机等流程和设备。

2. RTO 实施目标和范围

本项目的总目标是，基于原油分子数据库，建立 1#常减压装置的分子级机理模型和实时优化模型，完成 1#常减压装置实时优化（RTO）系统的建设，在满足计划和调度要求的基础上，实现炼油装置经济效益最大化，降低常减压装置能耗。本次 RTO 项目具体覆盖的范围包括：原油进料、初馏塔、常压炉、常压塔、减压炉和减压塔。

3. RTO 总体技术架构

某石化 1#常减压装置实时优化系统整体架构如图 7.5 所示，该图显示的所有服务器均布置在专用以太控制网中，办公网的 ODS 数据以及 ERP 数据均通过防火墙集成到控制网中的 RTO 专用实时数据库 IP.21 中。工厂数据包括常减压装置的操作参数和原油及产品在线核磁分析数据，它们由 DCS 系统经 OPC 标准接口传递到 RTO 专用实时数据库 IP.21，再经 IP.21 实时数据库将工厂数据导入基于分子级机理模型的 1#常减压装置实时优化平台。

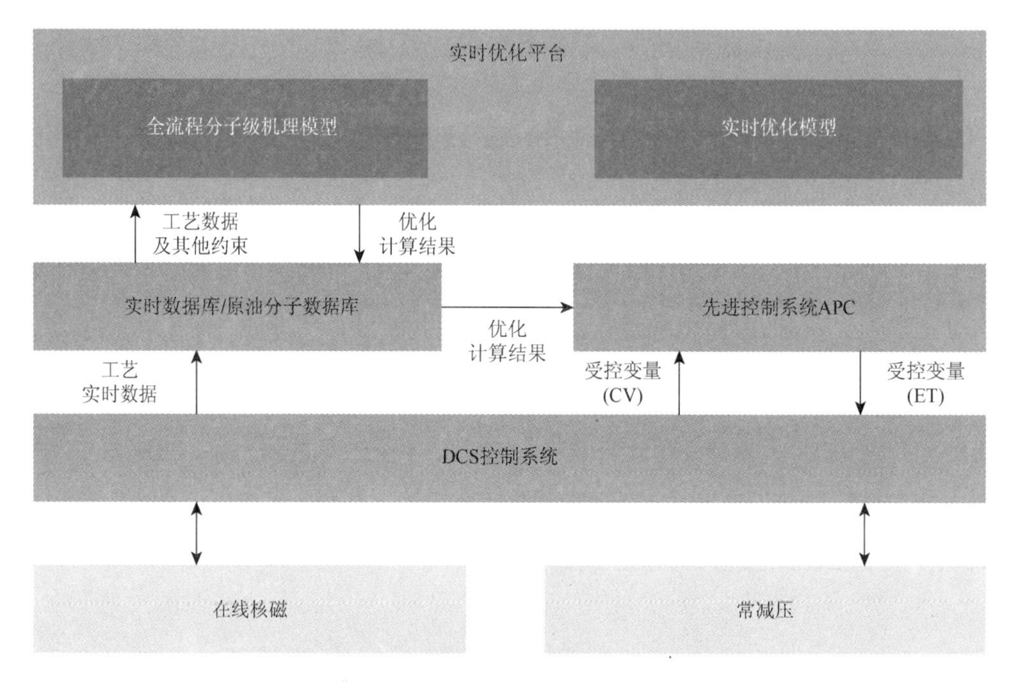

图 7.5　1#常减压装置实时优化系统整体架构示意图

原油及产品在线核磁快速分析数据和原油分子级表征数据同时导入基于实时优化平台的 1#常减压装置机理模型。然后结合工厂实际情况启动不同的优化模型方案，实时优化平台完成稳态检测后，启动机理模型的数据整定和模型参数校正工作，获取最优的机理模型参数集。同时根据相应方案的优化目标给出最优的操作点（优化变量设定值），再一次经过稳态检测后，由实时优化平台将生成的优化操作点写到 RTO 专用实时数据库中，最后下达给 APC 控制器实施，对装置进行闭环操作。APC 控制器实际优化控制结果也会传给实时数据库，用于结果展示和生成下一组参数校正样本。若第二次稳态检测未通过，则实时优化平台的优化操作点也将写入实时数据库，但不下达到 APC 控制器中实施。

4. RTO 各子系统主要功能

1）分子炼油模块

本项目建立的分子级 RTO 系统基于中控原油分子数据库，结合原油快评数据实时生成原油的详细分子数据。继而对 1#常减压装置混合原油进料、中间物料和侧线流股进行分子级表征。

为使 RTO 系统获得原油详细的分子数据支撑，需根据某石化所处理的原油种类来建立常见加工原油的分子数据库。该数据库根据每种原油的实沸点曲线等关键数据把原油按馏程划分。对于关键组分则采用气相色谱等方式表征其分子组成，再进行化学类别表征。最后综合分析数据，来确定详细的原油分子组成数据。

分子数据库在投用前需要基于某石化积累的数据对分子数据进行离线校正。校正完毕后可形成原油分子数据库与评价数据库一一对应的完整数据库。针对原油混炼的情况，可以从原油分子数据库中选出相应的原油进行组合，拟合出新原油的分子组成，再根据原油混合评价数据将关键性质拟合，使最终的结果与混合评价数据匹配。

在完成原油分子库建立、原油分子数据离线校正后，所形成的原油分子数据库即可作为实时优化的数据基础。在线使用过程中，在线核磁快评数据经 OPC 写入特定的 DCS 位号中，再将上述性质数据读入原油数据库管理系统，并以此为拟合目标，对相应原油数据进行在线拟合，实时生成与当前原油吻合的分子数据。

受限于 Aspen Plus 对组分的限制，在模拟过程当中需要将详细分子数据与 Aspen Plus 之间的组分建立起特殊的映射关系。组分经过映射以后进入模拟系统模拟优化，最后再映射回详细分子数据，如图 7.6 所示。

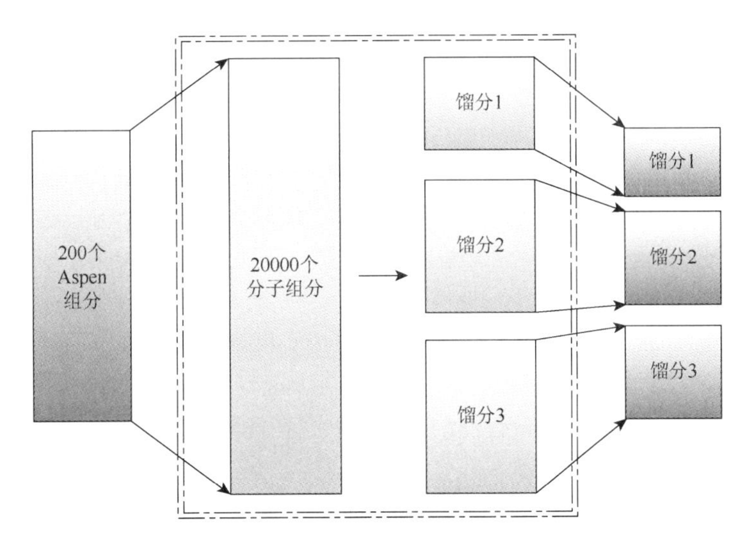

图 7.6　原油分子组分与 Aspen Plus 模型组分之间的映射

2）流程模拟模块

基于 Aspen Plus 流程模拟软件平台，根据分子表征的物料组分，建立 1#常减压装置的全流程模型，并基于历史数据对全流程模型进行离线验证，提高原有机理模型的模拟精度。

对常压塔的精馏模拟，可直接按照每个分子的实际沸点数据进行计算。而对于减压精馏装置的沸点，则需根据真空度对实际沸点进行转换，换算为常压下的沸点，以保持与上述沸点计算公式一致。每个减压装置的真空度会存在差别，在模型中将通过可调参数来贴合装置的实际情况。

计算每个分子的沸点以后，即可准确地将该分子划分到不同的蒸馏馏程里。在此基础上，还需要考虑不同馏程之间的沸点重合。不同的装置的沸点重合度不一样，因此在模型中需加入调整沸点重合的参数，并根据装置的实际数据进行调整，以确保切割模型的准确性。

经过上述原油分子组分数据库、原油分子拟合算法、分子级常减压装置模型的结合，即可对常减压装置每个流股的分子成分进行准确计算，根据分子成分进一步计算其性质，包括实沸点曲线、密度、硫含量、残碳值、芳烃含量、闪点等。这些性质数据又可进一步与下游装置的模型结合，并最终体现在经济效益上。这些数据为整个 RTO 模型提供了计算基础。

3）先进控制模块

1#常减压蒸馏装置始建于 1980 年，2008 年 3 月完成由 250 万吨/年扩能改造到 500 万吨/年。DCS 采用的是日本横河公司的 CS3000 系统。

涉及的 APC 模块实施范围包括原油换热网络部分、加热炉、初馏塔、常压塔和减压部分。采用具有良好鲁棒性的多变量预测控制软件 DMCplus 及其相关软件，可以在较宽的工况范围内适应由各种干扰和不确定因素所引起的控制器模型与装置实际模型之间的误差。同时，它还具有产品价值优化功能，以实现提高装置经济效益为目标。

DMCplus 控制器可设计多个子控制器。子控制器是将大型单一控制器分割为逻辑过程部分，可以同时从控制器中开启或者关闭一组有关的操作变量和被控变量。因此，子控制器可以让操作更简单，但又不会改变控制器内在的总体协调优化的真正结构。因此先进控制系统将装置的经济目标通过大控制器统筹考虑和优化，再将实现经济目标的调节手段分解给子控制器来实现。

控制产品质量是装置先进控制的基础，只有在产品质量合格的前提下，才能追求产品的产量最大和能耗最小。在产品的质量控制中，实时在线质量分析数据是十分重要的。本项目将采用 Aspen IQ 软测量软件来实现产品质量在线预估或推断计算。

（1）APC 关键技术：DMCplus。多变量预测控制和优化技术，该技术将用于常减压装置重要单元设备或设备组的多变量控制和优化。

采用 Aspen OnLine 结合 Aspen Plus 实现目标函数优化，优化结果作为 DMCplus 控制器的外部目标，实现优化控制。

（2）APC 关键技术：Aspen IQ。基于神经元网络和主元分析等方法的在线实时软测量技术，该技术将用于对常减压装置产品的工艺计算，并供多变量控制器使用。

采用核磁分析仪的原油数据，结合装置的工艺状况和化验分析值，采用半机理模型对装置的关键质量指标进行软测量建模。软测量计算的结果将作为 DMCplus 控制器的 CV，实现质量在线控制。

4）实时优化模块

在完成机理模型、优化模型和 APC 性能提升后，启动实时优化平台 Aspen OnLine 完成模型的在线应用。

应用 Aspen Plus 的 EO 模块以及 Aspen OnLine 等软件，以经济效益最大化为目标，以优化变量为操作变量，基于模型全流程分子级机理模型，建立 1#常减压装置实时优化模型。

5）综合展示模块

综合展示模块采用 B/S 架构，部署在办公网络中，公司、车间、装置等各级部门可以通过综合展示模块直接查看 1#常减压实时优化数据、历史趋势、经济效益、原油分子数据的综合展示与统计分析。系统采用流程图、优化对比曲线趋势图、表格等多种方式直观展示相应数据，各级领导能够及时了解掌握优化实时运行数据，进行快速指挥调度生产。

综合展示模块的主要功能如表 7.1 所示。

表 7.1　综合展示模块详细功能与实现方式列表

功能	功能描述及实现方式
实时优化	通过流程图的形式，实时监视 1#常减压装置主要参数的当前运行情况，如流量、温度、压力以及原油、测线产品的质量分析数据，另外将模型的估算参数、整定后的关键数据以及优化数据均展示在流程图中，实现当前运行（plant）值与模型（model）值的有效对比
优化效益分析	针对经济效益最大化的优化目标，展示该目标对应条件下的优化经济效益统计分析，提供小时、日、月的经济效益分析数据，通过报表的方式直观展示
优化对比趋势分析	针对侧线收率最大化的优化目标，通过历史趋势曲线图的方式，展示优化值与实际值的对比分析
原油及侧线产品分子组成展示	将从原油分子数据库获取的原油及侧线产品对应的分子组成及分子结构通过分子结构图形及列表的方式进行展示
运行配置	管理模块中的优化方案、任务单、模型操作变量

7.3.2　乙烯裂解装置基于分子管理的实时优化

1. 某石化乙烯装置简介[2]

某石化化工一厂乙烯装置以轻柴油为原料，经过裂解、急冷、压缩、分离等工艺过程，生产出高纯度乙烯、丙烯产品和氢气、液化气、碳四、碳五、裂解汽油、裂解轻柴油、裂解燃料油等副产品，为下游生产装置提供原料。经过两次改扩建后，该乙烯装置实现了目前“两头一尾”流程，规模达到年产（8000h/a）乙烯71 万吨级的。

2. 实时优化（RTO）技术实施背景

当前，国外大型的石油化工企业正在越来越深入地利用信息技术解决生产实际问题，一些成熟的软件和硬件技术的应用已经为企业经济效益的提升提供了潜力巨大的、空间广阔的平台，成为企业技术进步中一项投入少、增效快的重要措施。

乙烯是石化产品中最为重要的中间产品，从乙烯生产中不断挖潜增效的能力是石化企业竞争力的重要体现。在技术条件层面上该乙烯装置已实现了全流程的先进过程控制（APC），仪表自控率和联锁系统的投用率较高，生产安全平稳，具备了应用 RTO 技术的条件。

3. 实时优化技术及控制系统介绍

实时优化（RTO）技术是利用 Aspen Plus 的机理模型和 Aspen Online 在线优化技术，并充分融合生产装置工艺技术人员实践经验，通过技术方和应用方密切合作共同实施的。

该乙烯装置 RTO 系统由应用软件和硬件平台两大部分组成，以全装置的静态机理模型作为计算和优化的基础，通过安全可靠的通信运行机制，与 APC、DCS 实时连接，形成闭环的实时优化控制体系。

1）系统软件构成

（1）Aspen Plus RTO 和 Aspen Online：该乙烯装置的 RTO 使用了 AspenTech 的 MSC Suite，该套软件使用了基于 AspenPlus 机理求解的优化模式。通过严格的工艺计算，根据原辅材料的量价数据，按照效益最大化目标方程，计算出一套优化控制参数，作为 APC 的外部目标值，通过 APC 改变 DCS 中常规控制回路中的设定值或阀位开度，最终实现闭环实时优化。

（2）APC：先进过程控制，使用的是 AspenTech 的 DMCplus，该控制软件基于多变量控制技术，以描述独立变量（包括操作变量和前馈变量）和非独立变量（被控变量）关系的模型曲线来表征过程的动态特性及稳态增益，通过改变 DCS 中常规控制回路中的设定值或阀位开度，最终实现闭环控制。

（3）InfoPlus.21：实时数据库，可直接与 DCS 进行数据通信，为 RTO 提供数据支持平台。

2）系统硬件构成

该乙烯装置实时优化和先进过程控制的硬件采用四台惠普的服务器作为上位机，运行 Windows 2003 Server 操作系统。

装置 DCS 为 Yokogawa 的 CENTUM CS3000，上位机和 DCS 之间采用 Aspen 开发的通信接口软件 CIM-IO 以 Client/Server 结构进行双向通信。

四台服务器分工各有不同，Yshyrto 运行 Aspen Plus RTO 和 Aspen Online；LJDMC 运行 DMCplus；LJWEB 运行 InfoPlus.21 和 SPYRO；LJDMCWatch 运行 Aspen Watch。四台服务器均采用 TCP/IP 协议相互联网，实现优化控制的各种功能。

乙烯装置优化控制系统硬件构成如图 7.7 所示。

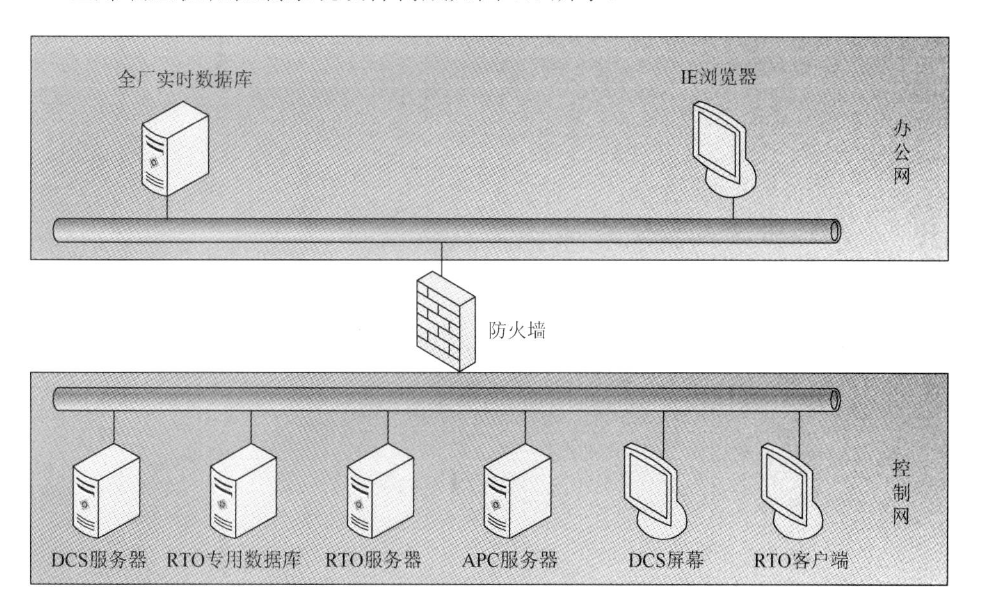

图 7.7　RTO 装置优化控制系统硬件结构图

3）系统框架结构

实时优化由两部分组成——Aspen Plus RTO 和 Aspen Online，用于在线优化、数据通信和处理，优化周期的管理；Aspen Plus 用于建模和模拟计算。

（1）静态机理模型（Aspen Plus）。

该乙烯装置的实时优化（RTO）控制系统在实施的过程中共开发建立了 1 个装置模型、6 个子模型和 38 个单元模型。这些静态机理模型分为三层，层与层之间、同一层的各单元模型之间都可以进行数据交换。

（2）在线控制和管理（Aspen Online）。

在线控制和管理由 Aspen Online 软件完成，包括在线数据通信、数据处理、系统稳态监测和管理优化计算周期等任务。

参 考 文 献

[1] 叶楠. 在线分析仪器在厂级实时优化和先进过程控制中的应用. 中国在线分析仪器应用及发展国际论坛，2010.

[2] 刘志文，侯晶. 实时优化（RTO）技术在燕山乙烯装置的工业应用. 自动化博览，2013，（9）：102-104.

第 8 章　分子管理软件介绍

8.1　概　　述

分子管理相关技术经过多年发展，已经有部分成型技术，本章将对目前有相关报道的软件进行介绍，并针对其采用的方法及技术指标进行概述，分别介绍分子管理平台开发过程可能用到的软件开发库和现有管理平台相关软件。值得指出的是，目前尚无成熟的分子管理软件覆盖石油加工分子管理全链条，大部分软件仅覆盖分子管理所需技术的某一个部分或针对某个加工过程。

8.2　中国石油大学（北京）分子管理软件平台

分子管理技术作为石油加工过程优化的未来方向，对于研发人员及炼化企业具有巨大的吸引力。然而分子管理模型在具有更强预测能力的同时，也包含了更多的待处理信息细节。分子管理技术涉及石油化学、化学工程、计算机技术和系统工程等学科的高度交叉，模型复杂程度和开发难度远大于传统的集总模型。目前已有大量石油加工过程集总模型开发的报道，但是世界范围内仅有少数课题组及研发单位能够进行分子管理模型的开发。

相比集总模型，分子管理模型开发的困难主要在于模型复杂度，更具体地体现在模型内容和体系复杂度提高方面。当过程模型开发推进到分子层次后，研究者需要处理分子信息输入、分子热力学和物性模型集成、分子的储存及数字化等一系列问题，模型涉及的方面更多，复杂度更高，需要进行各子模型的开发并进行顺利衔接，模型开发难度提高。体系复杂度的提升主要是由于石油分子类型众多，研发人员通常需要同时处理由于分子数目增多所带来的底层技术问题。例如，石油加工过程的反应转化通常涉及至少数千个代表性分子的反应，对该反应体系进行数学化，并将其用编程语言进行实现，相应的代码无法进行手工编写，需要引入计算机辅助建模的技术来进行模型生成。不仅仅石油加工过程面临体系复杂的问题，对于生物质燃料及煤等体系，也同样存在类似的挑战。模型的复杂度对研究者的相关知识储备及计算机技能提出了较高要求。

分子管理模型通常涉及分析技术、物性模型、过程模型及代码编写等方面的内容，在模型的开发过程中这几部分内容互相交织及支撑，缺一不可。如图 8.1（a）

所示，在常规的模型研发架构中，通常先选定需要建模的目标过程，之后寻找熟悉四部分内容的研发人员直接进行模型开发。在该架构下，研发人员需同时处理各子模型的开发及衔接问题，并且针对石油复杂体系进行优化。该架构是传统集总模型研发的延伸，研发人员必须十分熟悉石油加工过程各个方面且编程能力较强，方可同时处理所有模型的技术细节问题。

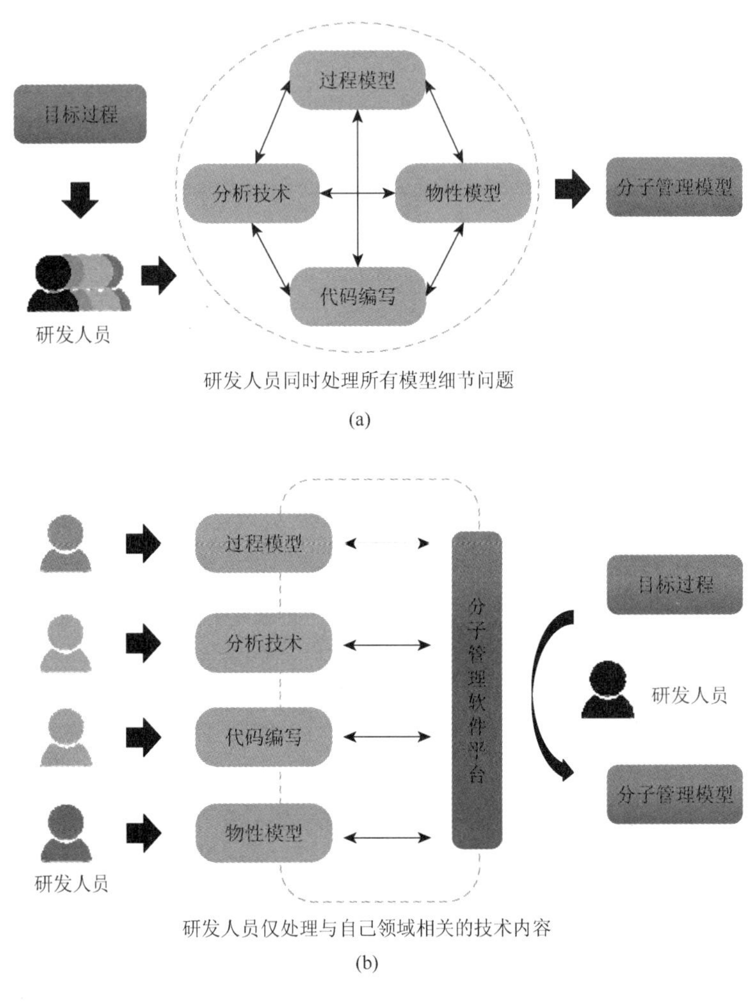

图 8.1　分子管理技术开发架构

(a) 直接模型开发；(b) 分子管理软件平台

不同石油加工过程的分子管理模型开发过程中，许多技术是共性的，可以进行统一化及标准化，如分析数据的后处理及组成模型构建技术、反应网络自动生成技术、分子结构-物性关联技术等。这些技术在分离、反应及调和过程的分子层次模型开发中都会被反复开发和调用，因此可以将这些共性的技术提取出来变成分子管理软件平台。在建立分子管理软件平台后，模型开发架构如图 8.1（b）所示。在不同过程模型的开发中，只需要按需求选择性调用平台中的模块，加快模型的开发。分子管理所涉及的各部分底层技术分别由专门的人员进行研发和维护，并集成到平台中，模型开发分工更明确，对研发人员要求也明显降低。

引入分子管理软件平台后，研发人员能够专注其擅长的领域，避免过多技术细节问题分散精力，负责分析技术、物性模型、过程模型及代码编写的研发人员能够解决特定部分的问题，降低模型开发难度；另外，分子管理平台提供集成环境，将各方面的技术进行融合，通过计算机辅助的方法进行模型生成等重复性工作，缩短开发周期。

经过数年的研发，中国石油大学（北京）分子管理课题组编写了具有自主知识产权的 CUP 分子管理软件平台（图 8.2），并成功在众多石油加工过程的分子层次模型构建中进行了应用。分子管理软件平台包含了分子层次模型构建所需要的底层模块，研发人员仅需要关心原料的化学组成特性、热力学模型的选取及加工过程的转化规律。在指定相关信息的基础上，研发人员仅需要编写少量代码，即可通过分子管理平台自动生成组成模型、调和模型、分离模型和反应动力学模型。

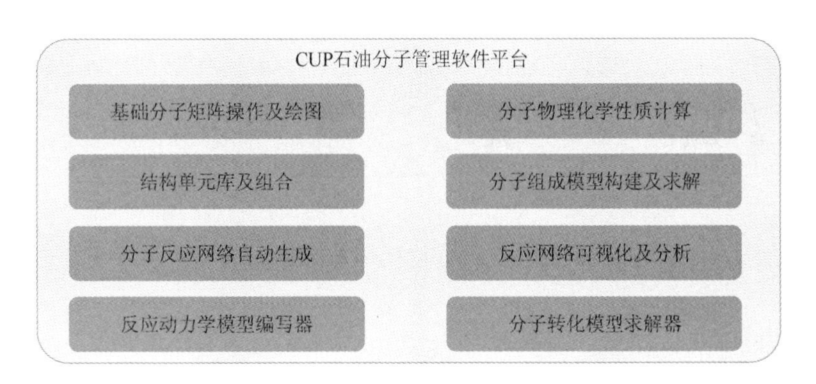

图 8.2　中国石油大学（北京）石油分子管理软件平台的模块构成

分子管理软件平台的模块设计遵循分子管理技术研发的逻辑顺序，包含分子数学化、性质预测、组成模型构建、反应网络构建及反应动力学模型构建等模块，覆盖了从单分子生成到最终模型生成及训练的全链条。单分子构建方面，该课题组设计了基础的分子矩阵操作及绘图模块、分子物理化学性质计算模块。为了方便研发人员指定所需要的石油分子结构，还添加了用户友好的结构单元库及组合模块。在指定分子核心的基础上，可以通过分子组成模型构建及求解模块直接生成组成模型。针对分子层次的反应动力学模型构建，设置了分子反应网络自动生成模块，并提供反应网络可视化及分析模块，方便用户对生成的反应网络进行分析。根据生成的反应网络，软件平台能够根据指定的反应机理类型，自动生成反应动力学模型代码，并提供分子转化模型求解器以根据实验数据求解反应动力学模型参数。在实际分子管理技术开发的过程中，该课题组应用分子管理软件平台建立石油加工过程模型，在模型构建的过程中，又进一步对平台进行改善，使其更加符合实际模型开发及部署的需求。

图 8.3 展示了反应网络到基元反应动力学模型的转换及求解过程。通过上一步骤得到的反应网络及其反应列表被自动导入反应动力学模型编写器，根据采用的反应过程类型，生成对应的常微分方程（ODE）或者代数微分方程（DAE）。反应模型生成器主要分析每个分子所涉及的反应，编写每个反应对应的反应速率方程的表达形式。目前主要支持两种反应速率表达式，分别是幂形式及 Langmuir-Hinshelwood-Hougen-Watson（LHHW）形式。前者为传统阿伦尼乌斯方程的基元反应形式，主要针对无催化剂的均相反应体系；后者考虑了化合物在催化剂表面吸附—表面反应—脱附过程，主要针对非均相催化反应体系。由于石油加工过程涉及的反应较多，参数回归时会产生过多待拟合参数，反应动力学表达式生成时还需对待求解参数进行降维。目前主要采用线性自由能（LFER）方式将同一反应类型反应的活化能与其反应焓变进行关联。将数千个待求解反应参数转化为数

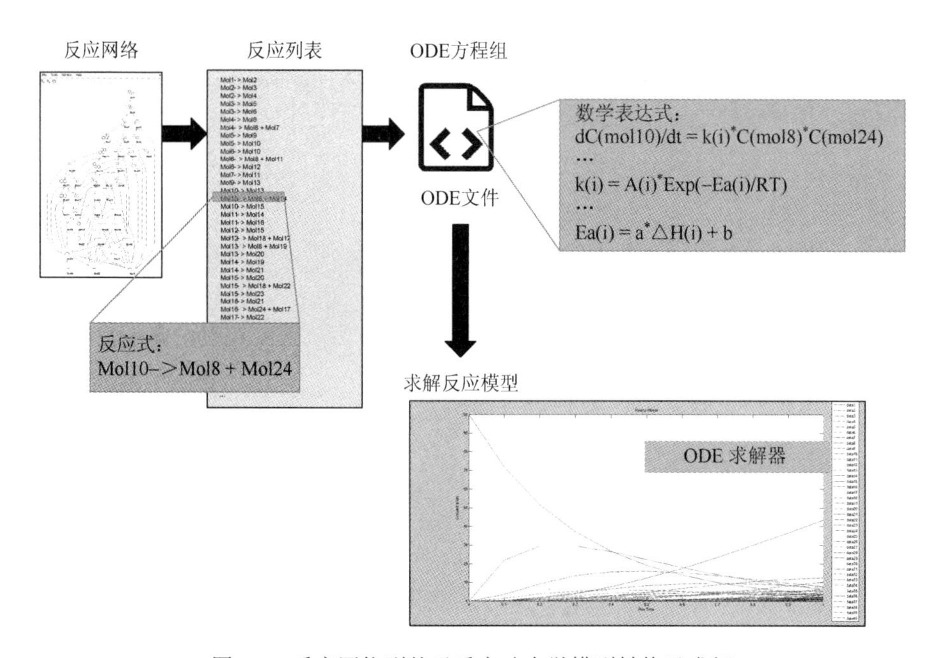

图 8.3　反应网络到基元反应动力学模型转换及求解

十个待求解的 LFER 关系式的参数。上述步骤中，用户仅需指定体系的类型及参数降维的类型，反应动力学模型编写器会自动进行所有相关文件的编写（及必要的编译），反应动力学模型求解器能够自动识别反应动力学模型编写器编写的代码类型及待求解参数的类型和数目，对全局优化引擎及 ODE/DAE 方程求解器进行自动设定。

8.3　Aspen Assay Management

Assay Management 是由 Aspen Tech 开发的一款分子组成构建软件，目前已经集成在 AspenOne 软件包中，程序基于 Fortran 语言开发，该软件主要用于原油和石油馏分的分子组成表征，借此解决生产过程中，分析数据不完善的情况下，用已有的分析数据来推算想要获得的石油组成性质的问题。

该软件将石油分子看作由“片段”组成的，这些结构“片段”是石油分子结构中重复的结构单元（图 8.4）。

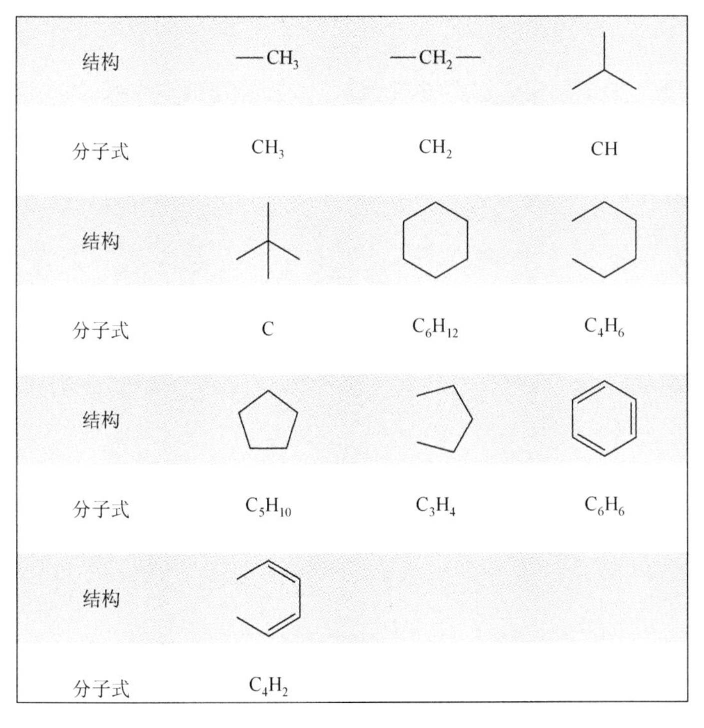

图 8.4　石油分子中常见的几种结构单元

这些结构单元通过不同组合可以构建出大部分石油分子。该方法类似 ExxonMobil

公司的SOL方法，所选取的片段结构也与SOL十分类似。Aspen的白皮书并没有对相关算法进行介绍，只是对其使用方法和应用价值进行了简要介绍。

根据图8.5和图8.6中对“片段”概率密度函数处理方式可以看出，该软件是基于蒙特卡罗方法，通过对每种“片段”的概率密度函数进行反复抽样，并将得到的片段进行组装，得到特征分子集。

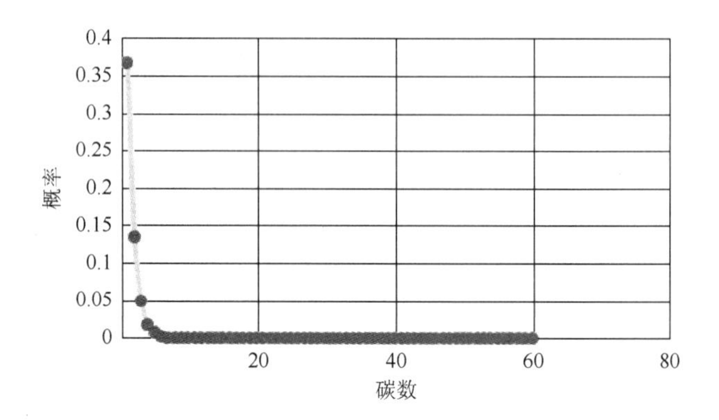

图 8.5　饱和烃碳数分布

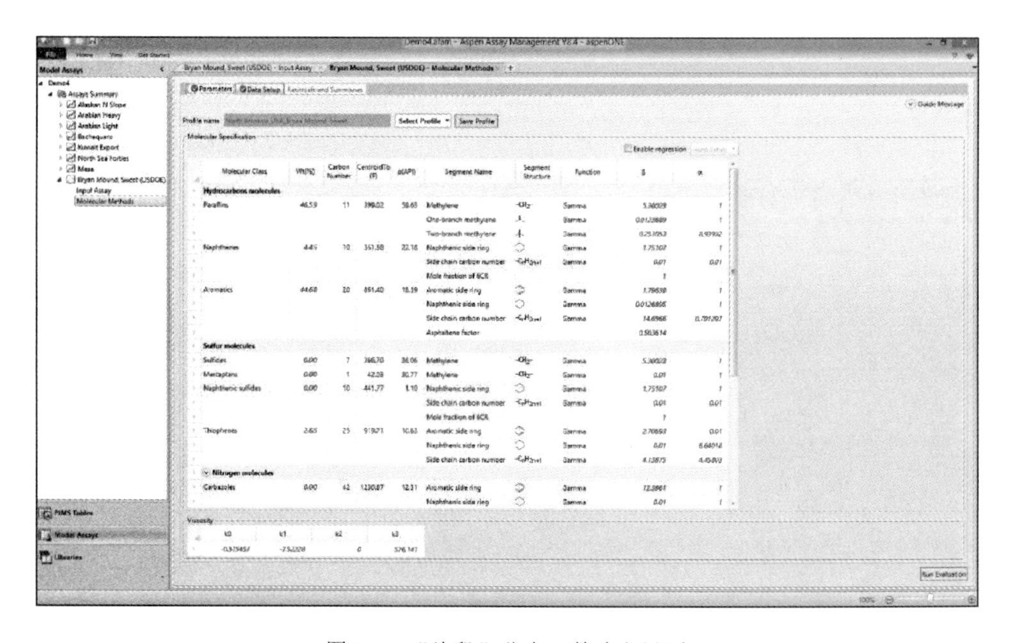

图 8.6　“片段”分布函数选取界面

根据图8.7和图8.8中设置优化条件的方式，以及得到的结果都基于Neurock等[1-3]提出的构建方法。

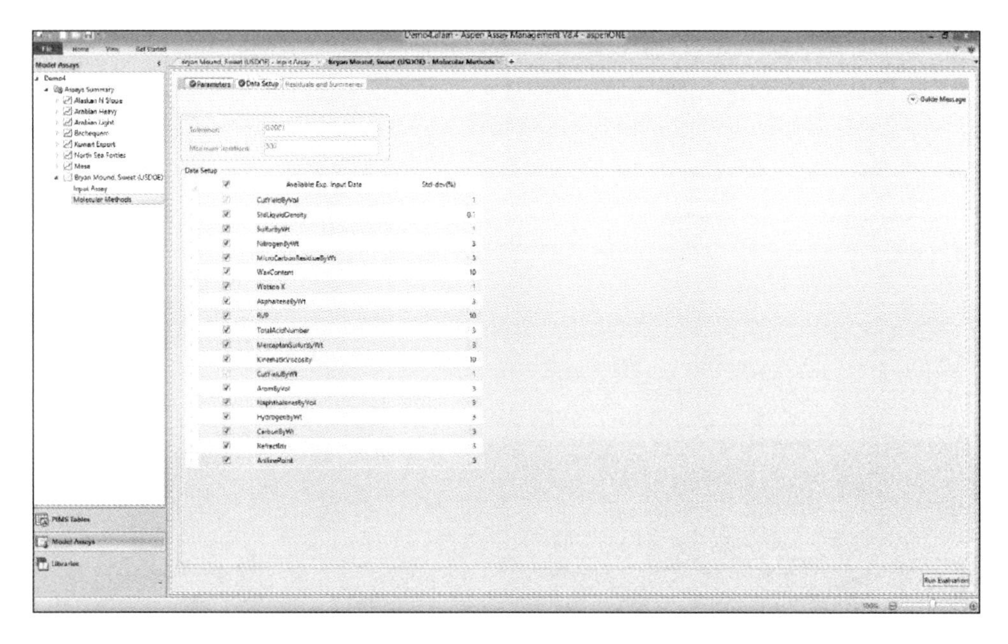

图 8.7　选取已知油品性质

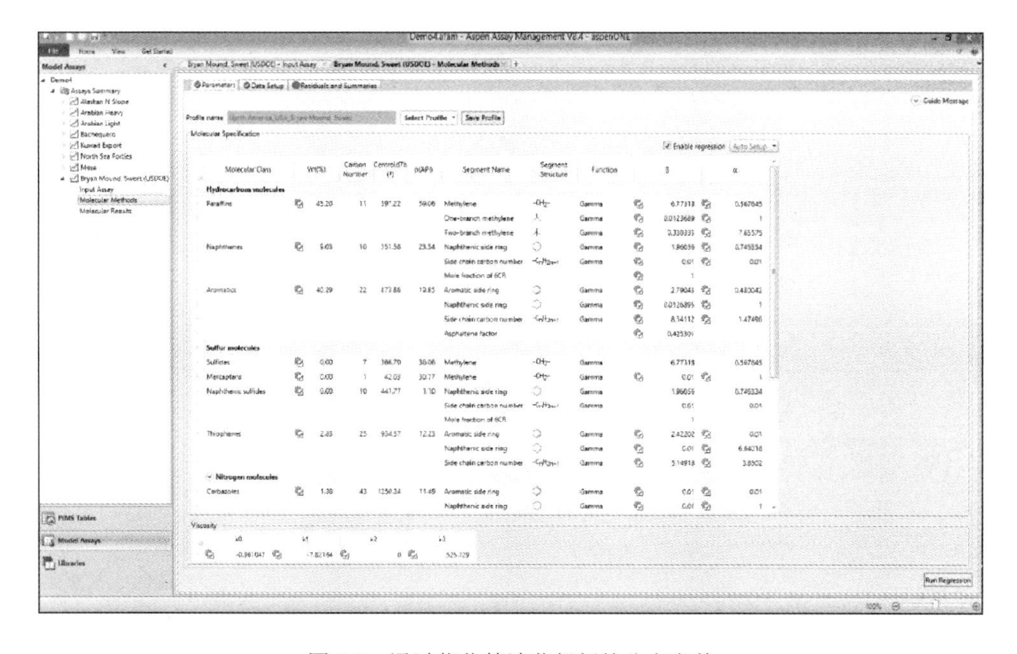

图 8.8　通过优化算法获得新的分布参数

根据图 8.9 的最终性质预测可以看出，Aspen 公司对大部分石油分析中的分析方法都进行了关联，这比现有分子构建文献中报道的性质数量多不少，体现出关联方法的先进性。表 8.1 是 Aspen 白皮书中公布的部分可以计算的性质，涵盖了主要的物理化学性质。

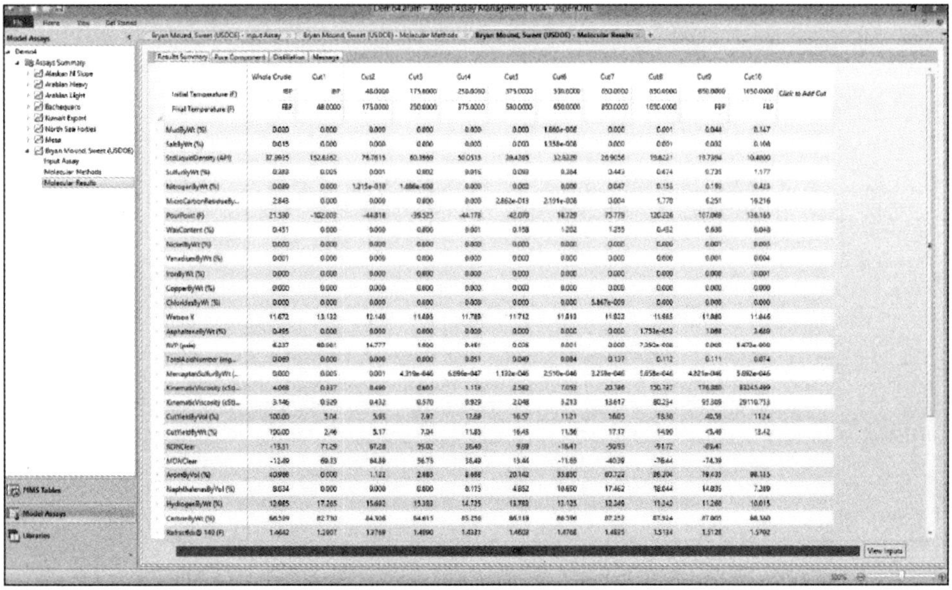

图 8.9　构建完成的结果

表 8.1　Assay Management 中部分可计算的物理化学性质

离心率	动力黏度	氮含量	UOP K
苯胺点	总热值	正构烷烃含量	蜡含量
芳香度	氢含量	链烷烃含量	
芳香烃含量	异构烷烃含量	可靠性残炭	
沥青质含量	运动黏度	折光率	
碱性氮含量	硫醇硫含量	里德蒸气压	
C_5 含量	微碳残渣	饱和烃含量	
碳含量	分子量	比容	
康氏残炭	N + 2A	标准液体密度	
临界压力	N + A	硫醚含量	
临界温度	萘含量	硫含量	
临界体积	环烷酸含量	噻吩含量	
碳氢比	正构 C_7 含量	总酸值	
馏分收率	净热值	真实蒸气压	

Aspen 系统界面自从用.net 技术改写后，其作图能力得到了很大强化，这为后续分析带来了很大便利，Assay Management 系统继承了这一特点，作为商业软件，相较于其他非商业软件，这部分优势较为明显（图 8.10 和图 8.11）。

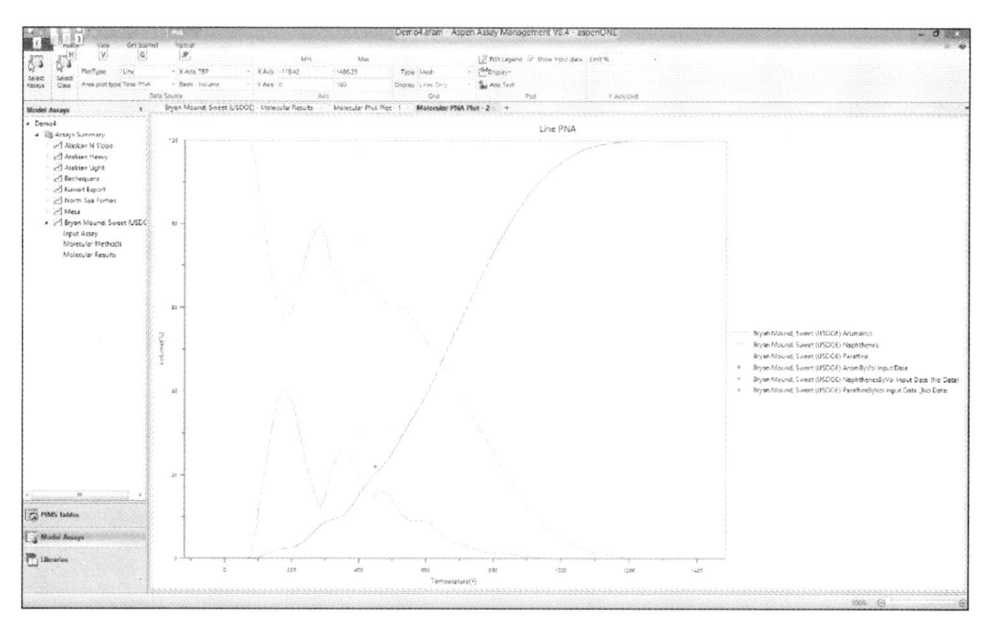

图 8.10　PNA 沸点分布

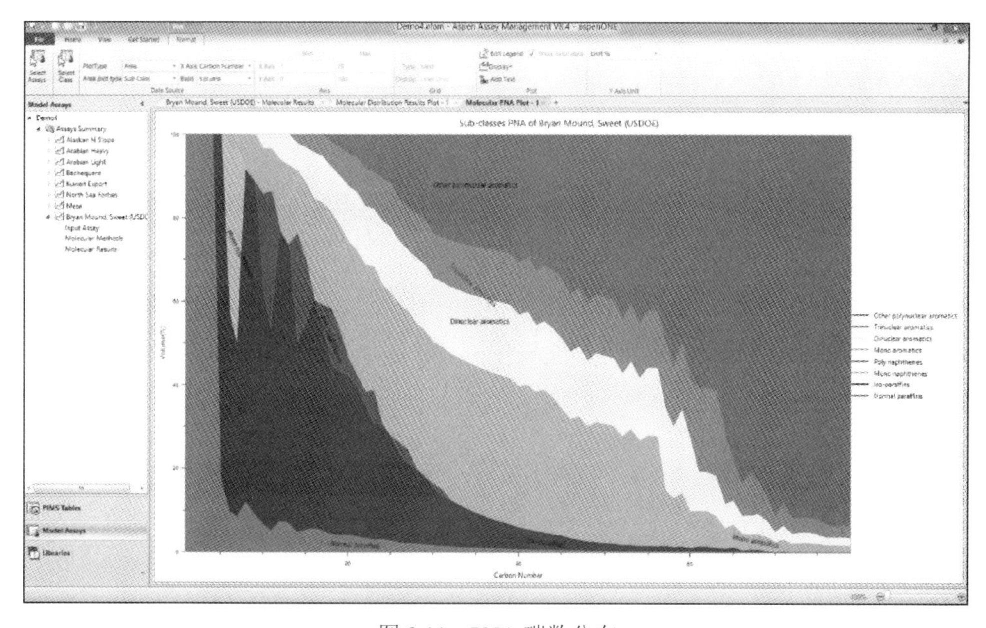

图 8.11　PNA 碳数分布

8.4 KMT 动力学模型工具箱

KMT 是针对石油体系比较成熟的分子层次反应模型构建软件，由美国特拉华大学 Klein 研究组开发，从 1994 年开发至今[5, 6]。KMT 由三个部分组成，分别是 CME（用于原料分子集构建）、INGen（反应网络生成）、KME（反应网络求解）。

图 8.12 是 KMT 软件的基本结构，该图所描述的架构与现行版本的架构略有出入，MolGen 已经改名为 CME、NetGen 改名为 INGen、EqnGen 和 SolGen 合并成为 KME。

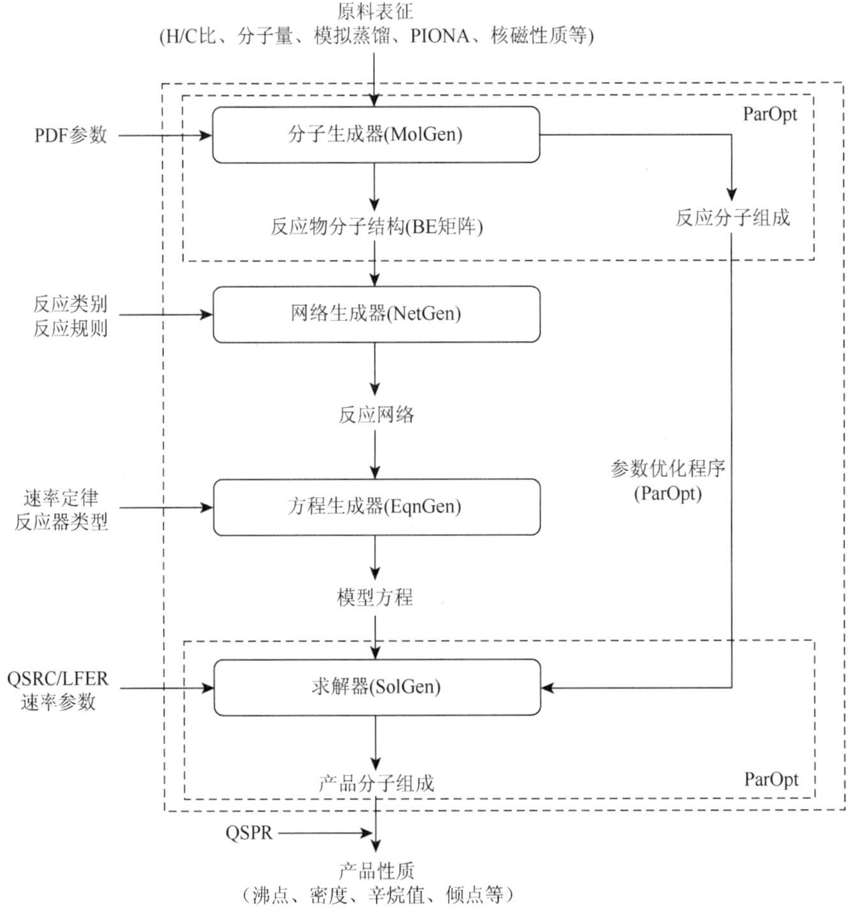

图 8.12 KMT 软件模块结构

KMT 软件最早在 Linux 上开发，主要以 C 语言编写，由于早期开发版本调用了一些 Linux 特有的函数，目前在 Windows 系统上使用需要搭载 Cygwin 运行环境。为了便于普通用户操作，又开发了一套基于 Excel 的图形界面，用于输入和软件操作（图 8.13）。

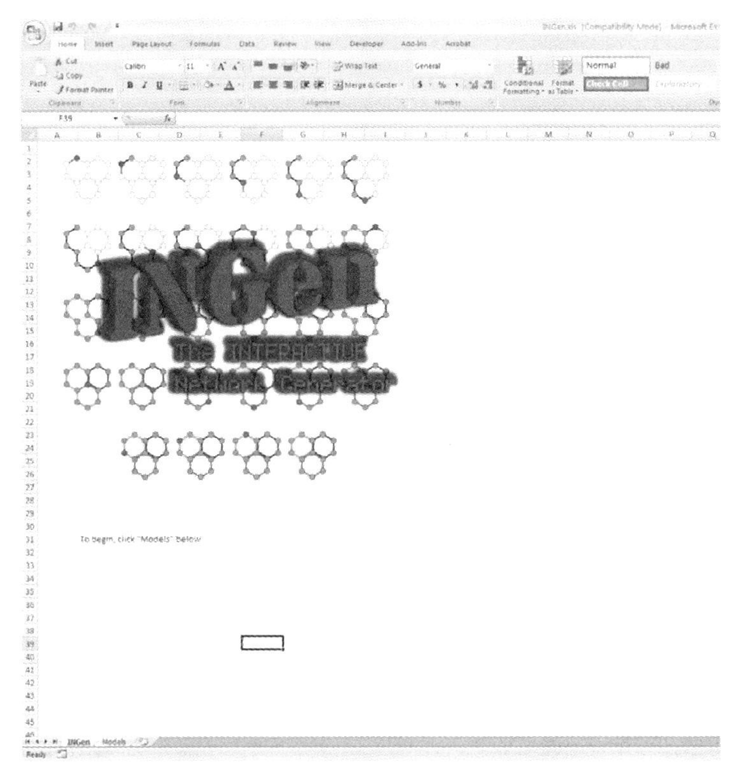

图 8.13　KMT 部分界面

KMT 基于键电矩阵法，从原料分子集构建到反应网络生成，整个代码未采用其他软件开发类库。在求解部分，优化算法采用自适应模拟退火，该模拟退火算法的优势是支持并行计算，常微分方程组采用 DASSL、CVODE，目前以 CVODE 为主。

反应网络本质上是反应方程式与相应化学常数的集合，还需要进一步转化成求解器可以求解的形式，KMT 的 OdeGen 模块用于实现这项功能，该模块采用 Perl 语言编写，是 KME 的核心之一。

8.5　SPYRO

SPYRO[4]是 Technip 公司开发的一款用于蒸气裂解过程反应模型构建的软件。该软件在机理层次上对反应体系建模，包含 3288 个反应、128 个组分以及 20 个自由基，体系中组分的碳数最大可以到达 42。

尽管 SPYRO 软件并未声称采用了分子管理技术，但是从软件架构及方法可以看出，其模型基本建立在分子及自由基层次上，其商业化应用也可以被看作分子层次模型成功应用的典范。目前单就蒸气裂解制乙烯过程而言，SPYRO 是最值得使用和购买的一款软件。

8.6　COILSIM

COILSIM[7]是一款用于构建原料分子组成的软件，该软件利用已有的原料组成数据库，并结合最大信息熵优化，对原料分子集进行构建（图 8.14）。软件界面由 Visual Basic.Net 编写（图 8.15），计算模块由 Fortran 编写，并且满足 CAPE-OPEN 标准，可以与流程模拟软件相结合。

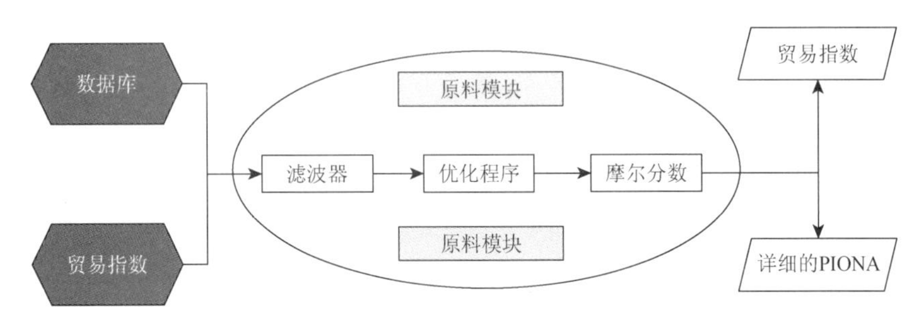

图 8.14　COILSIM 软件结构

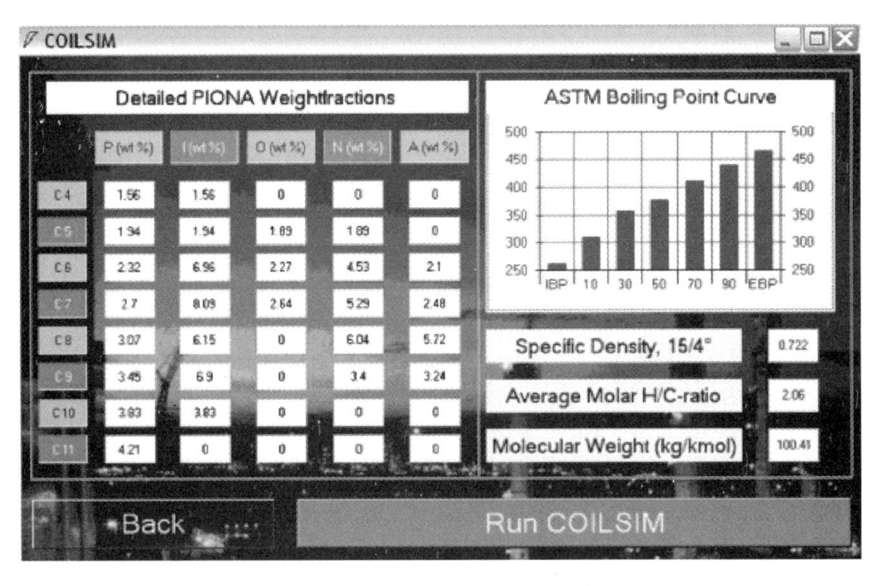

图 8.15　COILSIM 界面

8.7　Genesys

Genesys 是 Gent 大学开发的反应网络构建软件[8]，采用的是确定性反应网络生成算法，并且通过 QSRC 关联动力学反应速率常数，其生成的结果可以直接由 Chemkin 进行求解。其架构如图 8.16 所示。

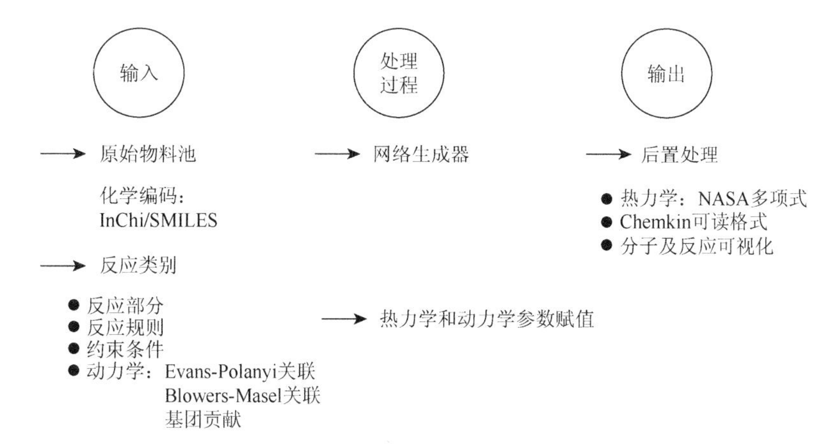

图 8.16　Genesys 架构

Genesys 的特点是基于非常成熟的化学信息学类库 CDK[9, 10]编写，整个软件由 Java 编写。它的构建方法不再基于键电矩阵，而是基于 SMARTS[11, 12]——一种字符串型的分子基团搜索语言（图 8.17），该方法具有直观、易于编写等特点，搜索过程采用 CDK 提供的查找引擎，添加新的反应规则时不需要对软件进行重新编译。

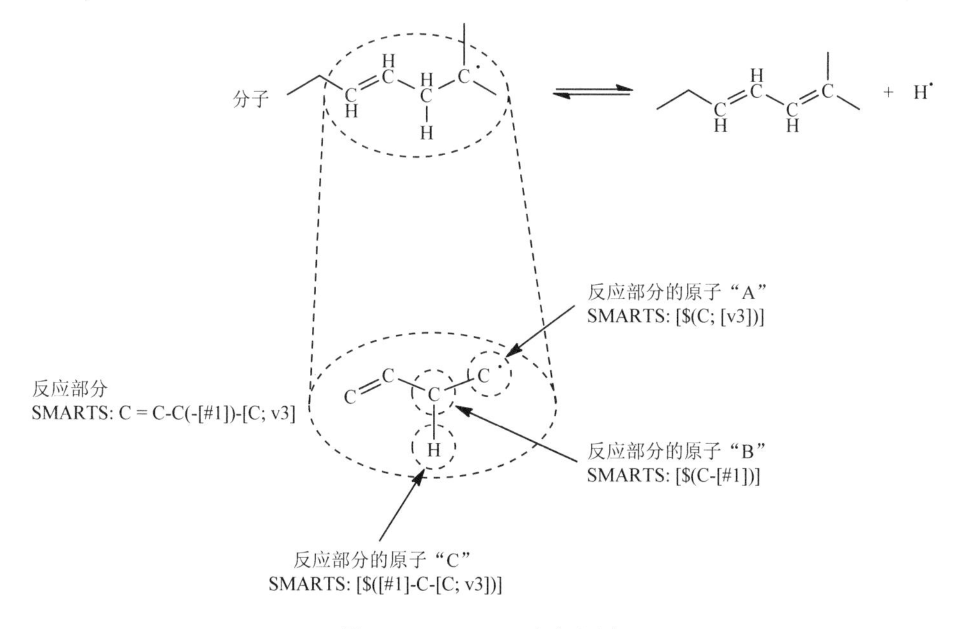

图 8.17　SMARTS 标记语言

Genesys 的构建算法基于规则的确定性算法（图 8.18），由于该算法产生的反应数量呈指数级增加，因而必须设置相应的限定条件，来防止网络生长过快。Genesys 采用类似 INGen 的处理方法，通过给相应的反应规则设置最大迭代次数来实现。

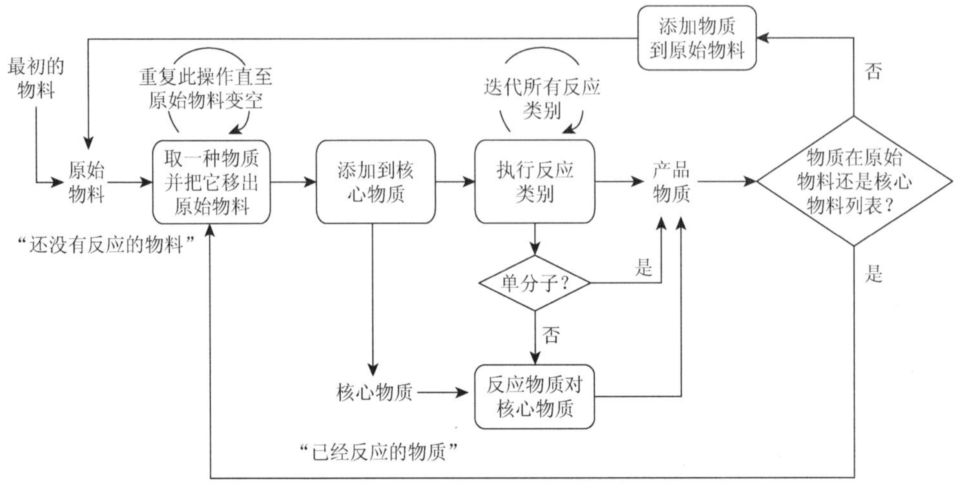

图 8.18　Genesys 反应网络生成算法

Genesys 的热力学性质通过 Benson 基团贡献法实现（图 8.19），基团贡献计

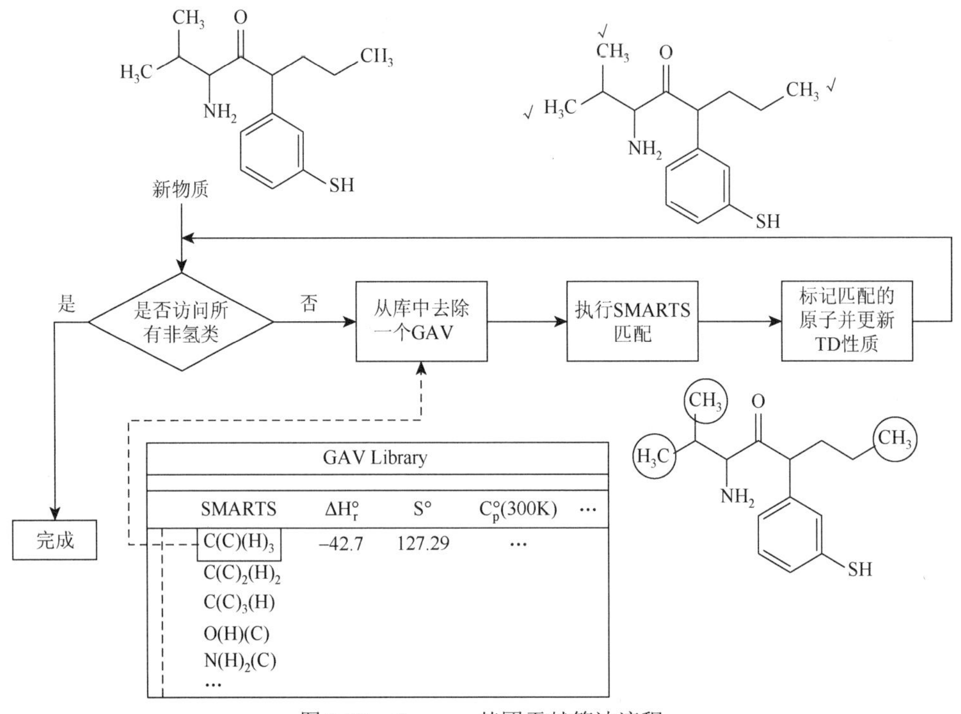

图 8.19　Genesys 基团贡献算法流程

算过程通过两个循环实现，第一个循环遍历分子结构，并从基团贡献列表中选出一种基团结构进行匹配，如果匹配成功就将该基团贡献值计入总的性质，然后第二个循环不断地重复上述步骤，直至基团库中的基团被用尽。

Genesys 选用的动力学参数关联算法为改进的线性自由能关系，该方法与原始线性自由能关系相比，可以得到更高的精度。

8.8　RING

RING[13-16]是一款由美国明尼苏达大学开发，专门用于反应网络生成的软件，它支持一种接近自然语言的反应规则描述方法（表 8.2），易于理解，并且提供强大的反应网络查找和分析功能。

表 8.2　RING 的输入样例

反应规则	后处理
1. 输入反应物“O1C(CO)(O)C(O)C(O)C1(CO)”	27. 集成所有的同分异构体
2. 输入反应物“[H +]”	28. 最远的距离表示非环
3. //定义全局约束	29. 最远的距离表示环}
4. 关于分子 f 的全局约束	30. 转成 mol 的路线
5. 片段 a{	31. mol 是“OCc1oc(C = O)cc1”
6. C + 标签 1	32. }约束{
7. 与 1 双键连接的标签 2 的原子	33. 最大长度 11
8. ！分子约束 a	34. 约束＜ = 2 规则 H 转移
9. 分子尺寸＜15 分子电荷＜2	35. 消除相似的路线
10. 片段 b{	36. }存储“HMFPathways.txt”
11. 标签 c1 的 C	37. 寻找转 mol 的完整的机理{
12. 与 c2 双键连接的标签 c2 的 C	38. mol 是“Occ1oc(C = O)cc1”}全约束{
13. 与 c2 双键连接的标签 x1 的 X	39. 最大长度 12
14. ！分子约束 b	40. 最大环数 4}环数约束{
15. 乙醇质子化规则	41. 最大长度 4
16. 规则　乙醇质子化{	42. 约束＜ = 2 规则 H 转移
17. 中性的反应物 r1{	43. 清除相似的机理}存储在“HMFMechanisms.txt”
18. 标签 c1 的 C{！与氧连接}	44. 寻找 mol{
19. 与 c1 单键连接的标签 o1 的非环原子 O	45. mol 是环状的和 mol 尺寸＞5 和 mol 中性的
20. 正反应质子{	46. }存储在“CyclicNeutraMolecules.txt”
21. 标签 h1 的 H +	47. 寻找反应{
22. 约束{r1 尺寸＜15 和 r1 尺寸＞2}	48. 规则乙醇质子化
23. 形成键(o1, h1)	49. 与反应物 mol 的反应{mol 是环状的}
24. 修正原子类型(o1, O +)	50. }存储在“CyclicAlcProtRxns.txt”
25. 修正原子类型(h1, H)}	
26. //更多的反应规则	

RING 的输入包括初始的反应物、全局约束条件、后处理指令；输出包括反应系统中的物质、发生的反应、集总及其组成、路径相关产物、机理相关产物、反应查询语句获得的产物与相应反应。

RING 最早是在 DOS 系统下开发（图 8.20），现在主要以 Windows 为平台，整个系统由 C ++ 语言编写，该系统的结构与上述系统相比较为特殊，为了能与自然语言更加接近，该系统开发了一个称为 silver 的编译器，用于将描述反应的自然语言转化成计算机可识别的形式。转化的过程较为复杂。该软件符合 LGPL 许可证，可以免费下载。

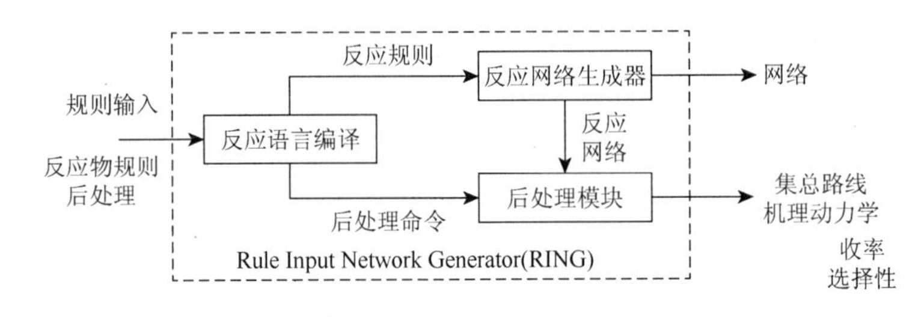

图 8.20　RING 的主体架构

用自然语言描述反应，其直观性得到了很大改善，新版本的 RING 还支持反应网络查询功能，这一点对于后续反应网络分析有很大应用价值。

8.9　RDL

RDL 是由美国普渡大学开发的反应网络生成软件[17]，其思想与 RING 类似，也是采取类似自然语言的方式，处理复杂的反应网络构建问题。

RDL 本身是一个编译器，用于将 RDL 语言转换成对分子矩阵的操作（图 8.21）。编译器的语法分析部分，采用了一款称为 ANTLR 的语义分析引擎（http：//www.antlr.org/）。ANTLR 用于前端、RDL 语法分析，后端采用 C ++ 编写的网络生成器（图 8.22）进行网络构建工作。

RDL 的反应构建算法并不复杂（图 8.23），也是采用确定性网络生成算法，即对反应规则以及反应物进行反复迭代。但由于 RDL 采用自己独有的语言编写输入部分，所以算法中加入了语法分析等模块。反应规则计算方法（图 8.24）技术比较粗糙，与其他的软件操作过程类似，也是先标记再进行反应位点基团识别，最终获得反应及产物。

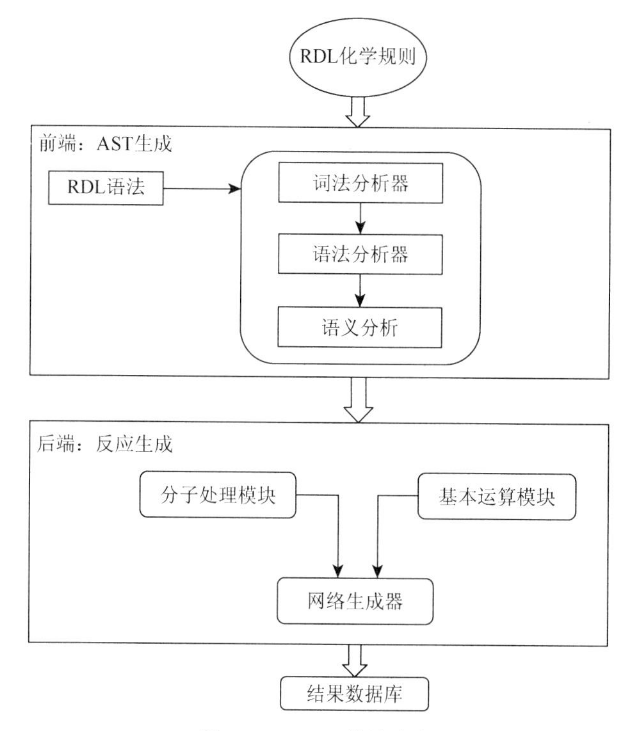

图 8.21　RDL 算法流程

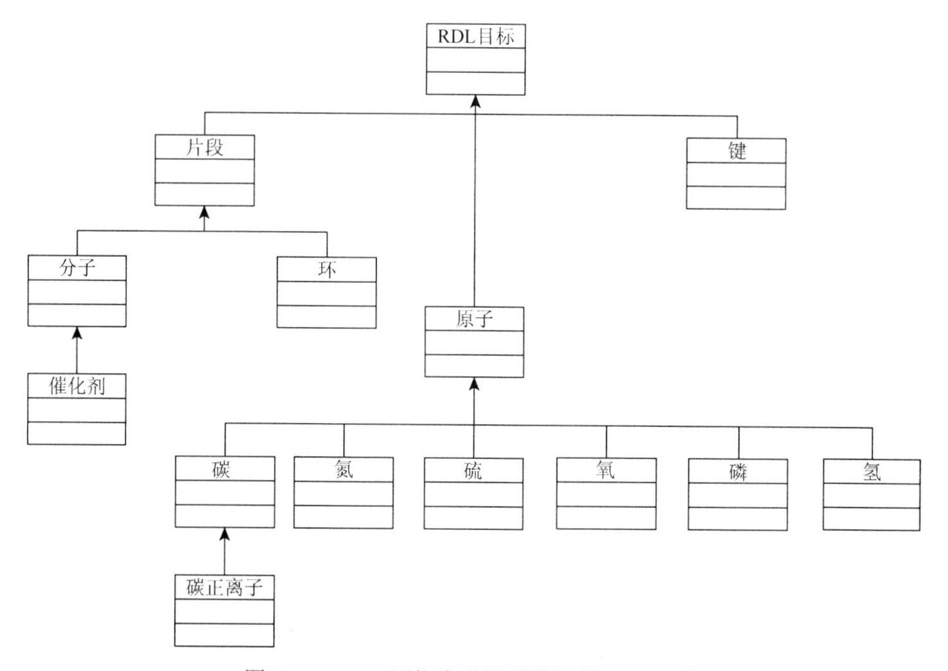

图 8.22　RDL 网络生成器所使用的 C ++ 对象

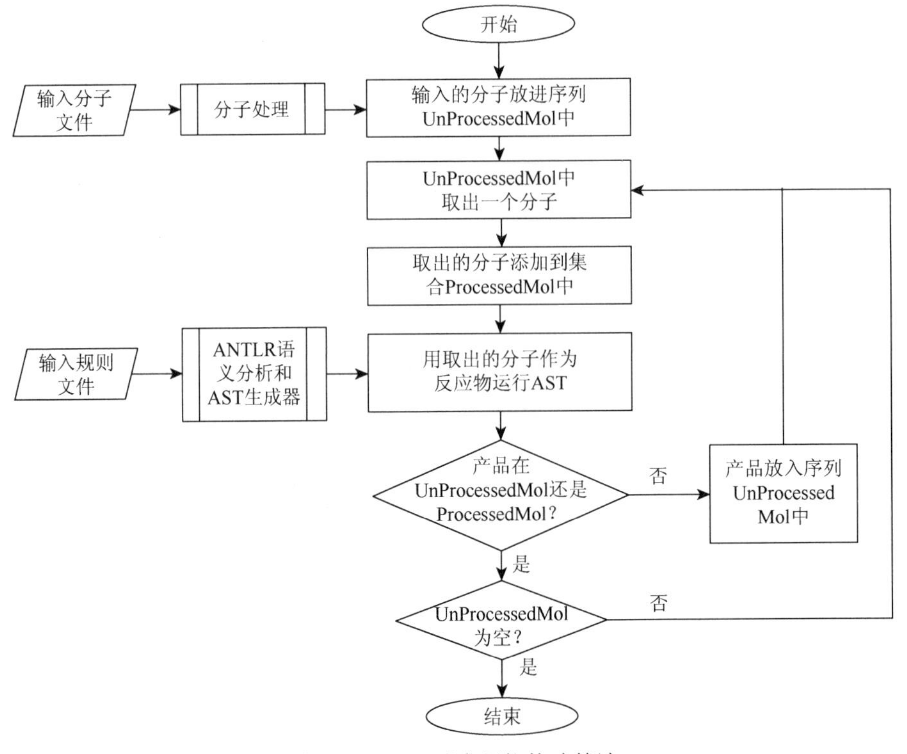

图 8.23　RDL 反应网络构建算法

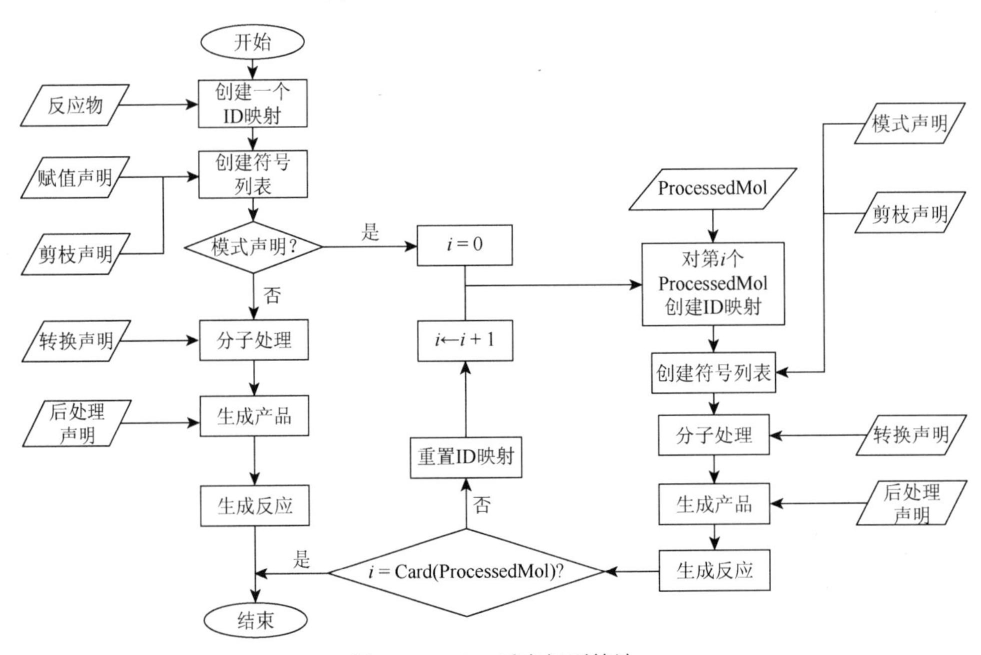

图 8.24　RDL 反应规则算法

8.10　RMG

RMG 反应机理生成器由美国麻省理工学院（MIT）开发[18]，主要用于燃烧反应过程机理生成与求解。RMG 主要面向机理过程，其前身是 Klein 研究组的 NetGen，由于 NetGen 的代码不太友好，所以重新开发。该软件经历了多次重写，由 C 语言转换到 Java，现在又转向 Python。软件遵从 MIT 协议，可以免费使用，并且可以对代码进行修改，目前该代码托管在 GitHub 上，并且开发十分活跃。RMG 是目前少数的反应网络开源软件，并且代码质量很高，对于分子管理平台的开发有较大借鉴意义。该软件的徽标如图 8.25 所示。

RMG　Reaction Mechanism Generator(RMG)

图 8.25　RMG 软件徽标

RMG 目前存在两个版本，Java 版和 Python 版，Java 版发布比较早，整个算法基于键电矩阵法，但是矩阵的表示采用了一套 Matlab 公司开发的 Java 语言矩阵代数运算库。Java 版已经有较长时间没有更新，现在应当尽量往 Python 版本过渡。Python 版本采用了一种特殊的编写策略，为了兼顾程序的执行速度，以及代码的可读性，RMG 使用了一种特殊的 Python 编译系统，该系统把 Python 语句转化成 C 语言代码再进行编译，保证了 Python 代码的执行速度。

RMG 系统结构比较清晰，主要包括 Species 和反应的存储与操作模块、动力学计算模块、量化软件接口模块、反应器模块、数据库模块，以及求解器模块。RMG 系统虽然不能用于石油体系的计算，但是可以借鉴该软件的架构，且该软件有十多年开发历史，软件已经比较稳定。

8.11　小　　结

目前，还没有完整的分子管理软件，大多数软件只是实现了分子管理技术中的部分技术。但是，目前软件的数量越来越多，且质量也越来越好，一些开源的类库使开发成本大幅减少。商用软件也逐渐引入更多分子管理模块，相较于科研机构的软件更实用，也更为简单，对于结果的处理也较为方便。当前基于 CAPE-OPEN 的化工流程模拟技术已经十分成熟。CAPE-OPEN 是通用的化工流程模拟框架，目前主流的化工流程模拟软件均支持使用 CAPE-OPEN 进行拓展。可利用 CAPE-OPEN 开发中石油的组成库、热力学库、反应器模型、组分映射器。之后再选择需要的平台进行映射。

参考文献

[1] Campbell D M，Klein M T. Construction of a molecular representation of a complex feedstock by Monte Carlo and quadrature methods. Applied Catalysis A：General，1997，160（1）：41-54.

[2] Trauth D M，Stark S M，Petti T F，et al. Representation of the molecular structure of petroleum resid through characterization and Monte Carlo modeling. Energy & Fuels，1994，8（3）：576-580.

[3] Neurock M，Nigam A，Trauth D，et al. Molecular representation of complex hydrocarbon feedstocks through efficient characterization and stochastic algorithms. Chemical Engineering Science，1994，49（24）：4153-4177.

[4] van Goethem M W M，Kleinendorst F I，Van Leeuwen C，et al. Equation-based spyro® model and solver for the simulation of the steam cracking process. Computers & Chemical Engineering，2001，25（4-6）：905-911.

[5] Wei W，Bennett C A，Tanaka R，et al. Computer aided kinetic modeling with KMT and KME. Fuel Processing Technology，2008，89（4）：350-363.

[6] Bennett C A，Klein M T. Using mechanistically informed pathways to control the automated growth of reaction networks. Energy & Fuels，2011，26（1）：41-51.

[7] Van Geem K M，Hudebine D，Reyniers M F，et al. Molecular reconstruction of naphtha steam cracking feedstocks based on commercial indices. Computers & Chemical Engineering，2007，31（9）：1020-1034.

[8] Vandewiele N M，Van Geem K M，Reyniers M F，et al. Genesys：Kinetic model construction using chemo-informatics. Chemical Engineering Journal，2012，207-208：526-538.

[9] Truszkowski A，Jayaseelan K V，Neumann S，et al. New developments on the cheminformatics open workflow environment cdk-taverna. Journal of Cheminformatics，2011，3（1）：54.

[10] Steinbeck C，Han Y，Kuhn S，et al. The chemistry development kit（CDK）：An open-source java library for chemo-and bioinformatics. Journal of Chemical Information and Computer Sciences，2003，43（2）：493-500.

[11] Saubern S，Guha R，Baell J B. Knime workflow to assess PAINS filters in SMARTS format. Comparison of RDKit and indigo cheminformatics libraries. Molecular Informatics，2011，30（10）：847-850.

[12] Jeliazkova N，Kochev N. Ambit-smarts：Efficient searching of chemical structures and fragments. Mol Inform，2011，30（8）：707-720.

[13] Rangarajan S，Bhan A，Daoutidis P. Language-oriented rule-based reaction network generation and analysis：Description of ring. Computers & Chemical Engineering，2012，45：114-123.

[14] Rangarajan S，Bhan A，Daoutidis P. Language-oriented rule-based reaction network generation and analysis：Applications of ring. Computers & Chemical Engineering，2012，46：141-152.

[15] Huang T T S. Computer software reviews. Rain-reaction and intermediates networks，version 2. 0. Journal of Chemical Information and Computer Sciences，1993，33（4）：647-647.

[16] Fontain E，Reitsam K. The generation of reaction networks with rain. 1. The reaction generator. Journal of Chemical Information and Computer Sciences，1991，31（1）：96-101.

[17] Hsu S H，Krishnamurthy B，Rao P，et al. A domain-specific compiler theory based framework for automated reaction network generation. Computers & Chemical Engineering，2008，32（10）：2455-2470.

[18] Van Geem K M，Reyniers M F，Marin G B，et al. Automatic reaction network generation using rmg for steam cracking of *n*-hexane. AIChE Journal，2006，52（2）：718-730.

附录　某焦化汽油馏分单体烃分子组成表

序号	保留时间/min	质量分数/%	RI	名称
1	7.78	0.02	300.00	丙烷
2	8.34	0.04	353.82	异丁烷
3	8.66	0.25	385.00	丁烯
4	8.81	0.33	400.00	正丁烷
5	8.98	0.06	406.15	反-2-丁烯
6	9.25	0.05	416.29	顺-2-丁烯
7	10.02	0.15	444.80	3-甲基-1-丁烯
8	10.55	0.68	464.89	异戊烷
9	11.05	0.70	483.27	1-戊烯
10	11.30	0.38	492.81	2-甲基-1-丁烯
11	11.50	1.38	500.00	正戊烷
12	11.70	0.06	503.01	碳五二烯
13	11.81	0.32	504.60	反-2-戊烯
14	12.17	0.16	510.01	顺-2-戊烯
15	12.41	0.62	513.51	2-甲基-2-丁烯
16	12.53	0.08	515.32	1, 3-戊二烯
17	13.17	0.04	524.85	1, 3-环戊二烯
18	13.28	0.01	526.41	2, 2-二甲基丁烷
19	14.39	0.17	542.89	环戊烯
20	14.58	0.65	545.83	4-甲基-1-戊烯
21	14.70	0.18	547.55	3-甲基-1-戊烯
22	15.18	0.20	554.62	环戊烷
23	15.30	0.29	556.47	2, 3-二甲基丁烷
24	15.41	0.02	558.12	顺-4-甲基-2-戊烯
25	15.57	1.47	560.47	2-甲基戊烷
26	16.23	0.03	570.32	1, 5-己二烯
27	16.71	0.44	577.38	3-甲基戊烷
28	17.20	2.08	584.71	1-己烯

续表

序号	保留时间/min	质量分数/%	RI	名称
29	17.76	0.01	593.02	1, 4-己二烯
30	18.23	2.19	600.00	正己烷
31	18.37	0.07	601.27	反-3-己烯
32	18.49	0.02	602.29	顺-3-己烯
33	18.63	0.24	603.58	反-2-己烯
34	18.85	0.70	605.56	2-甲基-2-戊烯
35	19.10	0.34	607.73	3-甲基环戊烯
36	19.39	0.11	610.37	4, 4-二甲基-1-戊烯
37	19.53	0.14	611.61	顺-2-己烯
38	19.76	0.01	613.72	碳六二烯
39	20.14	0.27	617.08	反-3-甲基-2-戊烯
40	20.57	0.02	620.97	反-4, 4-二甲基-2-戊烯
41	20.86	0.72	623.51	甲基环戊烷
42	21.24	0.12	626.95	碳七烯+2, 4-二甲基戊烷
43	21.37	0.11	628.11	2-甲基-1, 3-戊二烯
44	21.61	0.03	630.27	2, 3, 3-三甲基-1-丁烯
45	21.72	0.12	631.29	2-甲基-1, 3-环戊二烯
46	22.01	0.03	633.83	1, 3-环己二烯
47	22.47	0.17	638.01	3, 4-二甲基-1-戊烯+顺-4, 4-二甲基-2-戊烯
48	22.62	0.02	639.33	2, 3-二甲基-1, 4-戊二烯（1）
49	22.94	0.02	642.22	2, 4-二甲基-1-戊烯
50	23.13	0.02	643.88	1, 3-己二烯
51	23.26	0.69	645.03	1-甲基环戊烯
52	23.37	0.08	646.01	苯
53	23.86	0.05	650.42	3-乙基-1-戊烯
54	24.11	0.18	652.66	3, 3-二甲基戊烷
55	24.42	0.37	655.46	环己烷
56	24.71	0.09	658.02	2, 3-二甲基-1, 4-戊二烯（2）
57	24.95	0.66	660.21	4-甲基-1-己烯
58	25.23	0.23	662.68	(顺, 反)-4-甲基-2-戊烯
59	25.39	0.50	664.17	2-甲基己烷+反-5-甲基-2-己烯
60	25.60	0.41	666.05	2, 3-二甲基戊烷
61	25.95	0.04	669.17	1, 1-二甲基环戊烷

续表

序号	保留时间/min	质量分数/%	RI	名称
62	26.23	0.27	671.66	环己烯
63	26.41	0.76	673.31	3-甲基己烷
64	26.80	0.05	676.74	顺-3, 4-二甲基-2-戊烯
65	27.19	0.19	680.24	顺-1, 3-二甲基环戊烷
66	27.58	0.47	683.74	反-1, 3-二甲基环戊烷+2-甲基己烯
67	27.95	2.10	687.03	1-庚烯+2, 2, 4-三甲基戊烷
68	28.64	0.09	693.29	顺-3-甲基-3-己烯
69	28.79	0.02	694.62	碳六环烯
70	29.17	0.44	697.98	2, 5-降冰片烯（碳七烯）
71	29.39	3.60	700.00	正庚烷
72	29.55	0.14	701.26	顺-3-庚烯
73	29.66	0.11	702.15	反-3-甲基-3-己烯
74	29.87	0.37	703.90	反-2-庚烯
75	30.08	0.14	705.66	3-乙基-2-戊烯
76	30.44	0.13	708.57	反-3-甲基-2-己烯
77	30.56	0.36	709.54	2, 4, 4-三甲基-1-戊烯
78	30.85	0.29	711.97	顺-2-庚烯+2, 3-二甲基-2-戊烯
79	31.11	0.14	714.03	2-甲基环己烯
80	31.43	0.10	716.68	3-乙基环戊烯
81	31.70	0.12	718.90	顺-1, 2-二甲基环戊烷
82	31.84	1.06	720.03	甲基环己烷
83	32.14	0.04	722.52	2, 2-二甲基己烷
84	32.50	0.04	725.42	碳八环烯
85	32.76	0.04	727.61	2, 4, 4-三甲基-2-戊烯
86	33.21	0.36	731.24	2, 5-二甲基己烷
87	33.49	0.50	733.57	2, 4-二甲基己烷
88	33.61	0.32	734.54	3-甲基环己烯
89	33.81	0.19	736.17	4-甲基环己烯
90	34.11	0.01	738.61	碳八二烯
91	34.23	0.09	739.65	反-1, 2, 4-三甲基环戊烷
92	34.36	0.01	740.69	碳七环烯
93	34.51	0.03	741.93	3, 3-二甲基己烷
94	34.88	0.06	744.93	碳八烯（1）

续表

序号	保留时间/min	质量分数/%	RI	名称
95	35.13	0.14	746.98	碳八烯（2）
96	35.22	0.14	747.70	反-1, 2, 3-三甲基环戊烷
97	35.53	0.88	750.25	1, 2-二甲基环戊烯
98	35.71	0.25	751.72	1-乙基环戊烯
99	36.00	1.15	754.10	甲苯+2, 3, 3-三甲基戊烷
100	36.14	0.21	755.27	顺-4-甲基-2-庚烯
101	36.26	0.05	756.28	2-甲基-3-庚烯
102	36.71	0.28	759.95	碳八烯（3）
103	36.95	0.53	761.91	1-甲基环己烯
104	37.31	0.69	764.86	碳八烯（4）
105	37.51	2.38	766.44	2-甲基庚烷
106	37.65	0.29	767.61	4-甲基庚烷
107	37.89	0.01	769.61	3, 4-二甲基己烷
108	38.06	0.44	771.01	碳八烯（5）
109	38.18	0.11	771.95	碳八烯（6）
110	38.37	0.41	773.54	3-甲基庚烷
111	38.48	0.04	774.40	3-乙基己烷
112	38.76	0.94	776.71	顺-1, 3-二甲基环己烷
113	38.96	0.16	778.34	反-1, 4-二甲基环己烷
114	39.43	0.05	782.24	1, 1-二甲基环己烷
115	39.65	0.99	784.00	2-甲基-1-庚烯
116	39.87	0.03	785.82	碳八烯（7）
117	40.16	1.67	788.17	辛烯
118	40.27	0.09	789.06	顺-1-乙基-3-甲基环戊烷+碳八烯（8）
119	40.45	0.28	790.55	碳八烯（9）+反-1-甲基-2-乙基环戊烷
120	40.81	0.26	793.51	反-4-辛烯+1-乙基-1-甲基环戊烷
121	41.12	0.56	796.04	反-3-辛烯
122	41.30	0.25	797.56	碳八烯（10）
123	41.60	3.09	800.00	正辛烷
124	41.72	0.07	801.04	碳八环烯（1）
125	41.93	0.56	802.91	反-2-辛烯+1, 2, 3-三甲基环戊烷
126	42.19	0.17	805.19	碳八环烯（2）
127	42.34	0.62	806.50	碳八环烯（3）

续表

序号	保留时间/min	质量分数/%	RI	名称
128	42.53	0.01	808.13	2, 4, 4-三甲基己烷
129	42.77	0.20	810.30	异丙基环戊烷
130	42.88	0.12	811.24	顺-2-辛烯+异丙基环戊烷
131	43.02	0.01	812.44	碳九烯（1）
132	43.18	0.04	813.87	碳八环烷
133	43.28	0.07	814.81	碳九烯（2）
134	43.40	0.09	815.79	2, 3, 5-三甲基己烷
135	43.66	0.01	818.10	碳八环烷
136	43.94	1.02	820.57	顺-1-甲基-2-乙基环戊烷
137	44.09	0.42	821.89	碳八环烯（4）
138	44.35	0.31	824.19	2, 4-二甲基庚烷
139	44.71	0.20	827.35	顺-1, 2-二甲基环己烷
140	45.10	1.19	830.77	2, 6-二甲基庚烷
141	45.28	0.41	832.37	丙基环戊烷
142	45.58	0.37	835.02	碳九烯（3）
143	45.96	1.73	838.37	2, 5-二甲基庚烷
144	46.28	0.23	841.15	3, 5-二甲基庚烷
145	46.52	0.14	843.35	1, 1, 4-三甲基环己烷
146	46.66	0.09	844.58	碳九烯（4）
147	46.97	0.11	847.27	碳九烯（5）
148	47.16	1.22	848.92	碳九烯（6）
149	47.25	0.35	849.78	乙苯
150	47.68	0.18	853.49	碳九环烷（1）+碳九烯（7）
151	47.80	0.13	854.55	碳九烯（8）
152	47.99	0.05	856.23	碳九烯（9）
153	48.27	3.63	858.68	间二甲苯
154	48.42	0.63	860.02	对二甲苯
155	48.56	0.05	861.31	碳九烯（10）
156	48.66	0.01	862.19	4-乙基庚烷
157	48.82	0.23	863.56	碳九烯（11）
158	49.09	0.97	865.97	2-甲基辛烷
159	49.37	0.11	868.44	碳九烯（12）
160	49.62	0.12	870.57	碳九烯（13）

续表

序号	保留时间/min	质量分数/%	RI	名称
161	49.90	1.06	873.05	3-甲基辛烷
162	50.13	0.15	875.10	2-甲基-1-辛烯
163	50.30	0.20	876.57	碳九环烷（2）
164	50.43	0.12	877.75	碳九烯（14）+苯乙烯
165	50.83	0.84	881.30	碳九环烷（3）
166	51.06	0.52	883.29	邻二甲苯
167	51.44	0.36	886.62	3-乙基庚烯
168	51.65	1.85	888.48	1-壬烯+碳九环烷（4）
169	51.86	0.18	890.30	碳九环烷（5）
170	52.14	0.14	892.78	反-4-壬烯
171	52.35	0.27	894.64	反-3-壬烯
172	52.55	0.09	896.40	顺-3-壬烯
173	52.96	2.86	900.00	正壬烷
174	53.15	0.37	901.91	反-2-壬烯+1-甲基-3-丙基环戊烷
175	53.36	0.24	903.93	碳九烯（15）
176	53.73	0.33	907.54	碳九环烷（6）
177	53.90	0.36	909.15	1-乙基-4-甲基环己烷+碳九烯（16）
178	54.05	0.11	910.60	顺-2-壬烯
179	54.39	0.13	913.96	异丙基苯
180	54.63	0.04	916.32	碳九烯（17）
181	54.81	0.10	917.99	碳九环烷（7）
182	54.99	0.10	919.81	碳九环烷（8）
183	55.07	0.06	920.60	2, 2-二甲基辛烷
184	55.27	0.18	922.51	碳九二烯
185	55.49	0.11	924.66	碳九烯（18）
186	55.66	0.11	926.30	碳十烯（1）
187	56.00	0.22	929.58	碳十烯（2）
188	56.14	0.34	930.95	碳十烯（3）
189	56.27	0.06	932.23	碳九环烷（9）
190	56.43	0.24	933.80	碳十烯（4）
191	56.67	1.36	936.09	2, 6-二甲基辛烷
192	56.81	0.17	937.49	碳十烯（5）
193	57.32	0.37	942.48	碳十环烷（1）+3, 6-二甲基辛烷

续表

序号	保留时间/min	质量分数/%	RI	名称
194	57.50	0.69	944.20	碳十烯（6）
195	57.86	0.35	947.66	碳十链烷（1）
196	58.28	0.97	951.80	间甲乙苯
197	58.51	0.75	954.07	对甲乙苯
198	58.74	0.44	956.23	4-乙基辛烷
199	59.09	0.45	959.69	1, 3, 5-三甲基苯
200	59.25	0.72	961.25	5-甲基壬烷
201	59.45	0.65	963.16	4-甲基壬烷
202	59.54	0.42	964.01	碳十烯（7）
203	59.68	0.16	965.45	2-甲基壬烷
204	59.84	0.39	966.94	碳十烯（8）
205	60.13	0.26	969.74	碳十链烷（2）
206	60.37	0.28	972.16	3-甲基壬烷
207	60.77	0.51	975.98	碳十烯（9）
208	60.92	0.05	977.45	碳十烯（10）
209	61.13	0.09	979.47	碳十环烷（2）
210	61.26	0.08	980.77	碳十烯（11）
211	61.48	0.13	982.92	碳十烯（12）
212	61.68	1.01	984.83	1, 2, 4-三甲基苯
213	61.85	0.10	986.53	碳十环烷（3）
214	62.04	1.21	988.39	碳十烯（13）
215	62.17	0.03	989.65	碳十烯（14）
216	62.44	0.10	992.28	碳十烯（15）
217	62.58	0.38	993.67	碳十烯（16）
218	62.80	0.07	995.76	碳十烯（17）
219	63.24	2.56	1000.00	正十烷
220	63.47	0.03	1002.53	碳十烯（18）
221	63.76	0.05	1005.71	仲丁基苯
222	63.90	0.01	1007.15	碳十环烷（4）
223	64.05	0.16	1008.85	碳十环烷（5）
224	64.23	0.10	1010.73	碳十一链烷（1）
225	64.48	1.09	1013.48	1, 2, 3-三甲基苯
226	64.63	0.06	1015.08	碳十一链烷（2）

续表

序号	保留时间/min	质量分数/%	RI	名称
227	64.73	0.09	1016.21	间/对-甲基异丙基苯
228	64.90	0.04	1017.97	碳十一链烷（3）
229	65.13	0.32	1020.46	碳十一链烷（4）
230	65.34	0.05	1022.76	2, 5-二甲基壬烷
231	65.53	0.67	1024.77	碳十一链烷（5）
232	65.65	0.13	1026.09	茚满
233	65.98	0.11	1029.66	碳十一链烷（6）
234	66.34	0.22	1033.56	碳十一烯（1）
235	66.48	0.23	1035.09	碳十一烯（2）
236	66.61	0.11	1036.50	2, 6-二甲基壬烷
237	66.73	0.12	1037.84	碳十一链烷（7）
238	67.05	0.21	1041.31	碳十一链烷（8）+1, 3-二乙苯
239	67.23	0.28	1043.16	1-甲基-3-丙基苯
240	67.37	0.21	1044.71	碳十一烯（3）
241	67.63	0.09	1047.53	1-甲基-4-丙基苯
242	67.72	0.04	1048.46	1-乙基-2, 3-二甲基苯
243	68.16	0.24	1053.24	碳十一链烷（9）+对二乙苯
244	68.41	0.04	1055.97	碳十一链烷（10）
245	68.66	0.22	1058.70	5-甲基癸烷
246	68.95	0.10	1061.87	4-甲基癸烷
247	69.12	0.02	1063.61	碳十一烯（4）
248	69.28	0.15	1065.43	2-甲基癸烷
249	69.66	0.09	1069.52	碳十一链烷（11）
250	69.87	0.30	1071.78	3-甲基癸烷+碳十芳烃（1）
251	70.06	0.05	1073.78	5-甲基茚满
252	70.39	0.16	1077.45	碳十一烯（5）
253	70.58	0.12	1079.40	碳十芳烃（2）
254	70.79	0.00	1081.73	碳十一烯（6）
255	70.93	0.03	1083.23	碳十一链烷（12）
256	71.05	0.05	1084.49	碳十芳烃（3）
257	71.45	0.39	1088.87	1-十一烯
258	71.68	0.04	1091.40	碳十一环烷
259	71.84	0.04	1093.13	碳十一烯（7）

续表

序号	保留时间/min	质量分数/%	RI	名称
260	72.03	0.06	1095.13	碳十一烯（8）
261	72.48	0.81	1100.00	正十一烷
262	72.82	0.04	1103.95	碳十二链烷（1）
263	73.01	0.02	1106.23	碳十二链烷（2）
264	73.44	0.13	1111.23	1, 2, 4, 5-四甲基苯
265	73.74	0.05	1114.67	1, 2, 3, 5-四甲基苯
266	73.98	0.01	1117.53	碳十二链烷（3）
267	74.18	0.09	1119.83	碳十二链烷（4）
268	74.67	0.02	1125.52	碳十二链烷（5）
269	75.05	0.07	1129.98	碳十二链烷（6）
270	75.39	0.06	1133.91	甲基茚满
271	75.71	0.03	1137.69	碳十一芳烃（1）
272	75.92	0.03	1140.08	碳十一芳烃（2）
273	76.14	0.05	1142.66	碳十一芳烃（3）
274	76.33	0.07	1144.88	4-甲基茚满
275	76.61	0.03	1148.17	1, 2, 3, 4-四甲基苯
276	76.86	0.02	1151.12	碳十一芳烃（4）
277	77.29	0.05	1156.06	碳十一芳烃（5）
278	77.74	0.03	1161.30	4-甲基十一烷
279	78.11	0.02	1165.59	2-甲基十一烷
280	78.69	0.04	1172.37	3-甲基十一烷
281	79.08	0.01	1177.00	萘
282	79.62	0.03	1183.20	二甲基茚满（1）
283	79.79	0.01	1185.22	二甲基茚满（2）
284	80.14	0.04	1189.30	1-十二烯
285	80.50	0.02	1193.51	碳十一芳烃（6）
286	81.05	0.03	1200.00	正十二烷